图表细说电工实用技术

图表细说电工电路

君兰工作室　编

黄海平　审校

科学出版社

北　京

内 容 简 介

本书采用全新的图表形式，详细介绍了多种电工技术人员常用的电工电子电路和电气线路。主要内容包括电工常用照明及彩灯控制电路、电动机控制电路、供排水控制电路、节电控制电路、机床电气控制电路、保护电路、电子电路、变频调速电路、电工计量仪表与测量仪表电路、建筑电气线路、农村常用电气线路等。本书高度图解，内容实用性强，具有较强的指导性和可操作性。本书旨在帮助电工技术人员提高技术水平，开阔眼界，更好地解决实际工作中遇到的问题。

本书适合广大初级、中级电工技术人员，电子技术人员，电气施工人员，专业学院、职业技术院校相关专业师生，以及岗前培训人员阅读。

图书在版编目（CIP）数据

图表细说电工电路/君兰工作室编；黄海平审校.—北京：科学出版社，2014.5

（图表细说电工实用技术）

ISBN 978-7-03-039522-1

Ⅰ.图… Ⅱ.①君…②黄… Ⅲ.电路-图解 Ⅳ.TM13-64

中国版本图书馆CIP数据核字（2014）第004746号

责任编辑：孙力维 杨 凯 / 责任制作：魏 谨
责任印制：赵德静 / 封面设计：东方云飞

北京东方科龙图文有限公司 制作
http://www.okbook.com.cn

科 学 出 版 社 出版
北京东黄城根北街16号
邮政编码：100717
http://www.sciencep.com

新科印刷有限公司 印刷
科学出版社发行 各地新华书店经销

*

2014年5月第 一 版 开本：787×1092 1/16
2014年5月第一次印刷 印张：12 1/4
印数：1—4 000 字数：260 000

定价：34.00元
（如有印装质量问题，我社负责调换）

前　言

在电工技术、电子技术迅速发展的今天，大量新型的电气设备和家用电器已应用到各行各业和千家万户。电工技术人员作为安装和维修的主力军，对其知识和技术水平的要求也越来越高。为了使广大电工技术人员掌握更多电工电子电路和电气线路，笔者总结多年工作经验，凝结多位有多年工作经验的老电工的实际工作经历，编写了《图表细说电工电路》一书。本书旨在帮助电工技术人员提高技术水平，开阔眼界，更好地解决实际工作中遇到的问题。

本书采用全新的图表形式，版面清晰、简洁、直观，重点突出，易学易用。本书主要内容包括电工常用照明及彩灯控制电路、电工常用电动机控制电路、电工常用供排水控制电路、电工常用节电控制电路、电工常用接线电路、电工常用机床电气控制电路、电工常用保护电路、电工常用电子电路、变频调速电路、电工计量仪表与测量仪表电路、信号指示电路、常用建筑电气线路、农村常用电气线路、电工常用经验电路等。本书高度图解，内容实用性强，具有较强的指导性和可操作性。

参加本书编写的人员还有黄鑫、王兰君、刘守真、李渝陵、凌玉泉、李霞、邢军、高惠瑾、凌珍泉、谭亚林、凌万泉、李燕、朱雷雷、张扬、刘彦爱、贾贵超等同志，在此表示衷心感谢。

由于编者水平有限，书中难免有错误和不当之处，恳请广大读者批评指正。

编　者

目　录

第6章 电工常用机床电气控制电路

第7章 电工常用保护电路

第12章　信号指示电路

第1章

电工常用照明及彩灯控制电路

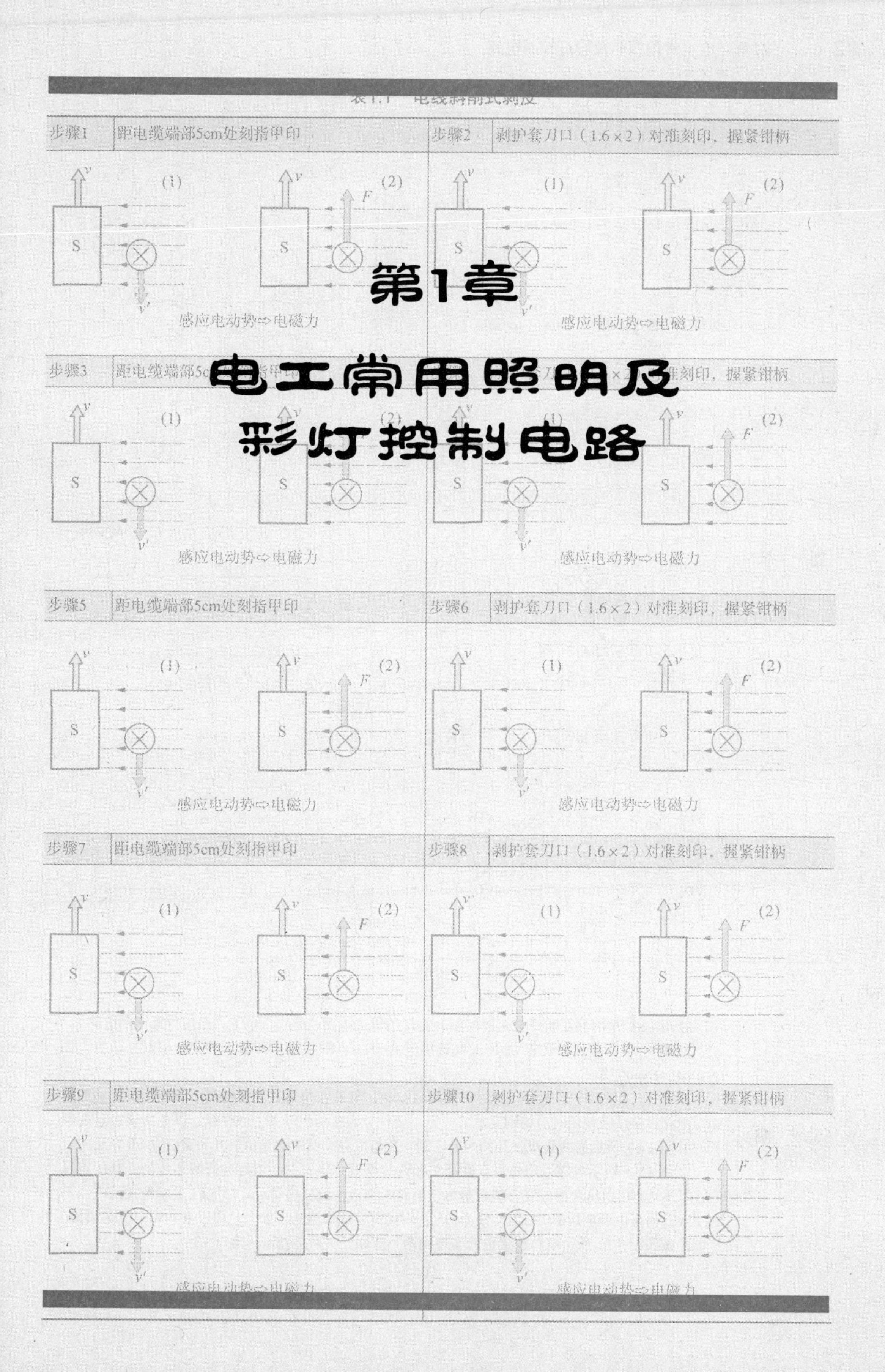

表1.1 用两只双联开关两地控制一盏灯电路

知识点	用两只双联开关两地控制一盏灯电路
图 示	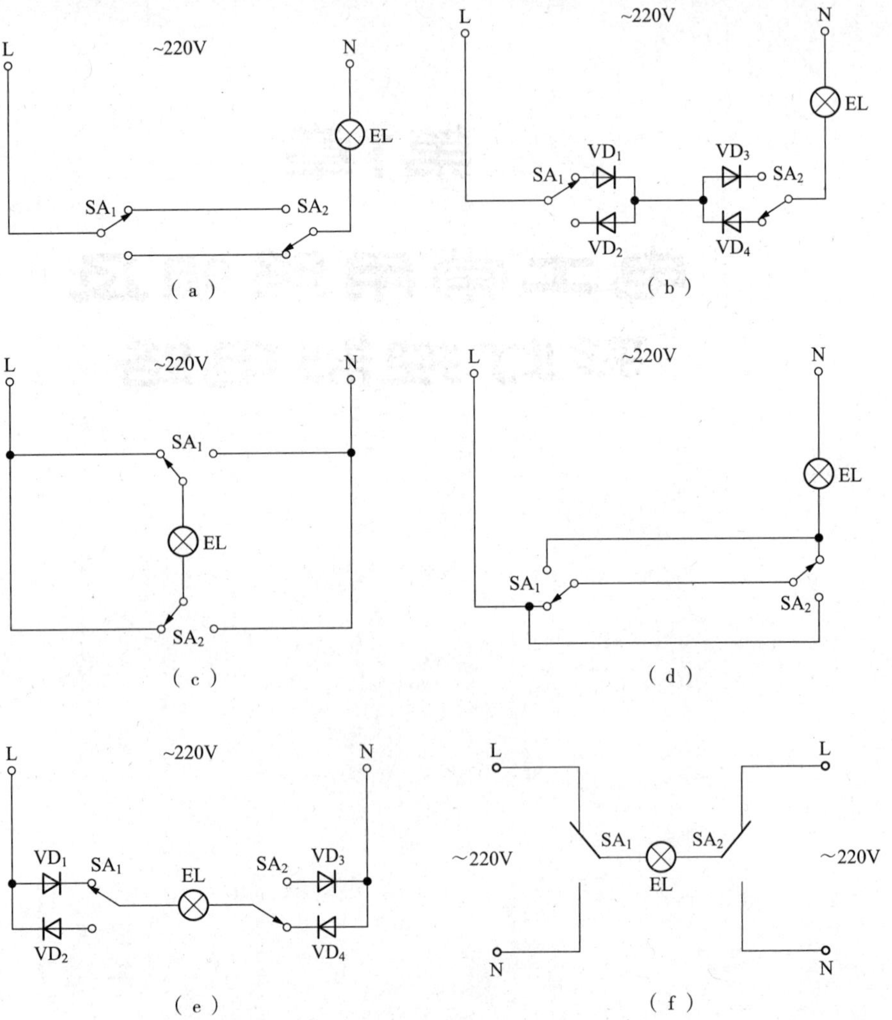 （a）（b）（c）（d）（e）（f）
说 明	① 图（a）是两只双联开关两地控制一盏灯的优选电路，是广大电工人员用得最多的电路 ② 图（b）中整流二极管VD_1～VD_4选用电流为1A，耐压为400V以上的小型塑封二极管，如1N4004、1N4007等 ③ 图（c）所示电路能对一盏灯实现两地控制，其缺点是每只开关的两个转换触点上施加有220V电源，接线及使用时应特别注意，千万不要任意短接两只开关上的导线，以免出现短路现象 ④ 图（d）所示为两只双联开关两地控制一盏灯电路，其缺点是每只开关需引出4根导线 ⑤ 图（e）所示电路采用两只双联开关和四只整流二极管对一盏灯进行两地控制，其优点是在每个开关上仅引出两根导线，缺点是由于电路中加入整流二极管后，灯泡EL上所施加的电压不足220V，而是电源电压的0.45倍，仅为99V，因此需将原灯泡功率加大，即原来40W，现在100W ⑥ 按照图（f）所示电路连接也能实现用两只双联开关两地控制一盏灯

表1.2 楼梯照明灯控制电路

知识点	楼梯照明灯控制电路
图　示	
说　明	图中所示是五层楼单元楼梯照明灯控制电路。开关SA_1、SA_5为单刀双掷开关，SA_2、SA_3、SA_4为双刀双掷开关

表1.3 用JT-801电子数码开关或数码分段开关对电灯进行控制电路

知识点	用JT-801电子数码开关或数码分段开关对电灯进行控制电路
图　示	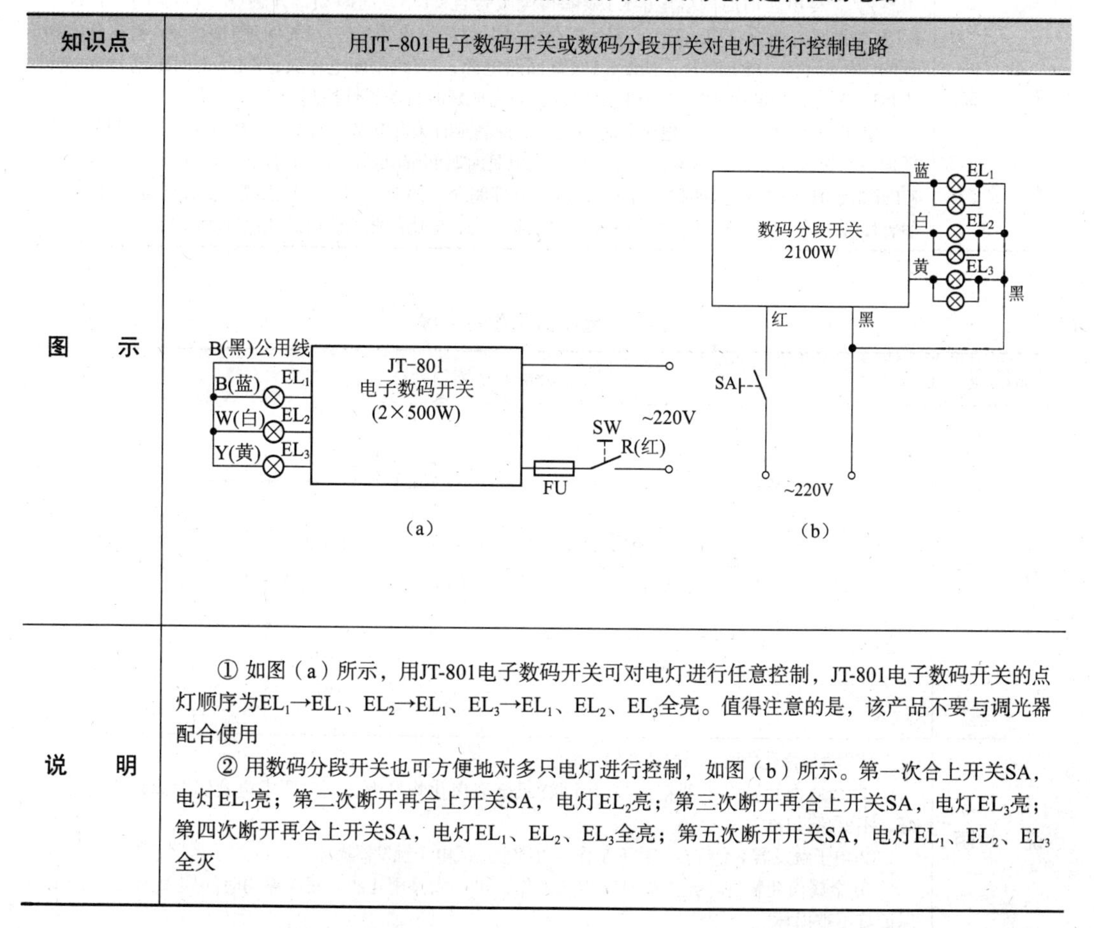 （a）　（b）
说　明	① 如图（a）所示，用JT-801电子数码开关可对电灯进行任意控制，JT-801电子数码开关的点灯顺序为EL_1→EL_1、EL_2→EL_1、EL_3→EL_1、EL_2、EL_3全亮。值得注意的是，该产品不要与调光器配合使用 ② 用数码分段开关也可方便地对多只电灯进行控制，如图（b）所示。第一次合上开关SA，电灯EL_1亮；第二次断开再合上开关SA，电灯EL_2亮；第三次断开再合上开关SA，电灯EL_3亮；第四次断开再合上开关SA，电灯EL_1、EL_2、EL_3全亮；第五次断开开关SA，电灯EL_1、EL_2、EL_3全灭

表1.4　用得电延时时间继电器或失电延时时间继电器控制延时关灯电路

知识点	用得电延时时间继电器或失电延时时间继电器控制延时关灯电路
图　示	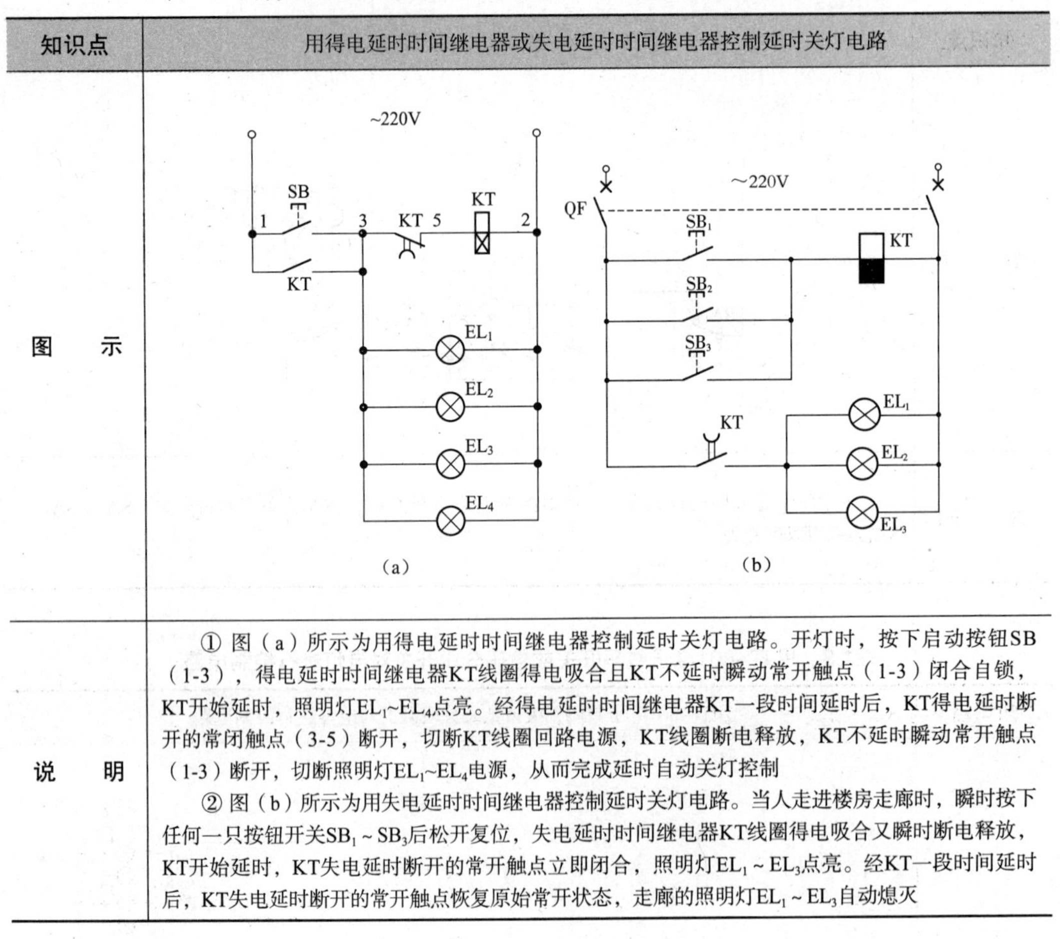 (a)　(b)
说　明	① 图（a）所示为用得电延时时间继电器控制延时关灯电路。开灯时，按下启动按钮SB（1-3），得电延时时间继电器KT线圈得电吸合且KT不延时瞬动常开触点（1-3）闭合自锁，KT开始延时，照明灯EL_1~EL_4点亮。经得电延时时间继电器KT一段时间延时后，KT得电延时断开的常闭触点（3-5）断开，切断KT线圈回路电源，KT线圈断电释放，KT不延时瞬动常开触点（1-3）断开，切断照明灯EL_1~EL_4电源，从而完成延时自动关灯控制 ② 图（b）所示为用失电延时时间继电器控制延时关灯电路。当人走进楼房走廊时，瞬时按下任何一只按钮开关SB_1 ~ SB_3后松开复位，失电延时时间继电器KT线圈得电吸合又瞬时断电释放，KT开始延时，KT失电延时断开的常开触点立即闭合，照明灯EL_1 ~ EL_3点亮。经KT一段时间延时后，KT失电延时断开的常开触点恢复原始常开状态，走廊的照明灯EL_1 ~ EL_3自动熄灭

表1.5　金属卤化物灯接线

知识点	金属卤化物灯接线
图　示	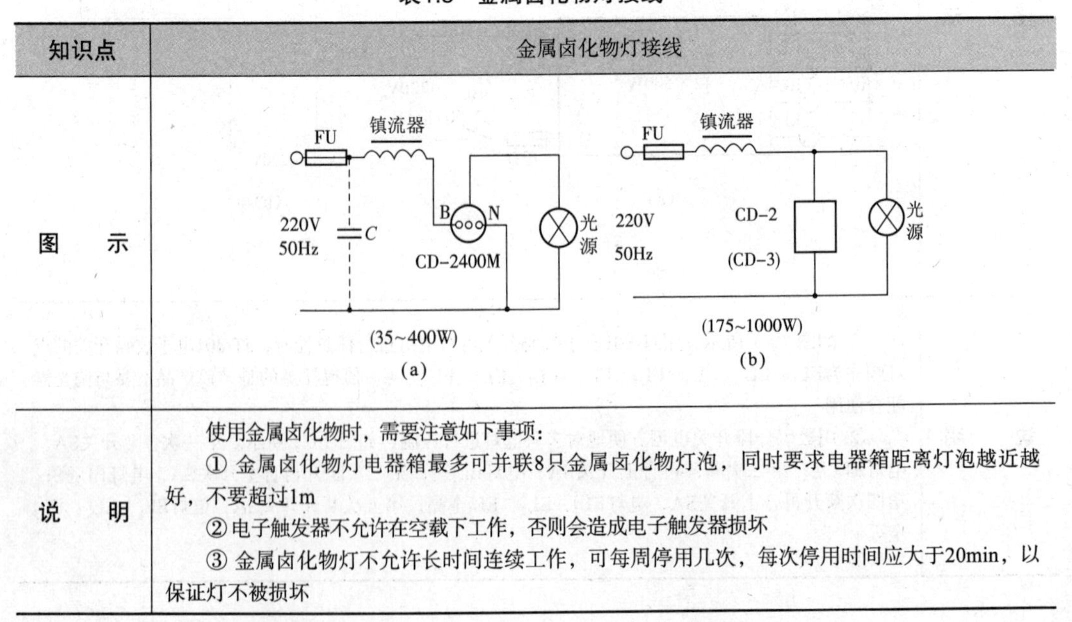 (a)　(b)
说　明	使用金属卤化物时，需要注意如下事项： ① 金属卤化物灯电器箱最多可并联8只金属卤化物灯泡，同时要求电器箱距离灯泡越近越好，不要超过1m ② 电子触发器不允许在空载下工作，否则会造成电子触发器损坏 ③ 金属卤化物灯不允许长时间连续工作，可每周停用几次，每次停用时间应大于20min，以保证灯不被损坏

表1.6 用双向可控硅控制照明灯延时关灯电路

知识点	用双向可控硅控制照明灯延时关灯电路
图　示	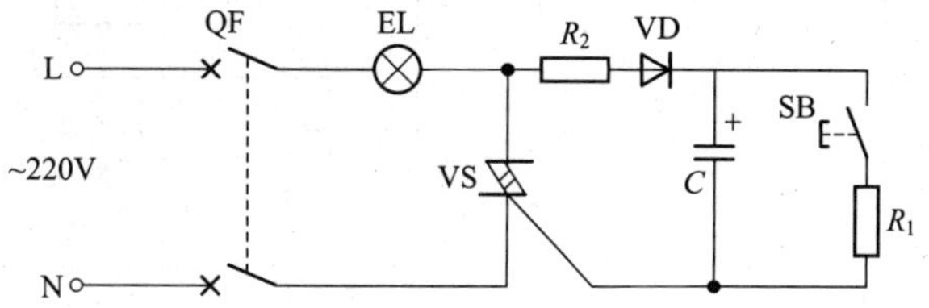
说　明	在未按下按钮开关SB时，电容C处于电容充足状态，但没有充电电流。此时双向可控硅VS没有触发电流而不导通，电灯EL不亮。当按下按钮开关SB时，电容C通过电阻R_1快速放电，端电压变为零。松开按钮开关SB，电容C则通过灯泡EL、电阻R_2、二极管VD使可控硅VS导通，灯泡EL被点亮。由于电阻R_2的阻值较大，其充电电流逐渐减小，这段时间就是可控硅VS连续导通维持时间，也就是灯泡EL的延时工作时间。随着电容C的充电，端电压逐渐升高，充电电流逐渐减小，最终因触发电流过小而使可控硅VS在交流电过零时自动关断，灯泡EL熄灭，延时过程结束

表1.7 可控硅调光电路

知识点	可控硅调光电路
图　示	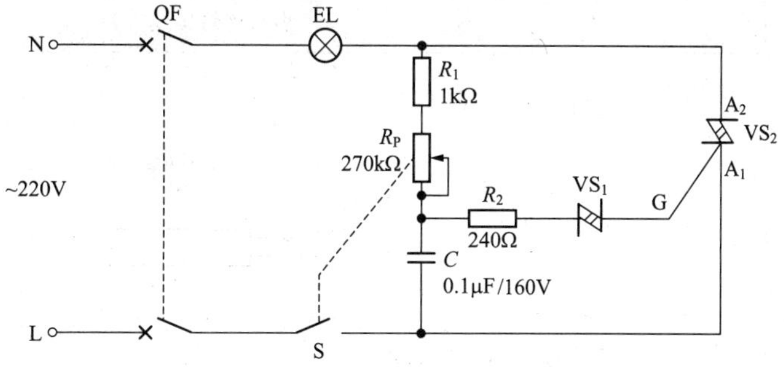
说　明	电路中R_1、R_P、C、R_2和VS_2组成移相触发电路，在交流电压的某半周，220V交流电源经电阻R_1、电位器R_P向电容器C充电，使电容器C两端的电压逐渐上升。当电容器C两端电压升高到大于双向触发二极管VS_1的阻断值时，双向触发二极管VS_1和双向可控硅VS_2相继导通，然后，双向可控硅在交流电压过零时截止。VS_2的触发角由R_P、R、C的乘积决定，调节电位器R_P便可改变VS_2的触发角，从而改变负载电流的大小，改变灯泡EL两端电压，起到无级平滑调光的作用

表1.8　管形氙灯接线

知识点	管形氙灯接线
图　示	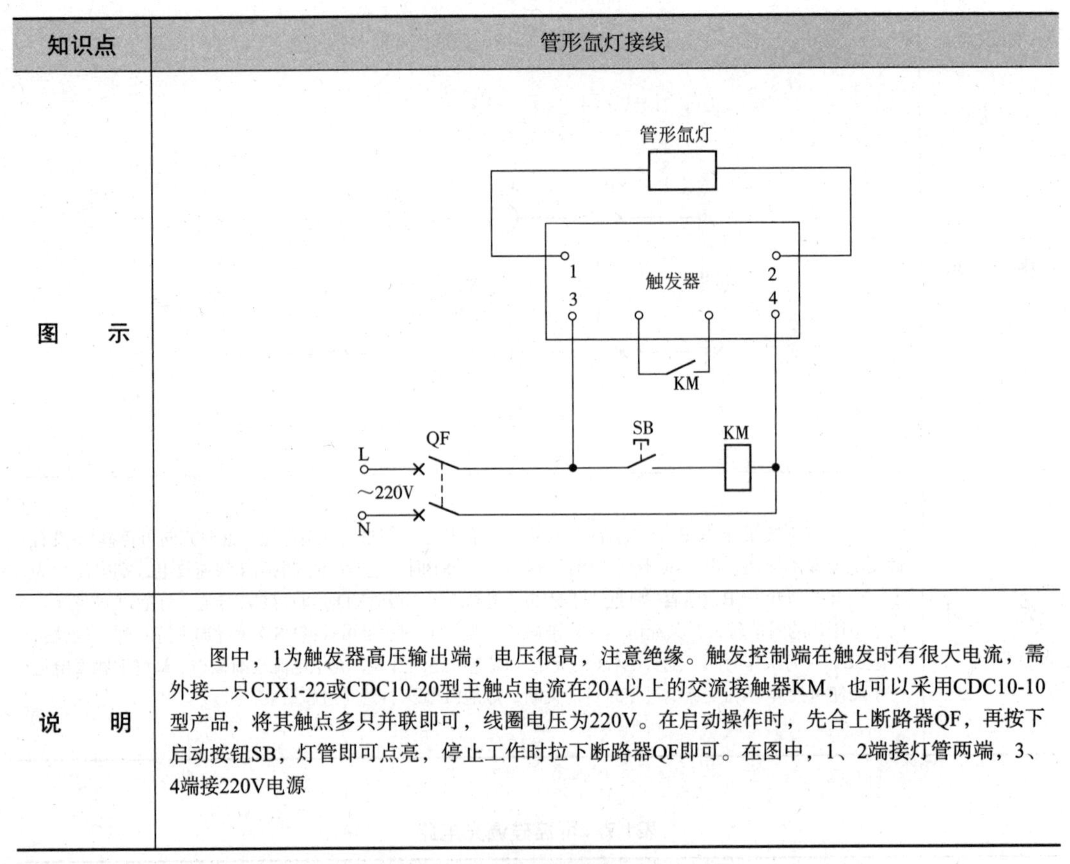
说　明	图中，1为触发器高压输出端，电压很高，注意绝缘。触发控制端在触发时有很大电流，需外接一只CJX1-22或CDC10-20型主触点电流在20A以上的交流接触器KM，也可以采用CDC10-10型产品，将其触点多只并联即可，线圈电压为220V。在启动操作时，先合上断路器QF，再按下启动按钮SB，灯管即可点亮，停止工作时拉下断路器QF即可。在图中，1、2端接灯管两端，3、4端接220V电源

表1.9　日光灯常用接线

知识点1	一般日光灯接线
图　示	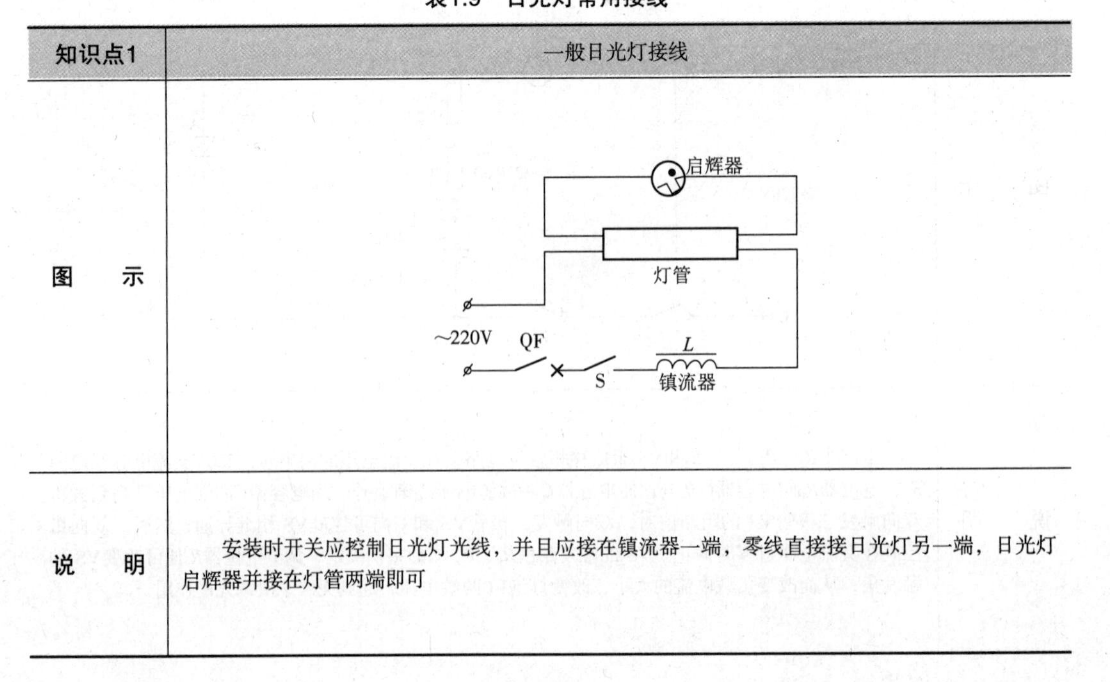
说　明	安装时开关应控制日光灯光线，并且应接在镇流器一端，零线直接接日光灯另一端，日光灯启辉器并接在灯管两端即可

续表1.9

知识点2	双日光灯接线
图　示	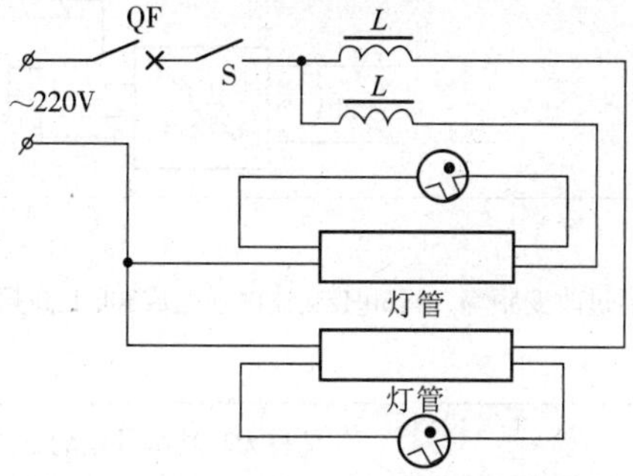 QF　S　L　L　~220V　灯管　灯管
说　明	这种线路一般用于厂矿和户外广告等要求照度较高的场所
知识点3	用直流电点亮日光灯接线
图　示	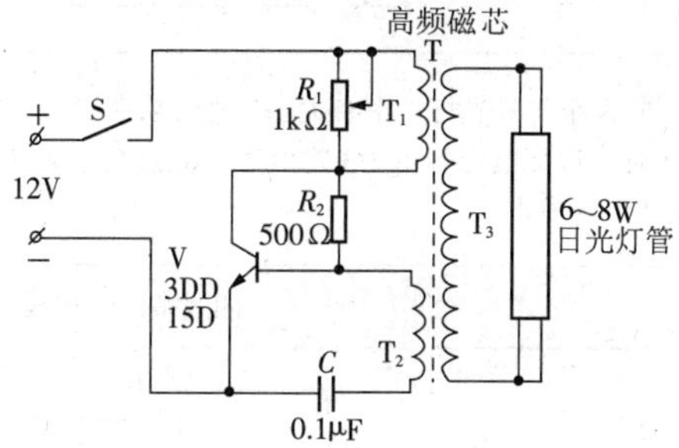 高频磁芯 T　+ S　12V　−　R_1 1kΩ　T_1　R_2 500Ω　V 3DD 15D　T_3　6~8W 日光灯管　C 0.1μF　T_2
说　明	线路中R_1和R_2功率为0.25W，电容C可在0.1～1μF范围内选用，改变C值，间歇振荡器的频率也会改变。变压器T的T_1和T_2为40匝，线径为0.35mm；T_3为450匝，线径为0.21mm
知识点4	快速启辉器接线
图　示	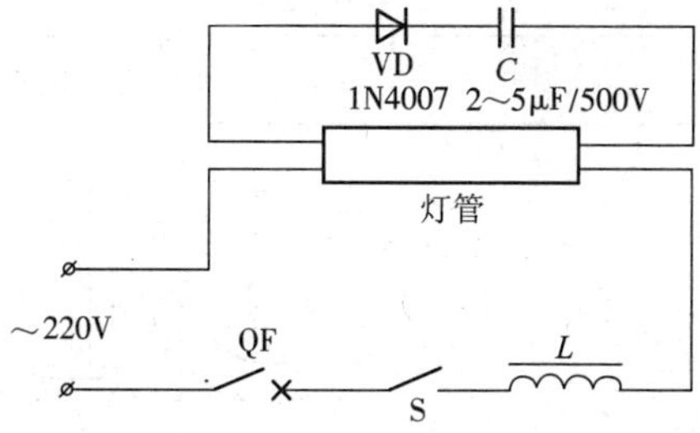 VD 1N4007　C 2~5μF/500V　灯管　~220V　QF　S　L
说　明	用一只二极管和一只电容器可组成一只电子启辉器，其启辉速度快，可大大减少日光灯管的预热时间，从而延长日光灯管的使用寿命，在冬天用此启辉器可达到一次性快速启动

续表1.9

知识点5	电子镇流器接线
图　示	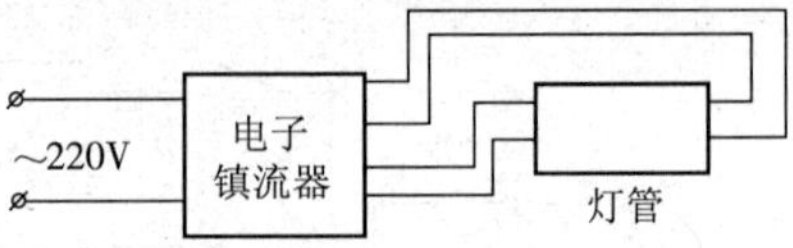 ～220V　电子镇流器　灯管
说　明	图中通过改变频率，将50Hz交流电逆变成30kHz高频点亮灯管
知识点6	**具有无功功率补偿的日光灯接线**
图　示	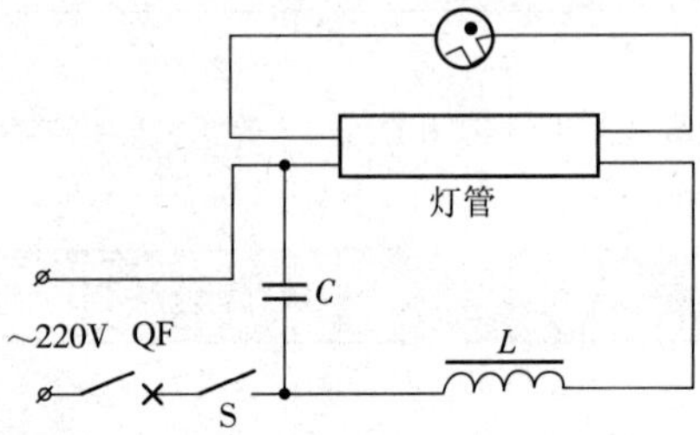 灯管　C　～220V　QF　L　S
说　明	电容器的大小与日光灯功率有关。日光灯功率为15～20W时，选配电容容量为2.5μF；日光灯功率为30W时，选配电容容量为3.75μF；日光灯功率为40W时，选配电容容量为4.75μF。所选配的电容耐压均为400V
知识点7	**四线镇流器接线**
图　示	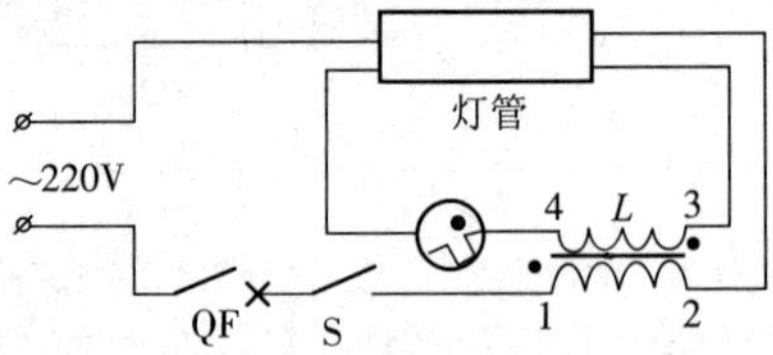 灯管　～220V　4　L　3　QF　S　1　2
说　明	四线镇流器有4根引线，分主、副线圈，把镇流器接入电路前，必须看清接线说明，分清主副线圈。可用万用表测量检测，阻值大的为主线圈，阻值小的为副线圈
知识点8	**环形荧光灯接线**
图　示	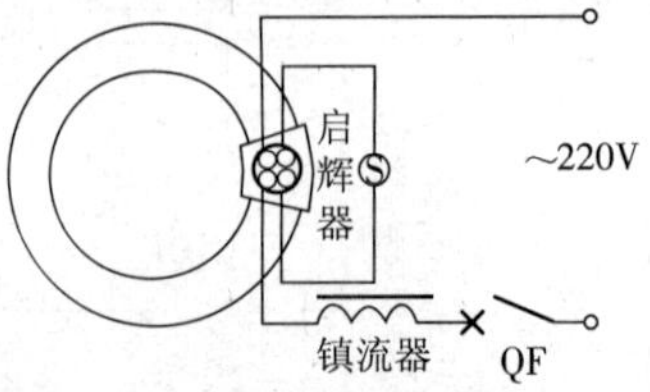 启辉器　～220V　镇流器　QF
说　明	这种荧光灯将灯管的两对灯丝引线集中安装在一个接线板上，启辉器插座兼做灯管插座，使接线变得简单

续表1.9

知识点9	U形荧光灯接线
图　示	启辉器 ~220V S 镇流器 QF
说　明	使用时需搭配相应功率的启辉器和镇流器
知识点10	H形荧光灯接线
图　示	~220V QF 镇流器
说　明	H形荧光灯必须配专用的H形灯座，镇流器必须根据灯管功率来配置，切勿用普通的直管形荧光灯镇流器来代替

表1.10　冷库照明延时电路

知识点	冷库照明延时电路
图　示	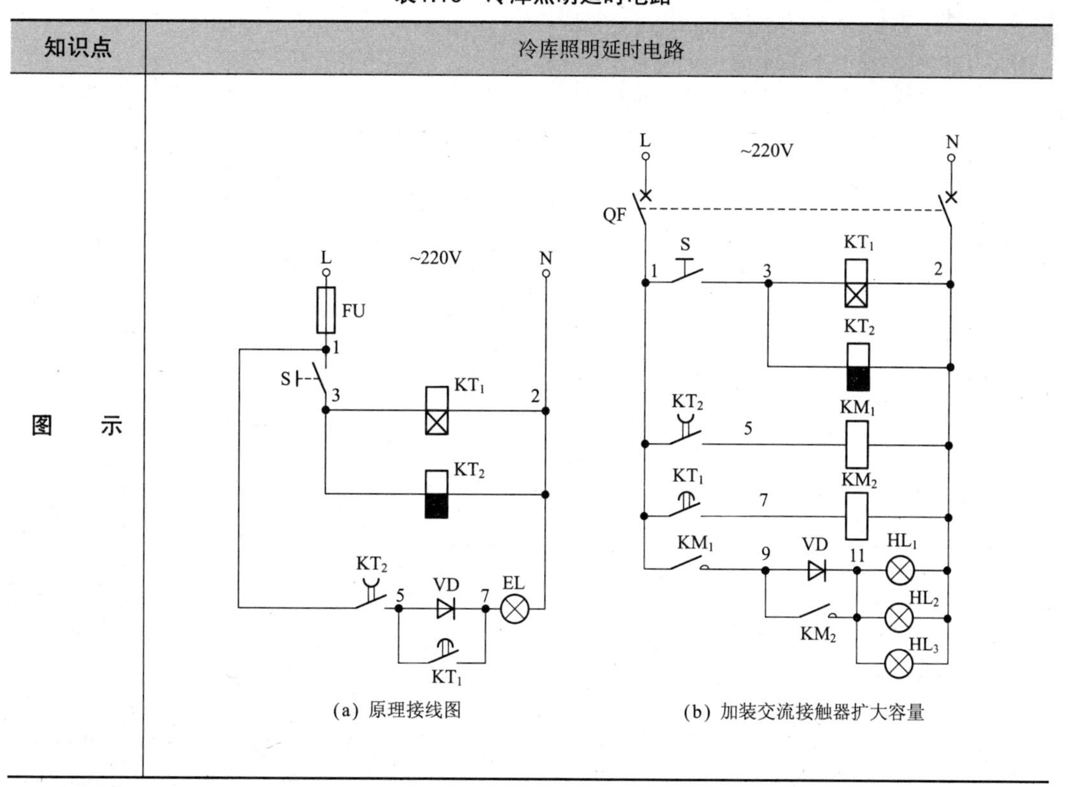(a) 原理接线图　　(b) 加装交流接触器扩大容量

续表1.10

说　明	① 如图（a）所示，开灯时，合上开关S（1-3），得电延时时间继电器KT_1、失电延时时间继电器KT_2线圈得电吸合且KT_1开始延时，KT_2失电延时断开的常开触点（1-5）立即闭合，将整流二极管VD串入照明灯EL电路中，此时，照明灯EL以一半工作电压（99V）启动；经得电延时时间继电器KT_1一段时间延时后，KT_1得电延时闭合的常开触点（5-7）闭合，将整流二极管VD短接起来，此时，照明灯以额定电压（220V）正常工作，实现开灯时先给照明灯通入一半电压启动，然后再转为全压工作 ② 关灯时，断开开关S（1-3），得电延时时间继电器KT_1、失电延时时间继电器KT_2线圈断电释放且KT_2开始延时，KT_1得电延时闭合的常开触点（5-7）立即断开，又将整流二极管VD串入照明灯EL电路中，此时照明灯EL由亮转暗延时关灯，经失电延时时间继电器KT_2一段时间延时后，KT_2失电延时断开的常开触点（1-5）断开，将照明灯EL电源切断，使照明灯由一半电压转为关闭 ③ 图（a）所示电路容量有限，若控制容量较大的照明灯则需加装交流接触器来扩大容量，如图（b）所示

表1.11　SGK声光控开关接线

知识点	SGK声光控开关接线
图　示	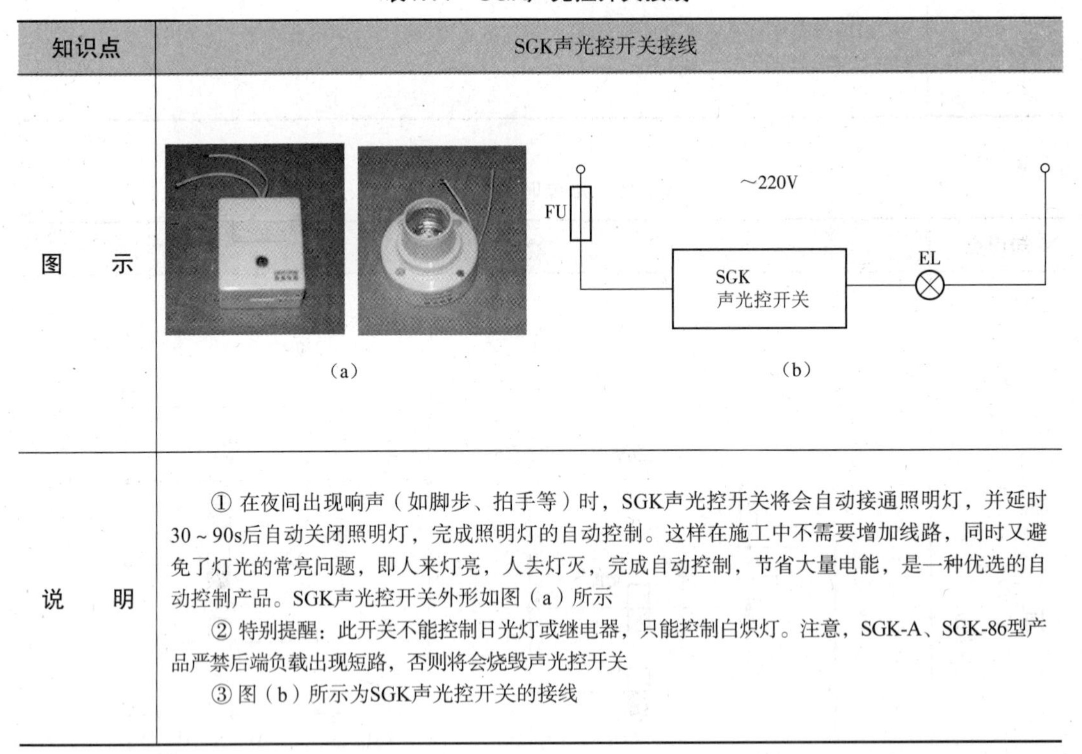 （a）　（b）
说　明	① 在夜间出现响声（如脚步、拍手等）时，SGK声光控开关将会自动接通照明灯，并延时30～90s后自动关闭照明灯，完成照明灯的自动控制。这样在施工中不需要增加线路，同时又避免了灯光的常亮问题，即人来灯亮，人去灯灭，完成自动控制，节省大量电能，是一种优选的自动控制产品。SGK声光控开关外形如图（a）所示 ② 特别提醒：此开关不能控制日光灯或继电器，只能控制白炽灯。注意，SGK-A、SGK-86型产品严禁后端负载出现短路，否则将会烧毁声光控开关 ③ 图（b）所示为SGK声光控开关的接线

表1.12　四路彩灯控制器接线

知识点	四路彩灯控制器接线
图　　示	ON　OFF　SPEED　PROGRAM （a） 1　2　3　4　0　A　B EL1　EL2　EL3　EL4　QF ～220V 电源 （b）
说　　明	① 彩灯控制器应用很广泛，其外形如图（a）所示，接线如图（b）所示 ② 通常的彩灯控制器有4路输出，每路带负载为1kW，有多种走灯程序可供选择且灯速可任意进行调节

表1.13　JH系列多功能电子走灯控制器接线

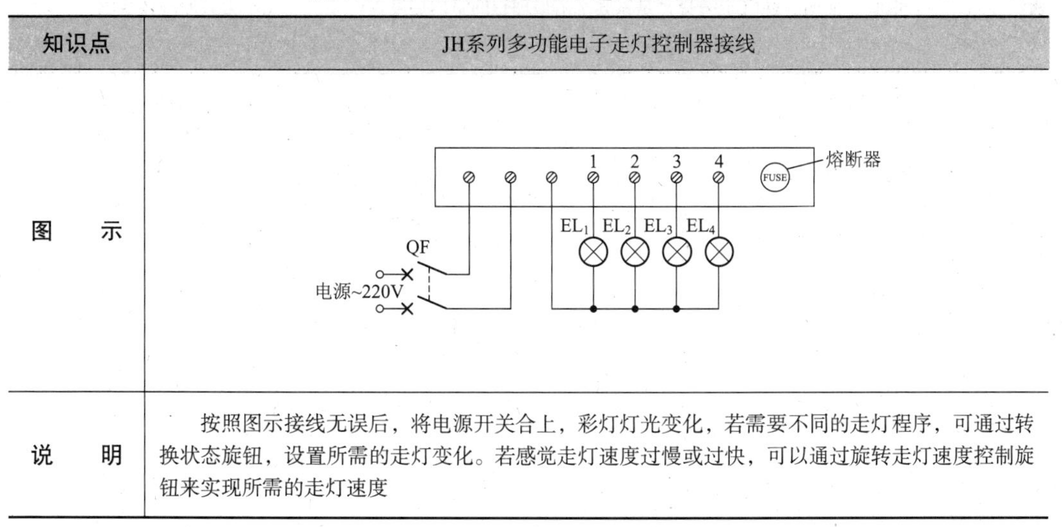

知识点	JH系列多功能电子走灯控制器接线
图　　示	
说　　明	按照图示接线无误后，将电源开关合上，彩灯灯光变化，若需要不同的走灯程序，可通过转换状态旋钮，设置所需的走灯变化。若感觉走灯速度过慢或过快，可以通过旋转走灯速度控制旋钮来实现所需的走灯速度

表1.14　浴霸的接线方法

知识点	浴霸的接线方法
图　示	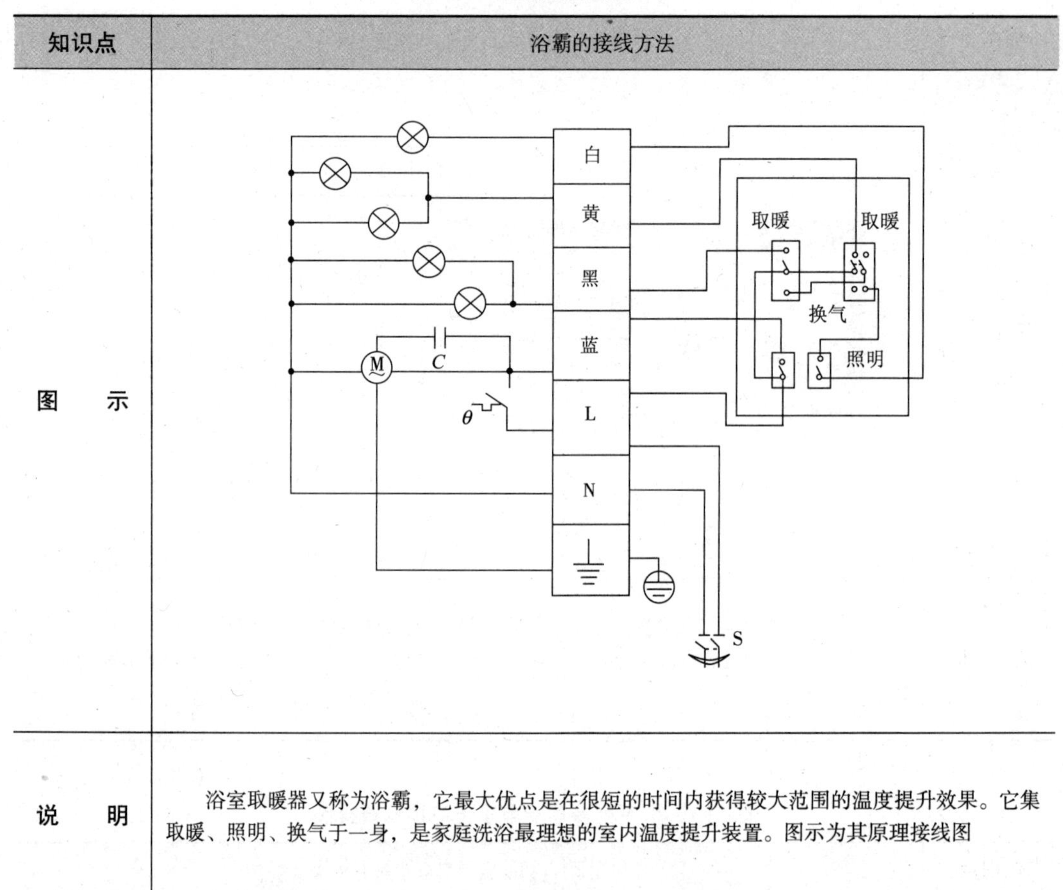
说　明	浴室取暖器又称为浴霸，它最大优点是在很短的时间内获得较大范围的温度提升效果。它集取暖、照明、换气于一身，是家庭洗浴最理想的室内温度提升装置。图示为其原理接线图

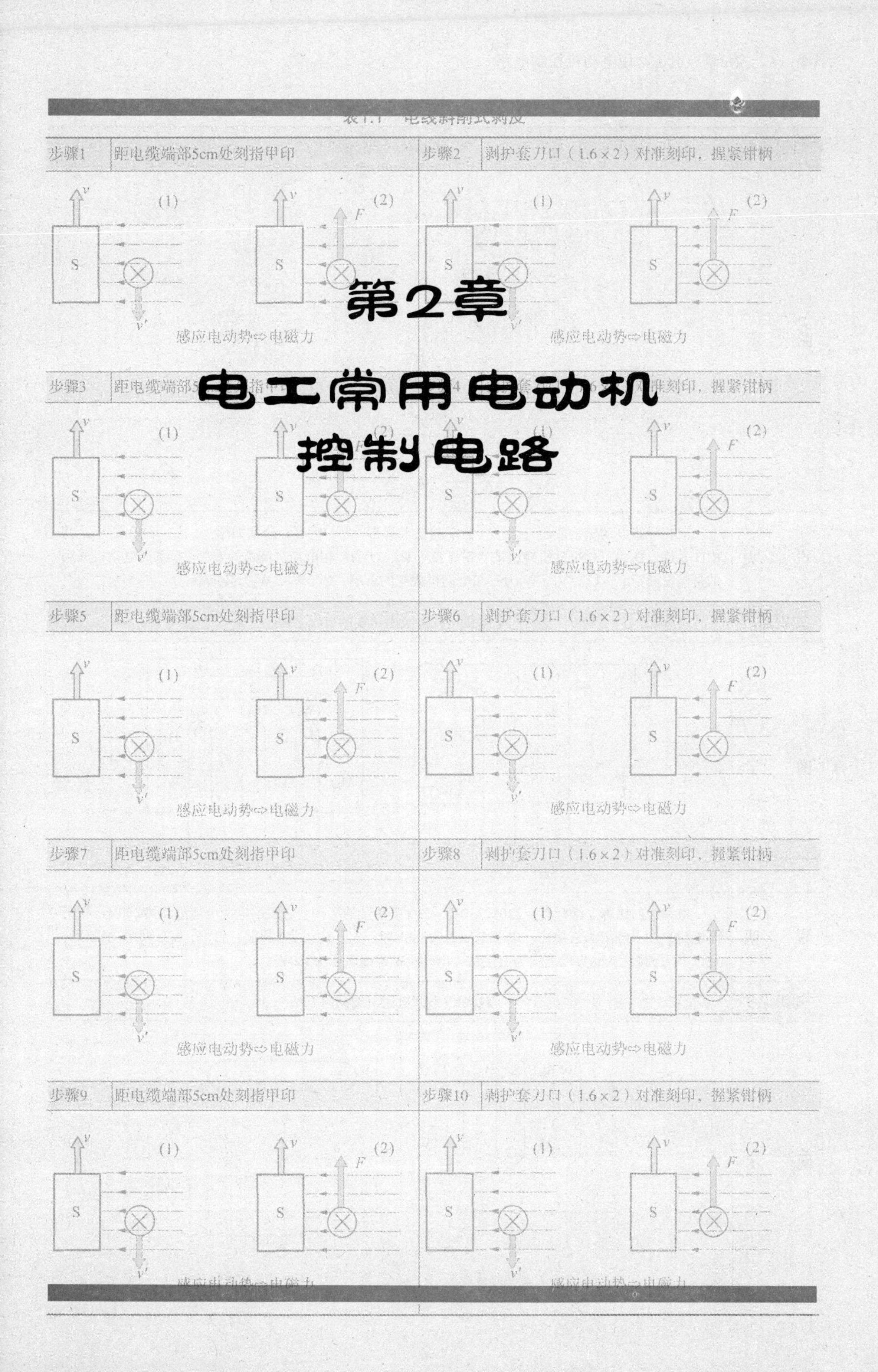

第2章

电工常用电动机控制电路

表2.1 电动机接线

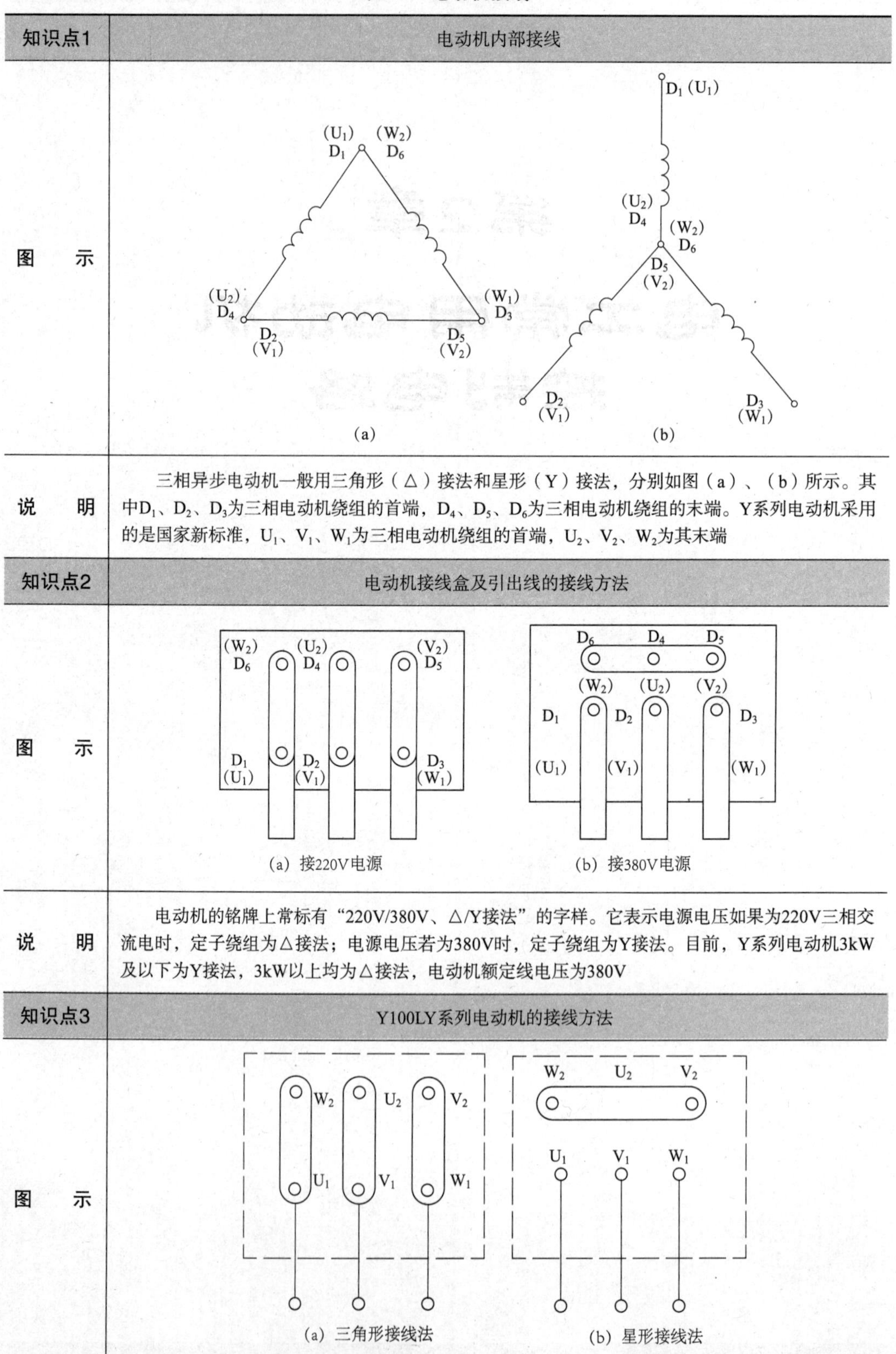

知识点1	电动机内部接线
图　示	(a)　(b)
说　明	三相异步电动机一般用三角形（△）接法和星形（Y）接法，分别如图（a）、（b）所示。其中D_1、D_2、D_3为三相电动机绕组的首端，D_4、D_5、D_6为三相电动机绕组的末端。Y系列电动机采用的是国家新标准，U_1、V_1、W_1为三相电动机绕组的首端，U_2、V_2、W_2为其末端
知识点2	**电动机接线盒及引出线的接线方法**
图　示	(a) 接220V电源　(b) 接380V电源
说　明	电动机的铭牌上常标有“220V/380V、△/Y接法”的字样。它表示电源电压如果为220V三相交流电时，定子绕组为△接法；电源电压若为380V时，定子绕组为Y接法。目前，Y系列电动机3kW及以下为Y接法，3kW以上均为△接法，电动机额定线电压为380V
知识点3	**Y100LY系列电动机的接线方法**
图　示	(a) 三角形接线法　(b) 星形接线法

续表2.1

说　明	Y系列电动机的接线方式有两种：一种为三角形［图（a）］，接线端子W_2与U_1相连，U_2与V_1相连，V_2与W_1相连，然后接电源；另一种为星形［图（b）］，接线端子W_2、U_2、V_2相连接，其余3个接线端子U_1、V_1、W_1接电源
知识点4	三相交流电动机的星形、三角形接线方法
图　示	（a）~380V星形接线法　　（b）~380V三角形接线法
说　明	一般常用三相交流电动机接线架上都引出6个接线柱，当电动机铭牌上标记为星形接法时［图（a）］，D_6、D_4、D_5相连接，其余D_1、D_2、D_3接电源；三角形接法时［图（b）］，D_6与D_1连接，D_4与D_2连接，D_5与D_3连接，然后D_1、D_2、D_3接电源
知识点5	三相吹风机6个引出端子的接线方法
图　示	（a）~220V三角形接线法　　（b）~380V星形接线法
说　明	有部分三相吹风机引出6个接线端子，采用三角形接法应接入200V三相交流电源［图（a）］，采用星形接法应接入380V三相交流电源［图（b）］。其他吹风机应按其铭牌上所标的接法连接
知识点6	单相吹风机4个引出端子的接线方法
图　示	并联　（a）接~110V　　串联　（b）接~220V

续表2.1

说　明	有的单相吹风机引出4个接线端子，采用并联接法应接入110V交流电源［图（a）］，采用串联接法应接入220V交流电源［图（b）］
知识点7	1DD5032型单相电容运转电动机的接线方法
图　示	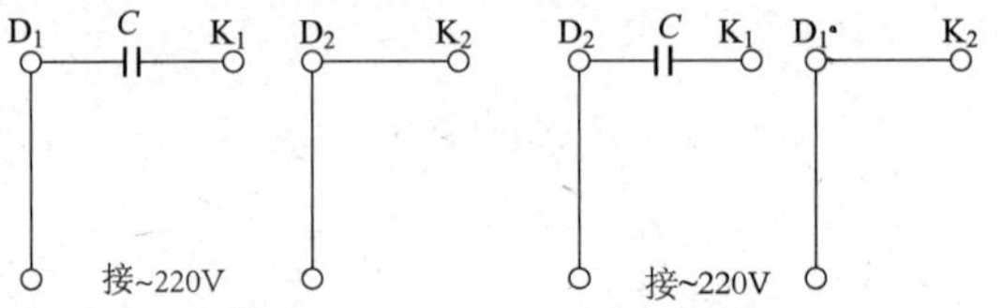 (a) 正转　(b) 反转
说　明	单相电动机接线方法很多，在接线时，一定要看清铭牌上注明的接线方法。上图所示为1DD5032型单相电容运转电动机接线方法。其功率为60W，选用耐压为500V、容量为4μF的电容
知识点8	JX07A-4型单相电容运转电动机的接线方法
图　示	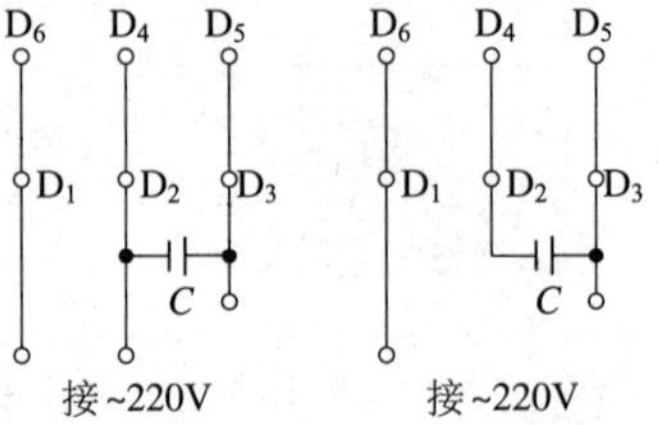 (a) 正转　(b) 反转
说　明	JX07A-4型单相电容运转电动机的功率为60W，用220V、50Hz交流电源，电流为0.5A。它的转速为1400r/min。电容的耐压为400～500V、容量为8μF
知识点9	普通电风扇、台扇、落地扇的接线方法
图　示	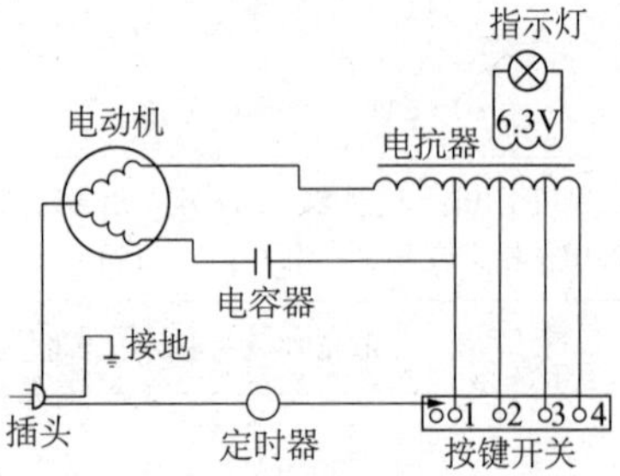
说　明	① 按键“1”一般为快速，按键“2”为中速，按键“3”为慢速，按键“4”为指示灯控制按钮，按键“0”为停止按钮 ② 一般落地扇多采用无级变速，可以平滑地将转速从低速调到高速

续表2.1

知识点10	电扇中常用的调速接线方法
图　示	(a) 电抗器调速法　(b) 抽头调速法
说　明	电扇调速都是采用降低加在电动机绕组上的电压，减弱磁场强度来实现的。常用的调速方法有两种：一种是电抗器调速法，即串入电抗器来降低转速，线路如图（a）所示；另一种是抽头调速法，即利用调速绕组抽头改变绕组的每匝伏数来调速，线路如图（b）所示

表2.2　电动机正转控制电路

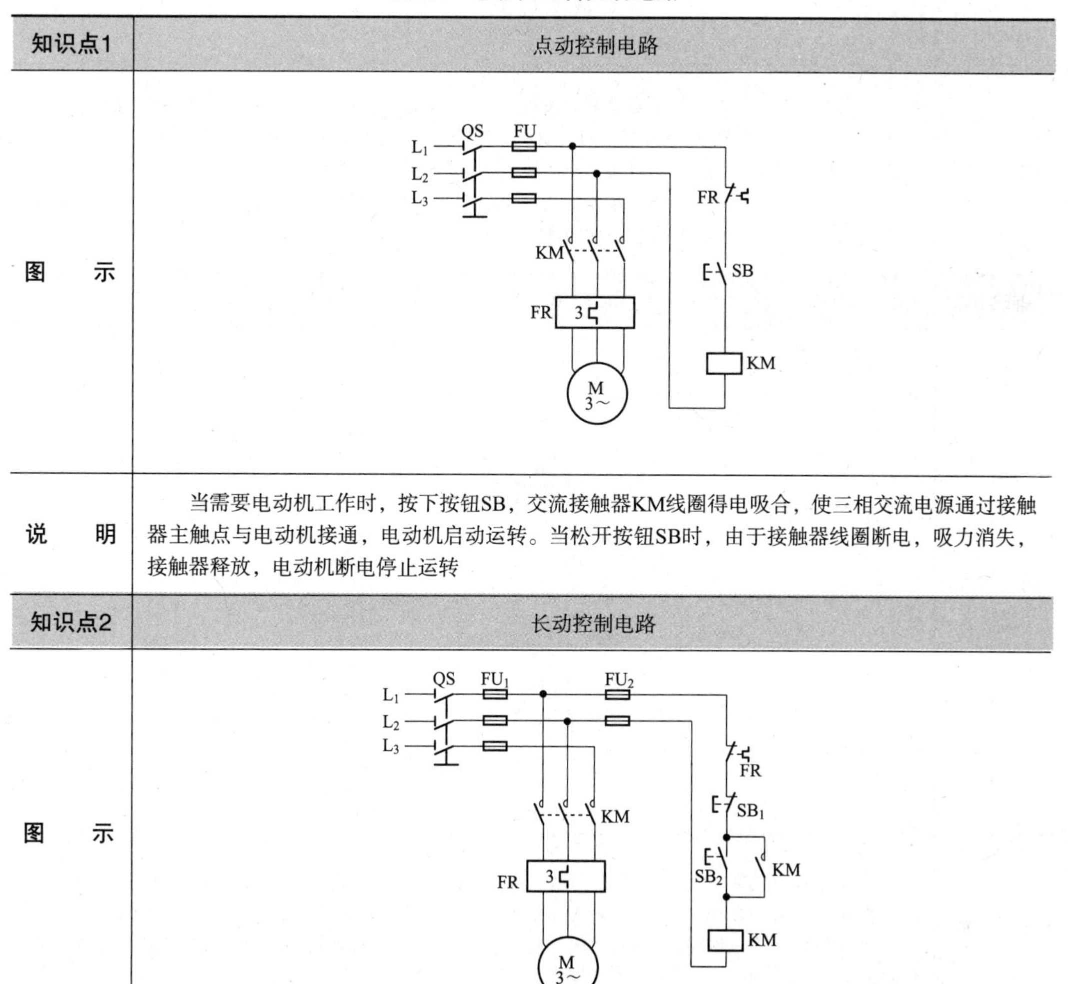

知识点1	点动控制电路
图　示	
说　明	当需要电动机工作时，按下按钮SB，交流接触器KM线圈得电吸合，使三相交流电源通过接触器主触点与电动机接通，电动机启动运转。当松开按钮SB时，由于接触器线圈断电，吸力消失，接触器释放，电动机断电停止运转
知识点2	**长动控制电路**
图　示	

续表2.2

说　明	启动电动机时，合上电源开关QS，按下启动按钮SB_2，接触器KM线圈得电吸合，KM三相主触点闭合使电动机M运转；松开按钮SB_2，接触器KM常开辅助触点闭合自锁，控制回路仍保持接通，电动机M继续运转。停止时按下按钮SB_1，接触器KM线圈断电释放，KM三相主触点断开，电动机M停止运转
知识点3	**点动与连续运行控制电路**
图　示	
说　明	① 需要点动控制时，按下点动复合按钮SB_3，其常闭触点断开，切断KM自锁回路，随后SB_3常开触点闭合，接触器KM得电吸合，KM三相主触点闭合，电动机M启动运转。松开SB_3时，KM断电释放，KM三相主触点断开，电动机停止运转 ② 若需要电动机连续运转，按下长动按钮SB_2，由于按钮SB_3的常闭触点处于闭合状态，将KM自锁触点接入回路，所以接触器KM得电吸合并自锁，电动机M连续运转
知识点4	**三地（多地点）控制电路**
图　示	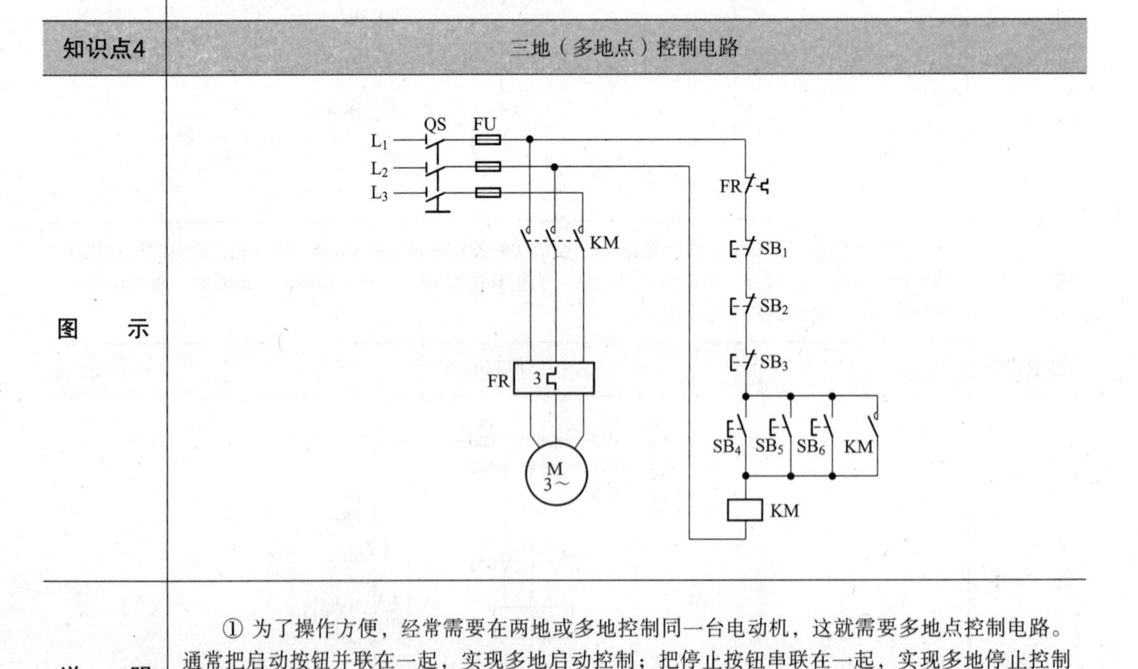
说　明	① 为了操作方便，经常需要在两地或多地控制同一台电动机，这就需要多地点控制电路。通常把启动按钮并联在一起，实现多地启动控制；把停止按钮串联在一起，实现多地停止控制 ② 上图所示为三地控制电路，SB_1、SB_4为第一号地点的控制按钮，SB_2、SB_5为第二号地点的控制按钮，SB_3、SB_6为第三号地点的控制按钮

表2.3　电动机正反转控制电路

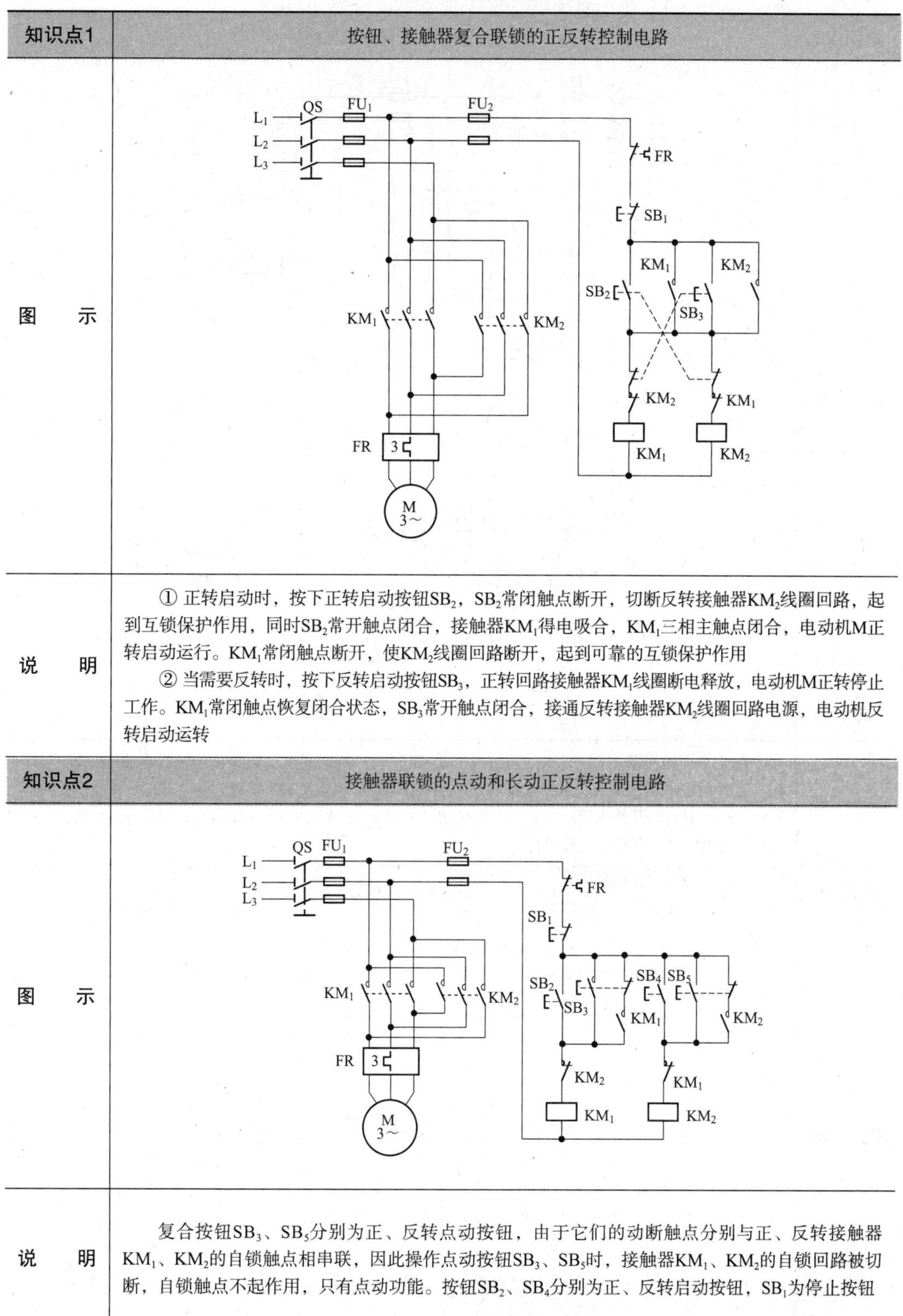

知识点1	按钮、接触器复合联锁的正反转控制电路
图　示	
说　明	① 正转启动时，按下正转启动按钮SB_2，SB_2常闭触点断开，切断反转接触器KM_2线圈回路，起到互锁保护作用，同时SB_2常开触点闭合，接触器KM_1得电吸合，KM_1三相主触点闭合，电动机M正转启动运行。KM_1常闭触点断开，使KM_2线圈回路断开，起到可靠的互锁保护作用 ② 当需要反转时，按下反转启动按钮SB_3，正转回路接触器KM_1线圈断电释放，电动机M正转停止工作。KM_1常闭触点恢复闭合状态，SB_3常开触点闭合，接通反转接触器KM_2线圈回路电源，电动机反转启动运转
知识点2	接触器联锁的点动和长动正反转控制电路
图　示	
说　明	复合按钮SB_3、SB_5分别为正、反转点动按钮，由于它们的动断触点分别与正、反转接触器KM_1、KM_2的自锁触点相串联，因此操作点动按钮SB_3、SB_5时，接触器KM_1、KM_2的自锁回路被切断，自锁触点不起作用，只有点动功能。按钮SB_2、SB_4分别为正、反转启动按钮，SB_1为停止按钮

续表2.3

知识点3	单线远程正反转控制电路
图　示	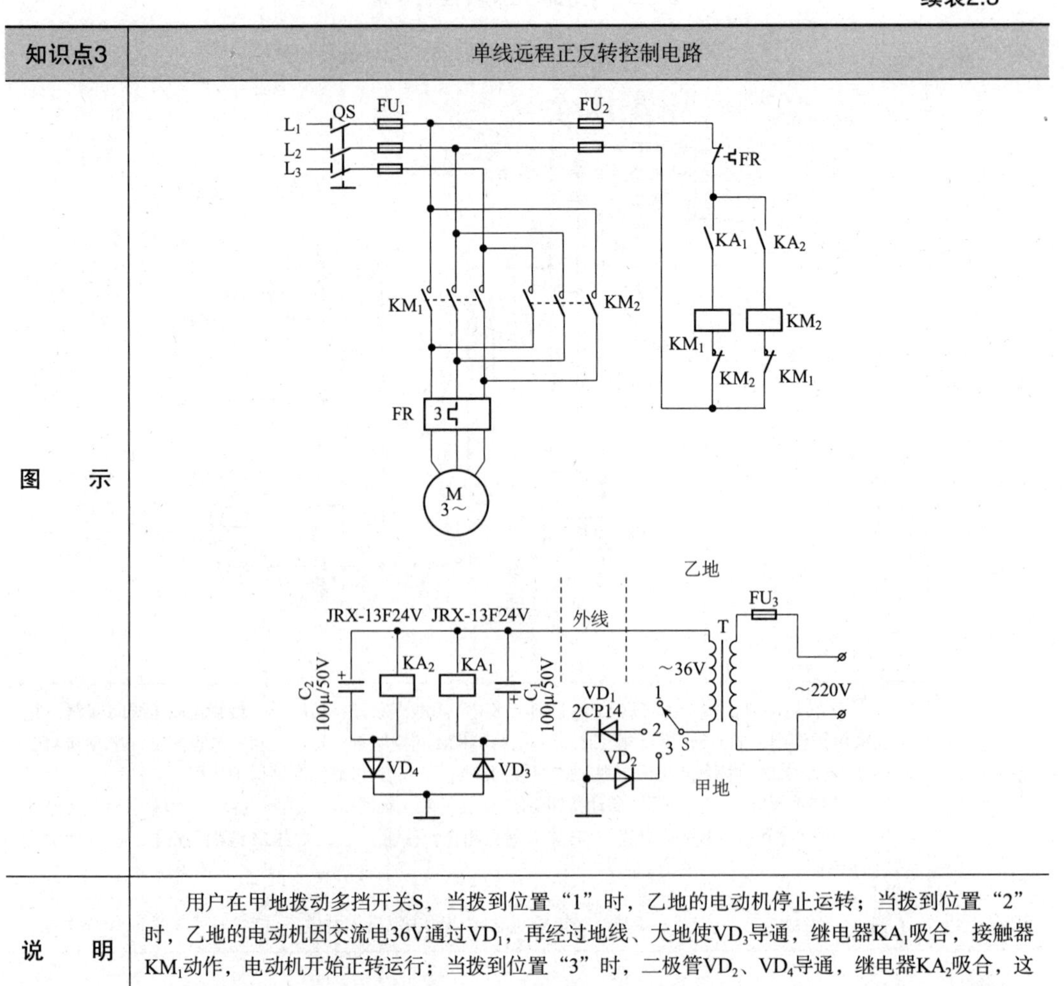
说　明	用户在甲地拨动多挡开关S，当拨到位置“1”时，乙地的电动机停止运转；当拨到位置“2”时，乙地的电动机因交流电36V通过VD_1，再经过地线、大地使VD_3导通，继电器KA_1吸合，接触器KM_1动作，电动机开始正转运行；当拨到位置“3”时，二极管VD_2、VD_4导通，继电器KA_2吸合，这时KM_2得电吸合，电动机反转运行
知识点4	自动往返控制电路
图　示	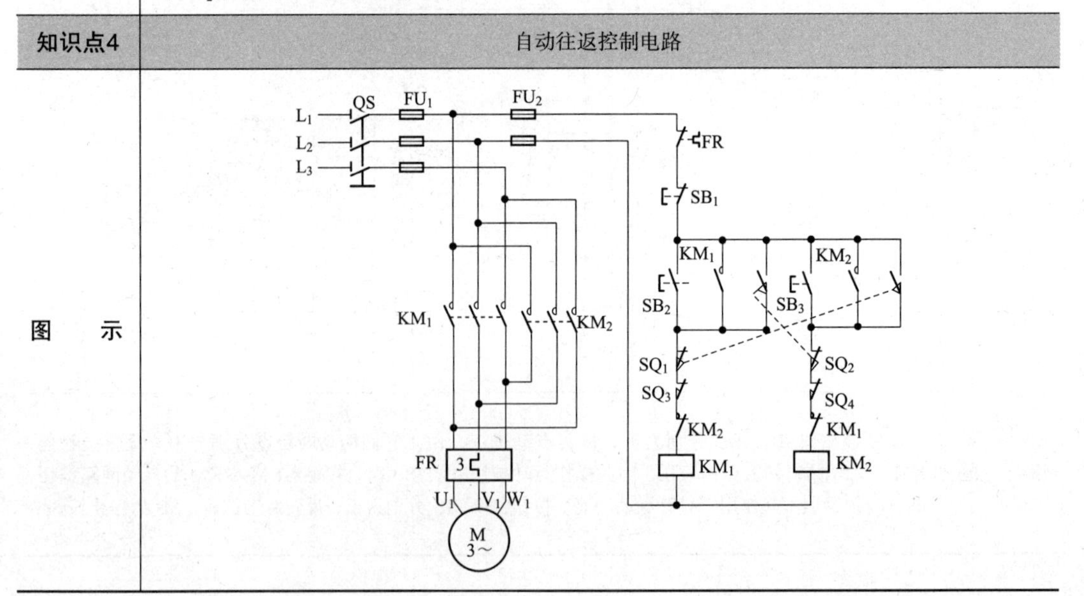

续表2.3

说 明	按下按钮 SB_2，接触器 KM_1 动作，电动机启动正转，通过机械传动装置拖动工作台向左运动；当工作台上的挡铁碰撞行程开关 SQ_1 时，其常闭触点断开，KM_1 断电释放，电动机停转；与此同时，SQ_1 的常开触点闭合，KM_2 动作，电动机反转，拖动工作台向右运动，行程开关 SQ_1 复原；当工作台向右运动至一定位置时，挡铁碰撞行程开关 SQ_2 后，KM_2 断电释放，电动机断电停转，同时 SQ_2 常开触点闭合，接通 KM_1 线圈回路，电动机又开始正转，这样往复循环直到工作完毕

表2.4 电动机特殊要求控制电路

知识点1	避免误操作的两地控制电路
图 示	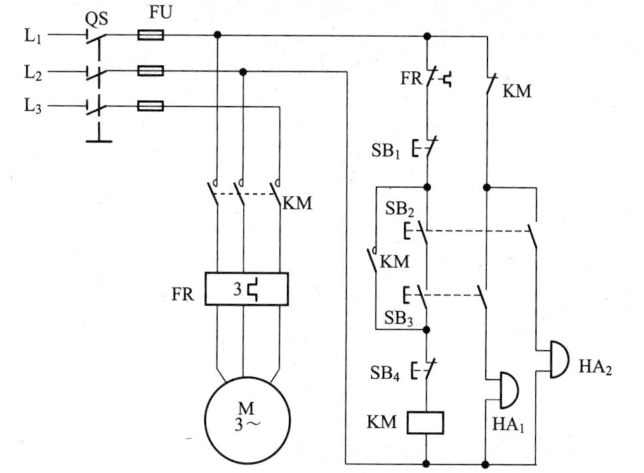
说 明	① 需要开车时，位于甲地的操作人员按住启动按钮SB_2，安装在乙地的蜂鸣器HA_2得电鸣响，待位于乙地的操作人员听到铃声按下启动按钮SB_3后，安装在甲地的蜂鸣器HA_1得电鸣响，接触器KM得电吸合并自锁，其三相主触点闭合，电动机M启动运转；与此同时，KM辅助常闭触点断开，蜂鸣器HA_1、HA_2失电停止鸣响 ② 需要停车时，甲地的操作人员可以按下按钮SB_1，乙地的操作人员可以按下按钮SB_4
知识点2	能发出开车信号的控制电路
图 示	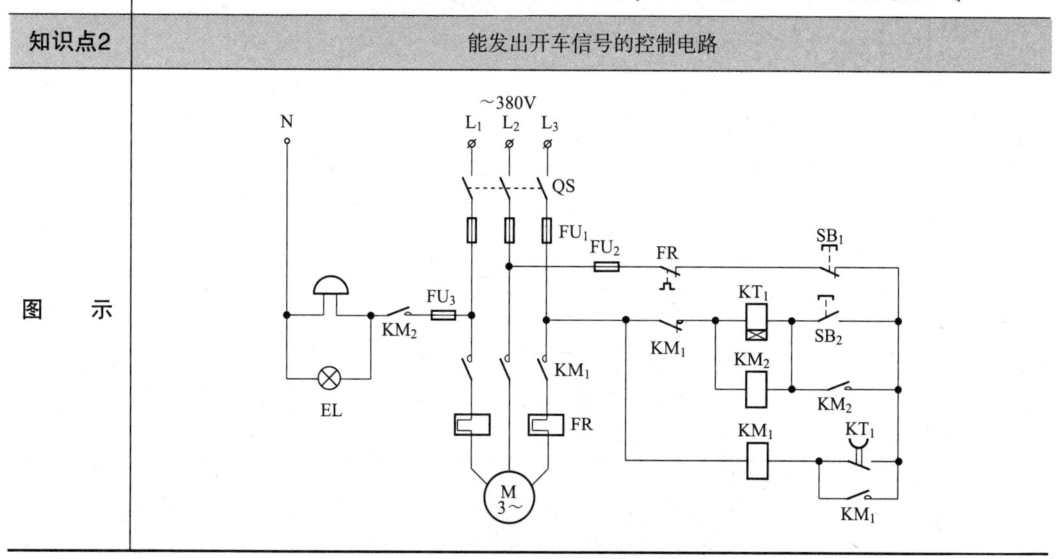

续表2.4

说　明	需要开车时，按下开车按钮SB_2，接触器KM_2得电吸合，电铃和灯光均发出开车信号，此时时间继电器KT_1也同时得电，经过1min（分钟）后（时间可根据需要调整），KT_1常开触点闭合，接通KM_1线圈回路并自锁，主电动机开始运转，同时KM_1得电吸合，KM_2断电释放，电铃和灯泡失电停止工作
知识点3	**两台电动机按顺序启动、同时停止的控制电路**
图　示	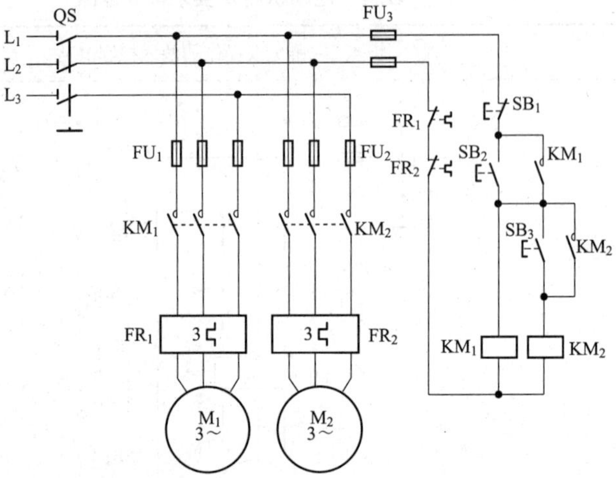
说　明	① 按下按钮SB_2，接触器KM_1得电吸合并自锁，其三相主触点闭合，电动机M_1得电启动运转。KM_1的自锁触点闭合，为KM_2得电作准备。若接着按下按钮SB_3，则接触器KM_2得电吸合并自锁，电动机M_2得电启动运转 ② 按下按钮SB_1，按触器KM_1和KM_2均失电释放，电动机M_1和M_2同时停止运转
知识点4	**两台电动机按顺序启动、逆序停止的控制电路**
图　示	

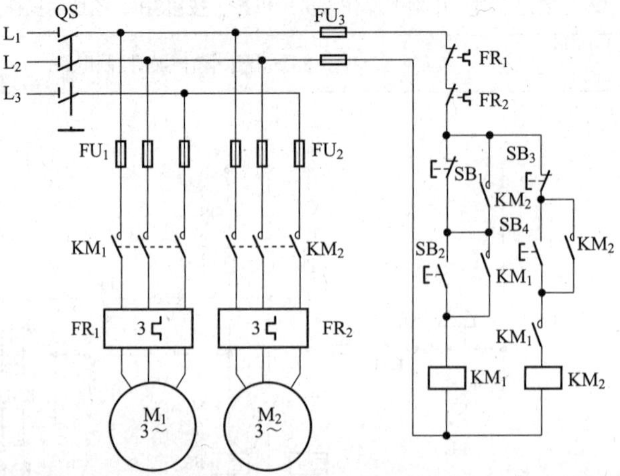

续表2.4

<table>
<tr><td>说　明</td><td>① 按下按钮SB_2，接触器KM_1得电吸合并自锁，其三相主触点闭合，电动机M_1启动运转。由于KM_1的辅助常开触点作为KM_2得电的先决条件串联在KM_2线圈回路，所以只有在电动机M_1启动后电动机M_2才能启动，实现了按次序启动
② 需要停车时，如果先按下电动机M_1停止按钮SB_1，由于KM_2的辅助常开触点作为KM_1失电的先决条件并联在SB_1的两端，所以M_1不能停止运转，只有在按下电动机M_2停止按钮SB_3后，接触器KM_2断电释放，电动机M_2停止运转，这时再按下按钮SB_1，电动机M_1才能停止运转</td></tr>
<tr><td>知识点5</td><td>电动机间歇运转控制电路</td></tr>
<tr><td>图　示</td><td></td></tr>
<tr><td>说　明</td><td>合上电源开关QS和手动开关SA，接触器KM_1和时间继电器KT_1得电吸合，KM三相主触点闭合，电动机M启动运转。运转一段时间（由KT_1时间继电器确定）之后，KT_1延时闭合的常开触点闭合，接通继电器KA和时间继电器KT_2回路，KA常闭触点断开，KM断电释放，电动机停止工作。经过一段时间后，KT_2延时断开的常闭触点断开，中间继电器KA断电释放，中间继电器KA的常闭触点闭合，再次接通KM线圈回路，电动机重新启动运转</td></tr>
<tr><td>知识点6</td><td>电动机短时间停电来电后自动快速再启动电路</td></tr>
<tr><td>图　示</td><td>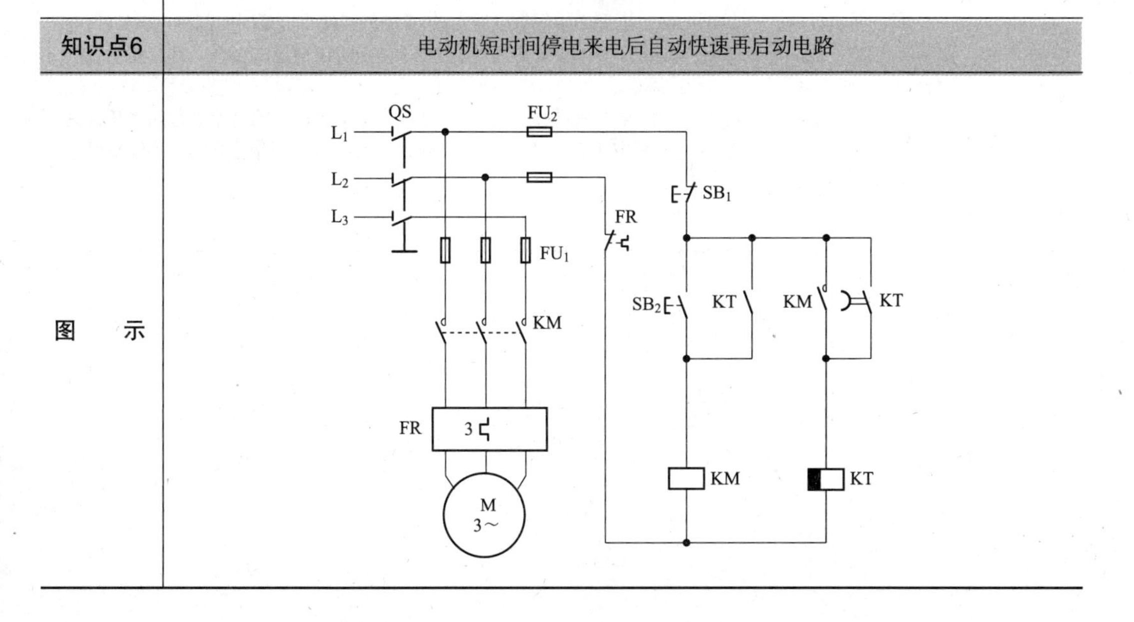</td></tr>
</table>

续表2.4

说　明	① 按下按钮SB_2，接触器KM得电得电吸合，其三相主触点闭合，电动机M启动运转；同时KM的辅助常开触点闭合，使断电延时时间继电器KT得电吸合，KT的瞬动常开触点和延时断开的触点闭合，使KM和KT保持吸合状态 ② 电动机运转后，如果供电电路出现电压波动（瞬间过低）或电网短暂停电时，KM、KT均断电释放，电动机M停止运转。同时，KT已闭合的触点延时断开。若在KT延时时间内电网电压恢复正常或电网短暂停电后恢复供电，KT重新得电吸合，其瞬动触点立即闭合，KM得电吸合，电动机自动再启动运转
知识点7	**电动机长时间停电来电后自动再启动电路**
图　示	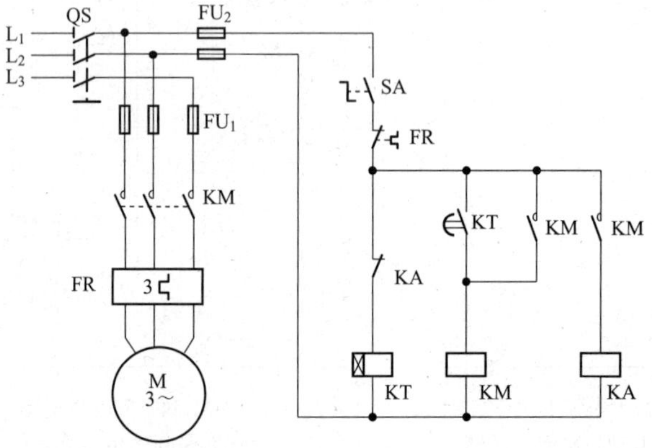
说　明	① 正常启动时，合上开关SA，电源经中间继电器KA的常闭触点使得电延时时间继电器KT得电吸合，经KT一段时间延时后，其延时闭合的常开触点闭合，使接触器KM得电吸合，其三相主触点闭合，电动机启动运转 ② 若电动机运转时出现停电情况，则KM断电释放，电动机停止运转。无论停电时间多长，只要再次来电，时间继电器KT就能得电吸合，经KT一段时间延时后，其延时触点闭合，使KM得电吸合并自锁，电动机启动运转

表2.5 电动机减压启动控制电路

知识点1	手动控制Y-△减压启动电路

图 示

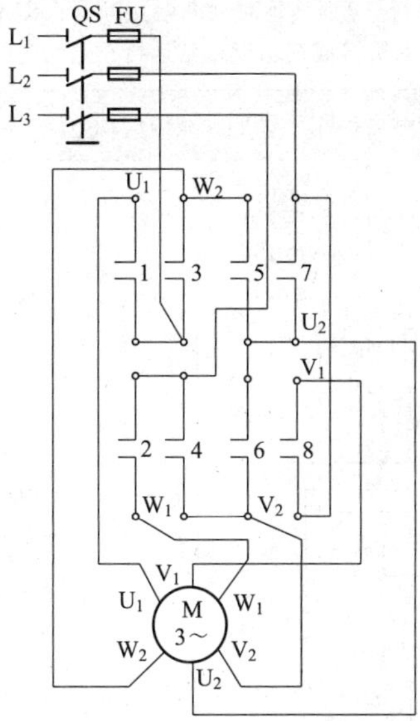

触点	手柄位置		
	0	Y	△
1		通	通
2		通	通
3			通
4			通
5		通	
6		通	
7			通
8		通	通

说 明

L_1、L_2和L_3接三相电源，U_1、V_1、W_1、U_2、V_2和W_2接电动机。当手柄转到“0”位置时，8副触点都断开，电动机断电不运转；当手柄转到“Y”位置时，1、2、5、6、8触点闭合，3、4、7触点断开，电动机定子绕组接成星形减压启动；当电动机转速上升到一定值时，将手柄扳到“△”位置，这时1、2、3、4、7、8触点接通，5、6触点断开，电动机定子绕组接成三角形正常运行

知识点2	时间继电器控制Y-△减压启动电路

图 示

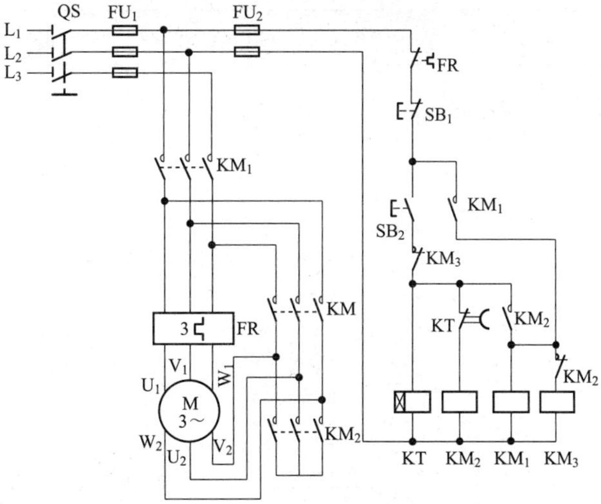

续表2.5

说　明	先合上电源开关QS，按下启动按钮SB_2，KM_2、KT线圈得电吸合，KM_2常开触点闭合，使接触器KM_1线圈得电，KM_1和KM_2三相主触点闭合，电动机接成星形减压启动。随着电动机转速的升高，启动电流下降，时间继电器KT延时到其延时动断触点断开，KM_2线圈断电释放，KM_3线圈得电吸合，KM_3三相主触点闭合，电动机接成三角形正常运行，这时时间继电器KT线圈也断电释放
知识点3	接触器控制手动Y-△减压启动电路
图　示	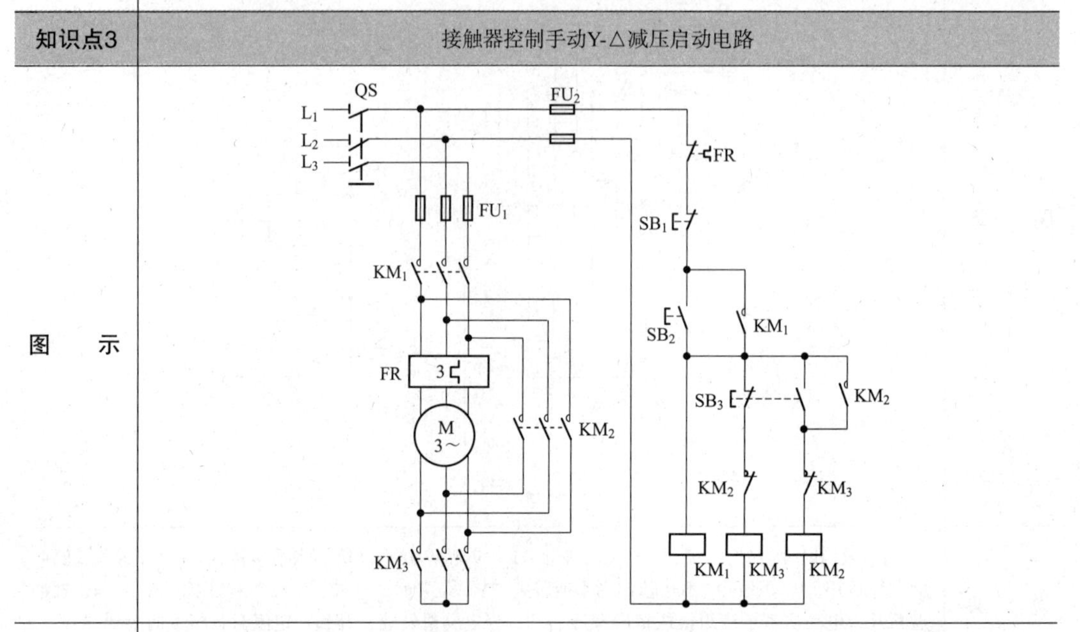
说　明	合上电源开关QS，按下启动按钮SB_2，接触器KM_1得电吸合并自锁，随后KM_3也得电吸合，电动机定子绕组接成星形减压启动。当电动机转速达到正常值时，按下按钮SB_3，首先接触器KM_3断电释放，电动机定子绕组解除星形连接，随后SB_3接通接触器KM_2线圈回路电源，接触器KM_2得电吸合并自锁，电动机接成三角形全压运行
知识点4	延长转换时间的Y-△减压启动电路
图　示	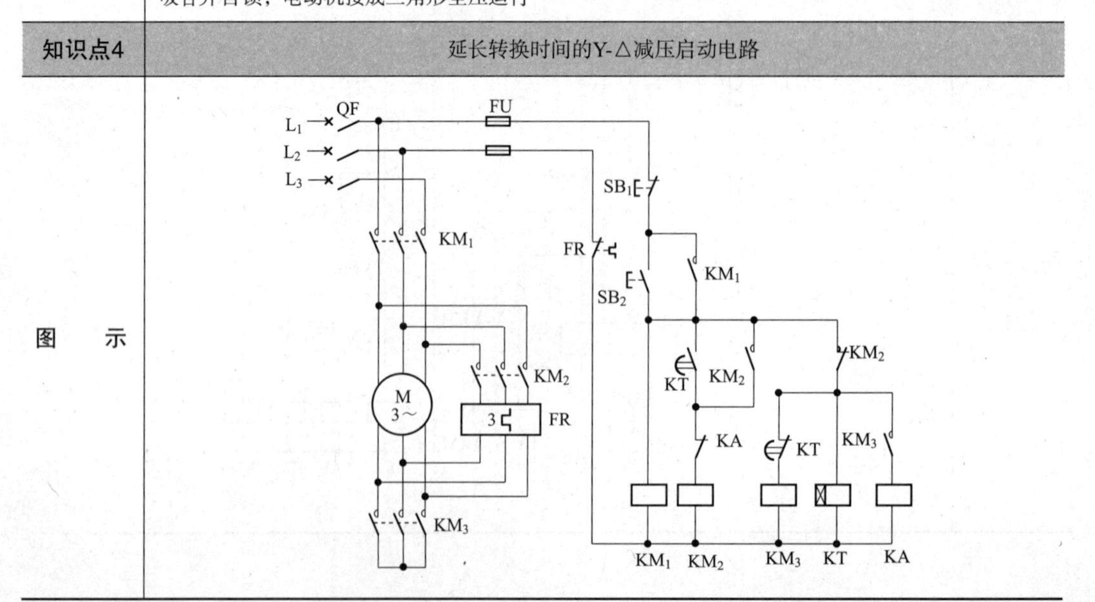

续表2.5

说　明	按下启动按钮SB_2，接触器KM_1、KM_3和得电延时时间继电器KT得电吸合并自锁，KM_1、KM_3三相主触点闭合，电动机定子绕组接成星形，并通入三相电源进行减压启动。KM_3辅助常开触点闭合，使中间继电器KA得电吸合，其常闭触点断开，确保KM_2不能得电，实现互锁。KT经过一段时间延时后，其延时断开的触点断开、延时闭合的触点闭合。接触器KM_3断电释放，KM_3三相主触点和常开触点断开，接着KA断电释放，KA常闭触点复位闭合，使接触器KM_2得电吸合并自锁，电动机切换到三角形连接运行。KM_2的常闭触点断开，使KT断电释放，并确保KM_3、KA不能得电，实现互锁
知识点5	手动控制自耦变压器减压启动电路
图　示	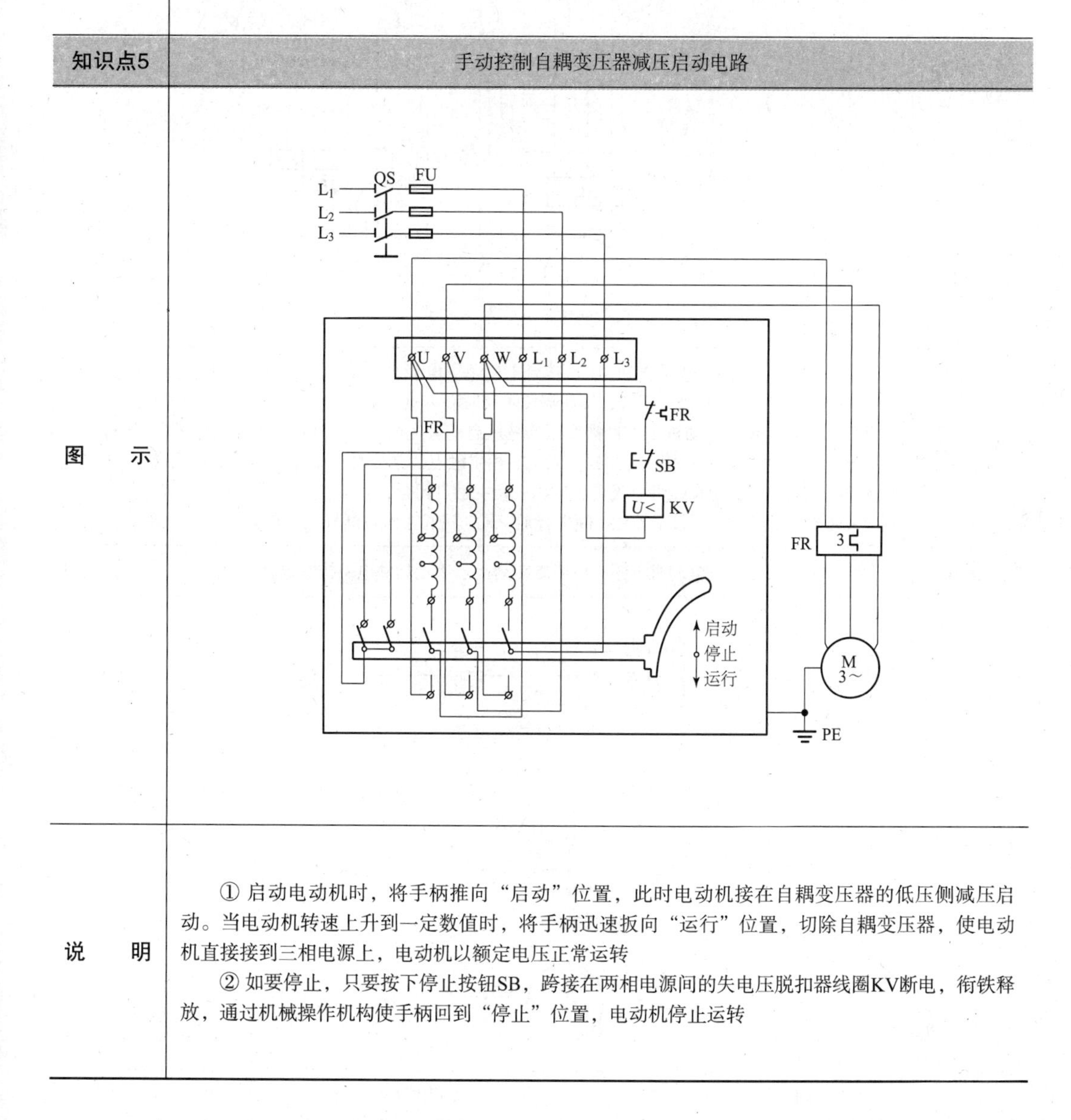
说　明	① 启动电动机时，将手柄推向“启动”位置，此时电动机接在自耦变压器的低压侧减压启动。当电动机转速上升到一定数值时，将手柄迅速扳向“运行”位置，切除自耦变压器，使电动机直接接到三相电源上，电动机以额定电压正常运转 ② 如要停止，只要按下停止按钮SB，跨接在两相电源间的失电压脱扣器线圈KV断电，衔铁释放，通过机械操作机构使手柄回到“停止”位置，电动机停止运转

续表2.5

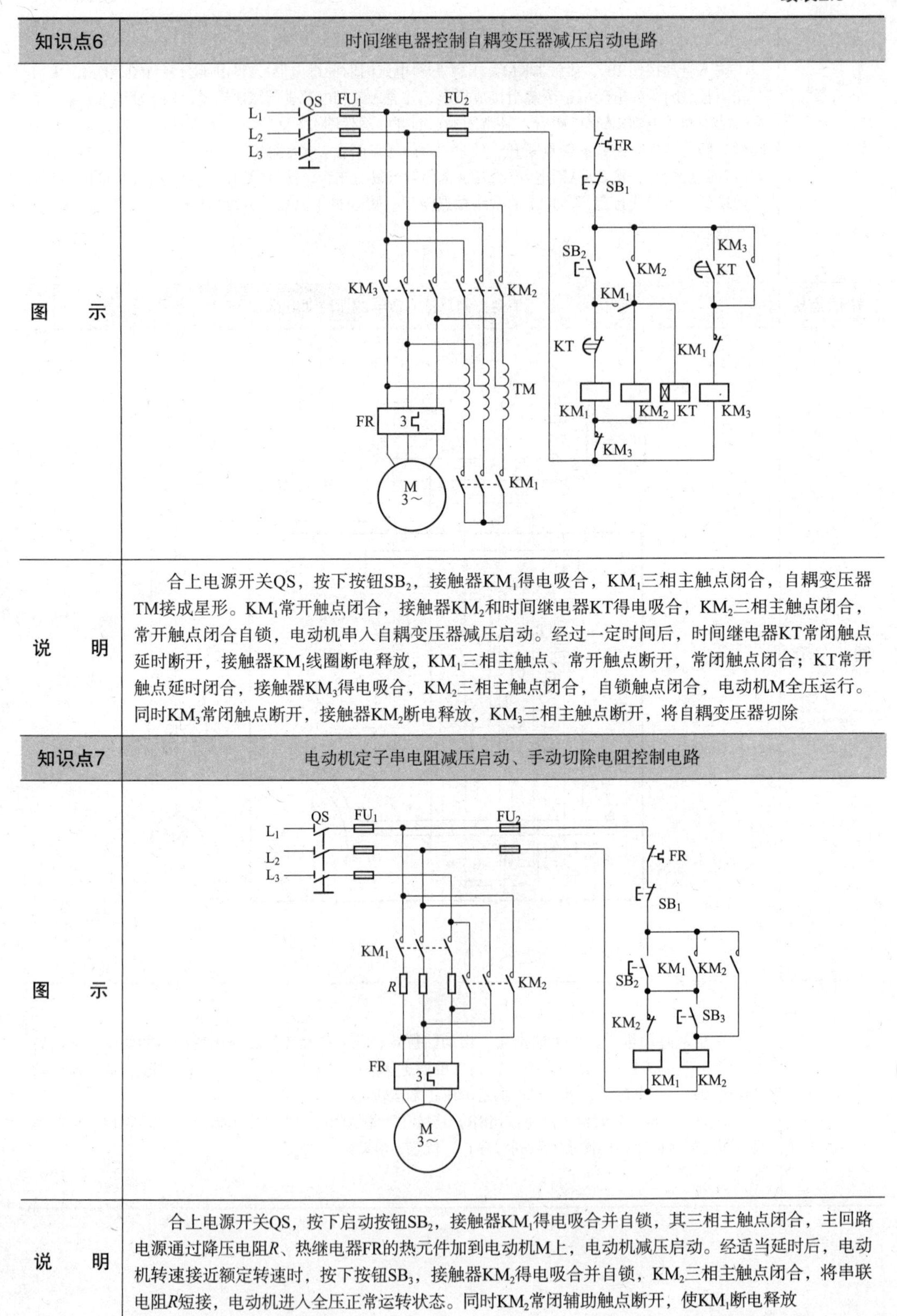

知识点6	时间继电器控制自耦变压器减压启动电路
图　　示	
说　　明	合上电源开关QS，按下按钮SB_2，接触器KM_1得电吸合，KM_1三相主触点闭合，自耦变压器TM接成星形。KM_1常开触点闭合，接触器KM_2和时间继电器KT得电吸合，KM_2三相主触点闭合，常开触点闭合自锁，电动机串入自耦变压器减压启动。经过一定时间后，时间继电器KT常闭触点延时断开，接触器KM_1线圈断电释放，KM_1三相主触点、常开触点断开，常闭触点闭合；KT常开触点延时闭合，接触器KM_3得电吸合，KM_2三相主触点闭合，自锁触点闭合，电动机M全压运行。同时KM_3常闭触点断开，接触器KM_2断电释放，KM_3三相主触点断开，将自耦变压器切除
知识点7	电动机定子串电阻减压启动、手动切除电阻控制电路
图　　示	
说　　明	合上电源开关QS，按下启动按钮SB_2，接触器KM_1得电吸合并自锁，其三相主触点闭合，主回路电源通过降压电阻*R*、热继电器FR的热元件加到电动机M上，电动机减压启动。经适当延时后，电动机转速接近额定转速时，按下按钮SB_3，接触器KM_2得电吸合并自锁，KM_2三相主触点闭合，将串联电阻*R*短接，电动机进入全压正常运转状态。同时KM_2常闭辅助触点断开，使KM_1断电释放

续表2.5

知识点8	电动机定子串电阻减压启动、自动切除电阻控制电路
图　示	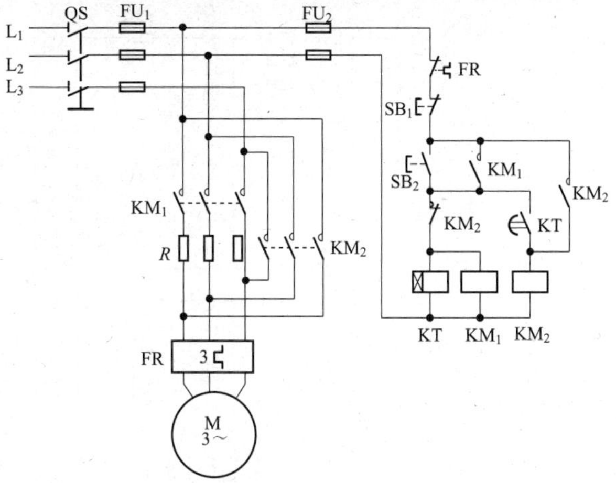
说　明	合上电源开关QS，按下启动按钮SB_2，时间继电器KT和接触器KM_1同时得电吸合，KM_1三相主触点闭合，电动机接入减压电阻R减压启动。经适当延时后，时间继电器延时闭合的常开触点闭合，接触器KM_2得电吸合并自锁，KM_2三相主触点闭合，将串联电阻R短接，电动机进入全压正常运转状态。同时KM_2的辅助常闭触点断开，使KM_1和时间继电器KT断电释放
知识点9	绕线转子电动机单向运行、转子串接频敏变阻器启动电路
图　示	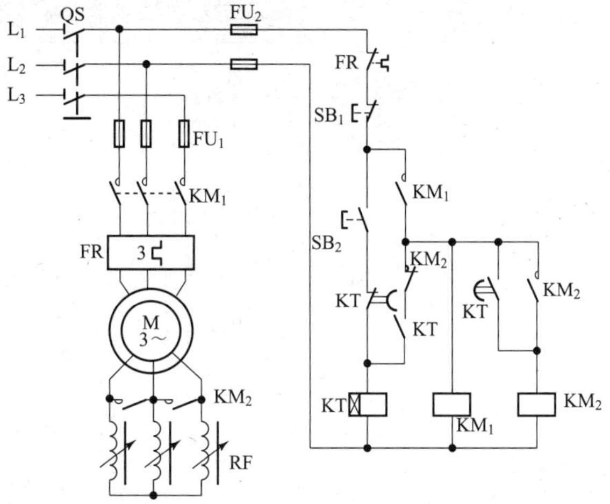
说　明	合上电源开关QS，按下启动按钮SB_2，得电延时时间继电器KT得电吸合，其瞬动触点闭合，使接触器KM_1得电吸合，KM_1三相主触点闭合，电动机定子绕组通入电源，转子串接频敏变阻器启动。当电动机转速上升到接近额定转速时，时间继电器延时时间到，其延时断开的常闭触点断开，延时闭合的常开触点闭合，接触器KM_2得电吸合，将频敏变阻器短接，电动机进入正常运行状态。KM_2的辅助常闭触点断开，使KT断电释放

表2.6 电动机制动控制电路

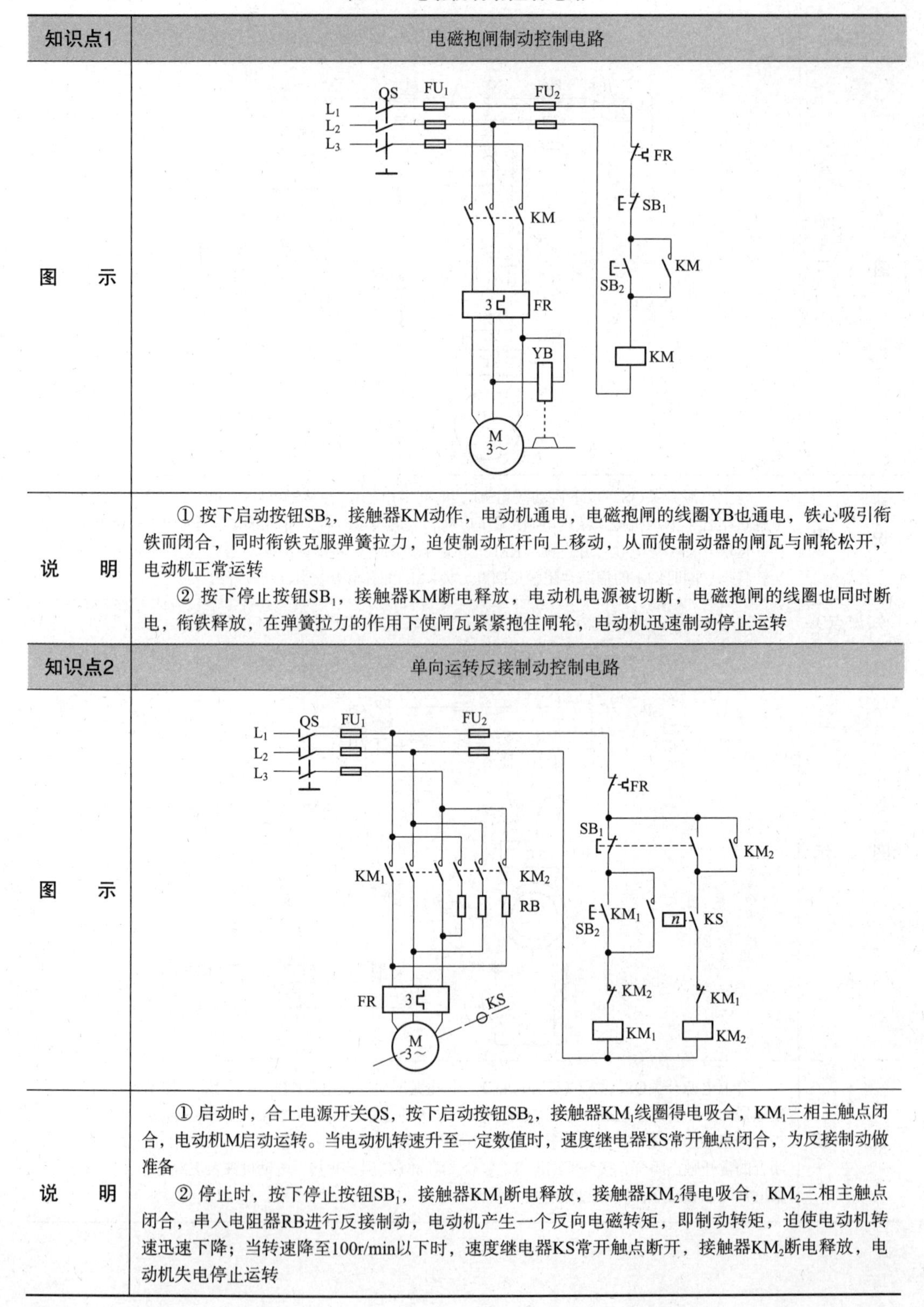

知识点1	电磁抱闸制动控制电路
图 示	
说 明	① 按下启动按钮SB_2，接触器KM动作，电动机通电，电磁抱闸的线圈YB也通电，铁心吸引衔铁而闭合，同时衔铁克服弹簧拉力，迫使制动杠杆向上移动，从而使制动器的闸瓦与闸轮松开，电动机正常运转 ② 按下停止按钮SB_1，接触器KM断电释放，电动机电源被切断，电磁抱闸的线圈也同时断电，衔铁释放，在弹簧拉力的作用下使闸瓦紧紧抱住闸轮，电动机迅速制动停止运转
知识点2	单向运转反接制动控制电路
图 示	
说 明	① 启动时，合上电源开关QS，按下启动按钮SB_2，接触器KM_1线圈得电吸合，KM_1三相主触点闭合，电动机M启动运转。当电动机转速升至一定数值时，速度继电器KS常开触点闭合，为反接制动做准备 ② 停止时，按下停止按钮SB_1，接触器KM_1断电释放，接触器KM_2得电吸合，KM_2三相主触点闭合，串入电阻器RB进行反接制动，电动机产生一个反向电磁转矩，即制动转矩，迫使电动机转速迅速下降；当转速降至100r/min以下时，速度继电器KS常开触点断开，接触器KM_2断电释放，电动机失电停止运转

续表2.6

知识点3	单向运转半波整流能耗制动控制电路
图　示	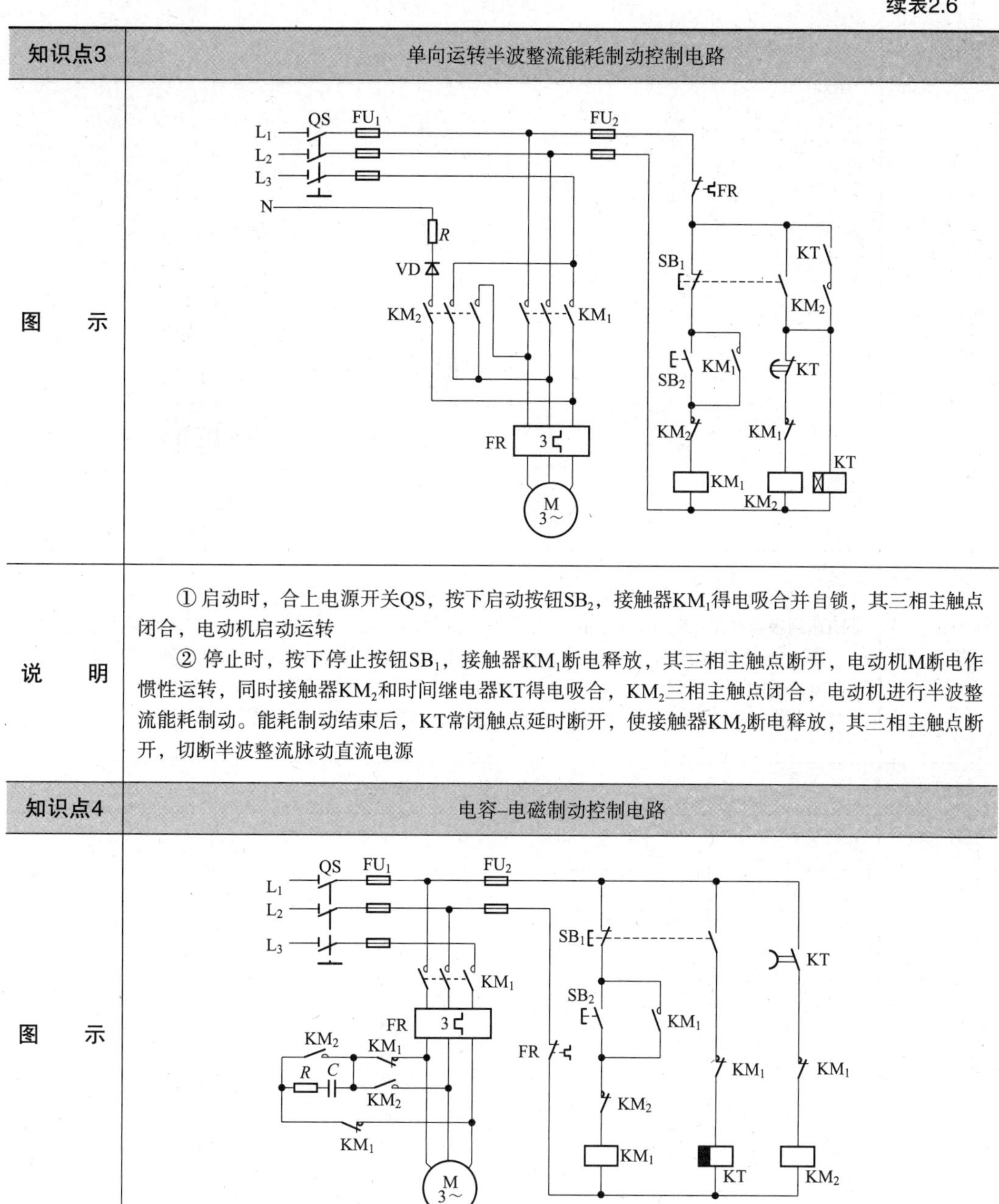
说　明	① 启动时，合上电源开关QS，按下启动按钮SB_2，接触器KM_1得电吸合并自锁，其三相主触点闭合，电动机启动运转 ② 停止时，按下停止按钮SB_1，接触器KM_1断电释放，其三相主触点断开，电动机M断电作惯性运转，同时接触器KM_2和时间继电器KT得电吸合，KM_2三相主触点闭合，电动机进行半波整流能耗制动。能耗制动结束后，KT常闭触点延时断开，使接触器KM_2断电释放，其三相主触点断开，切断半波整流脉动直流电源
知识点4	电容–电磁制动控制电路
图　示	
说　明	① 启动时，合上电源开关QS，按下启动按钮SB_2，接触器KM_1得电吸合并自锁，其三相主触点闭合，电动机M启动运转 ② 停止时，按下停止按钮SB_1，KM_1断电释放，其辅助常开触点闭合，将电容器接入电动机的定子绕组中进行电容制动。同时SB_1的常开触点闭合，使失电延时时间继电器KT得电吸合，KT延时断开的常开触点闭合，使接触器KM_2得电吸合，其三相主触点闭合，将三相绕组短接进行电磁制动，电动机迅速停止转动。制动完毕，时间继电器KT断电释放，使KM_2断电释放，制动结束

表2.7　电动机保护控制电路

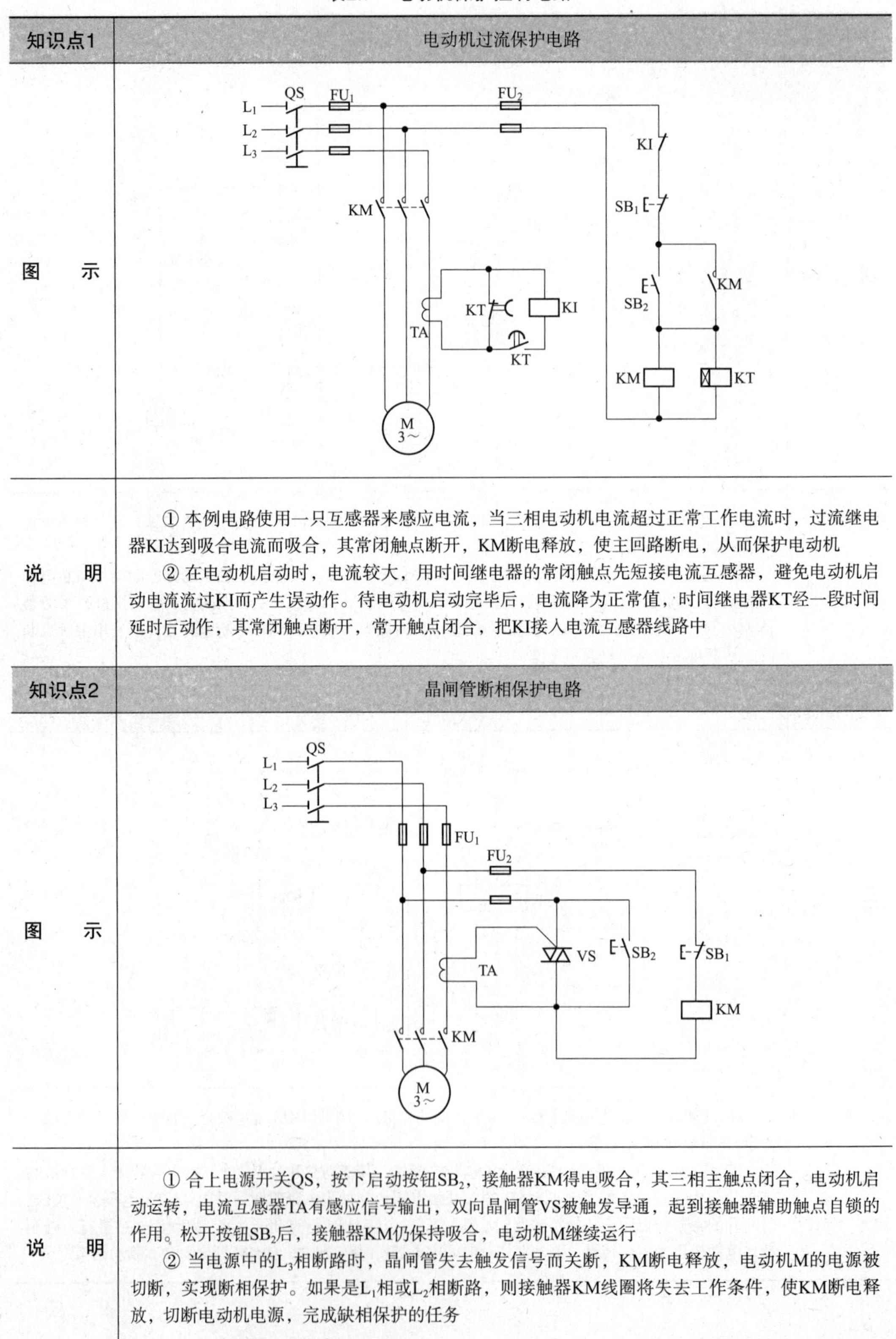

知识点1	电动机过流保护电路
图　　示	
说　　明	① 本例电路使用一只互感器来感应电流，当三相电动机电流超过正常工作电流时，过流继电器KI达到吸合电流而吸合，其常闭触点断开，KM断电释放，使主回路断电，从而保护电动机 ② 在电动机启动时，电流较大，用时间继电器的常闭触点先短接电流互感器，避免电动机启动电流流过KI而产生误动作。待电动机启动完毕后，电流降为正常值，时间继电器KT经一段时间延时后动作，其常闭触点断开，常开触点闭合，把KI接入电流互感器线路中
知识点2	**晶闸管断相保护电路**
图　　示	
说　　明	① 合上电源开关QS，按下启动按钮SB_2，接触器KM得电吸合，其三相主触点闭合，电动机启动运转，电流互感器TA有感应信号输出，双向晶闸管VS被触发导通，起到接触器辅助触点自锁的作用。松开按钮SB_2后，接触器KM仍保持吸合，电动机M继续运行 ② 当电源中的L_3相断路时，晶闸管失去触发信号而关断，KM断电释放，电动机M的电源被切断，实现断相保护。如果是L_1相或L_2相断路，则接触器KM线圈将失去工作条件，使KM断电释放，切断电动机电源，完成缺相保护的任务

续表2.7

知识点3	穿心式互感器与电流继电器组成的断相保护电路
图　　示	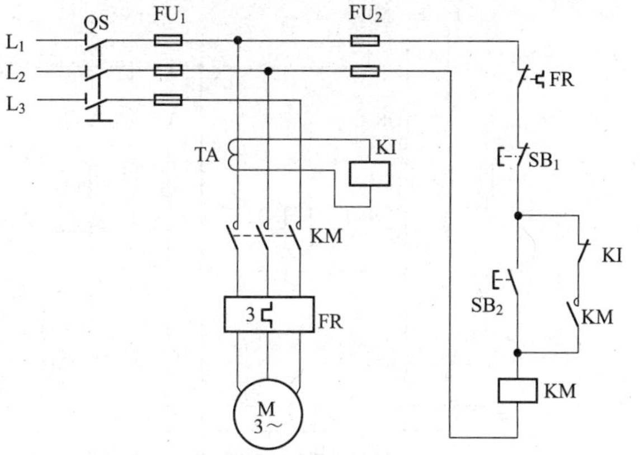
说　　明	将电动机的3根电源线一起穿入一只穿心式互感器TA中，再将电流互感器TA与电流继电器KI连接。KI的常闭触点与接触器KM的自锁触点串联。如果电动机断相，穿心式互感器有输出，KI动作，其常闭触点断开，KM断电释放，切断电动机电源，电动机停止运转

表2.8 其他电动机控制电路

知识点1	单相照明电源双路自投电路
图　　示	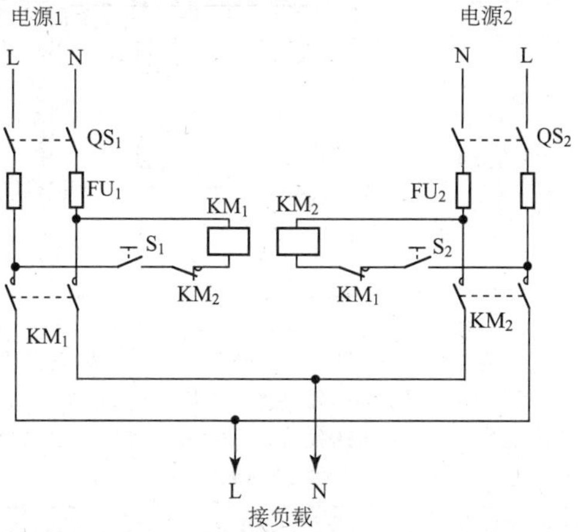
说　　明	该电路当一路电源因故停电时，备用电源能自动投入。工作时，先合上开关S_1，交流接触器KM_1得电吸合，由1号电源供电。然后合上开关S_2，因KM_1、KM_2互锁，此时KM_2不会吸合，2号电源处于备用状态。如果1号电源因故断电，交流接触器KM_1断电释放，其常闭触点闭合，接通KM_2线圈电路，KM_2得电吸合，2号电源投入供电

续表2.8

知识点2　三相电源双路自投电路

图　示

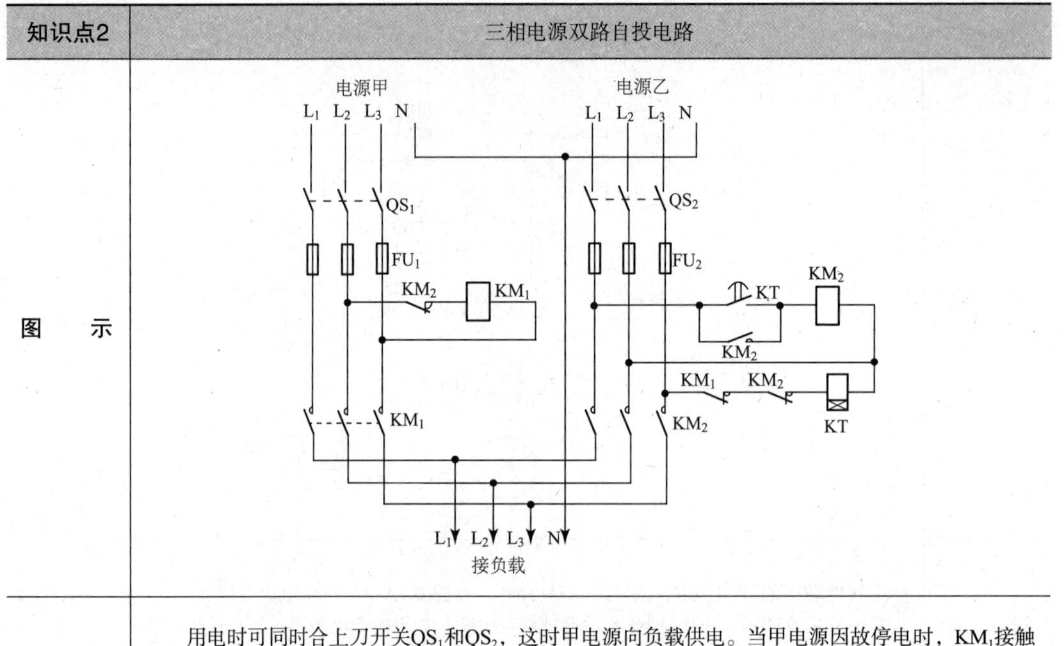

说　明

用电时可同时合上刀开关QS_1和QS_2，这时甲电源向负载供电。当甲电源因故停电时，KM_1接触器断电释放，KM_1常闭触点闭合，接通时间继电器KT线圈电源，时间继电器经数秒钟延时后，KT延时常开触点闭合，KM_2得电吸合并自锁。由于KM_2的吸合，其常闭触点一方面断开延时继电器线圈电源，另一方面又断开KM_1线圈回路电源，使甲电源停止供电，保证乙电源进行正常供电。如果乙电源工作一段时间后停电，KM_2常闭触点会自动接通线圈KM_1回路电源，换为甲电源供电

知识点3　用直流电点燃日光灯电路

图　示

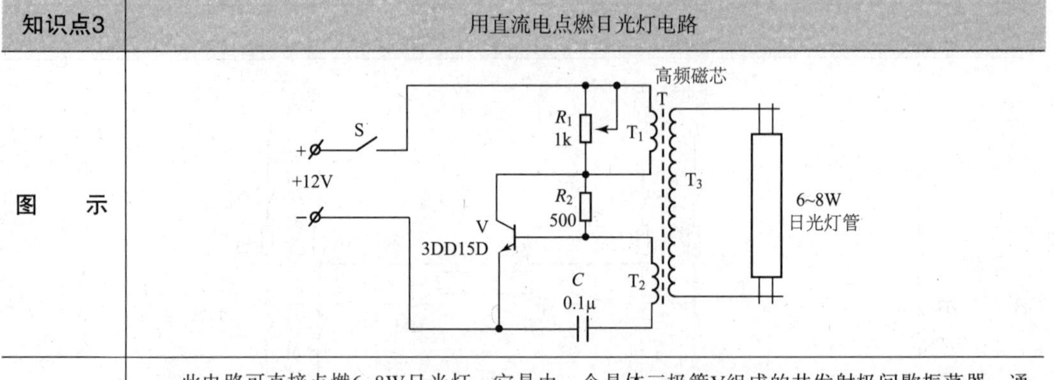

说　明

此电路可直接点燃6~8W日光灯。它是由一个晶体三极管V组成的共发射极间歇振荡器，通过变压器在次级感应出间歇高压振荡波，点燃日光灯。电路中的R_1和R_2为0.25W电阻，电容C可在0.1~1μF范围内选用，改变C的电容值，间歇振荡器的频率也会改变。变压器T的T_1和T_2为40匝，线径为0.35mm；T_3为450匝，线径为0.21mm

知识点4　用二极管延长白炽灯寿命电路

图　示

FU
S
VD
L
~220V
N
EL
60W

续表2.8

说　　明	在楼梯、走廊、卫生间等照明亮度要求不高的场所，可采用本电路所示方法延长灯泡寿命，即在拉线开关内加装一只耐压大于400V、电流为1A的整流管。220V交流电源通过半波整流使灯泡只有半个周期中有电流通过，从而达到延长白炽灯寿命的目的，但灯泡亮度会降低
知识点5	广告彩灯控制电路
图　　示	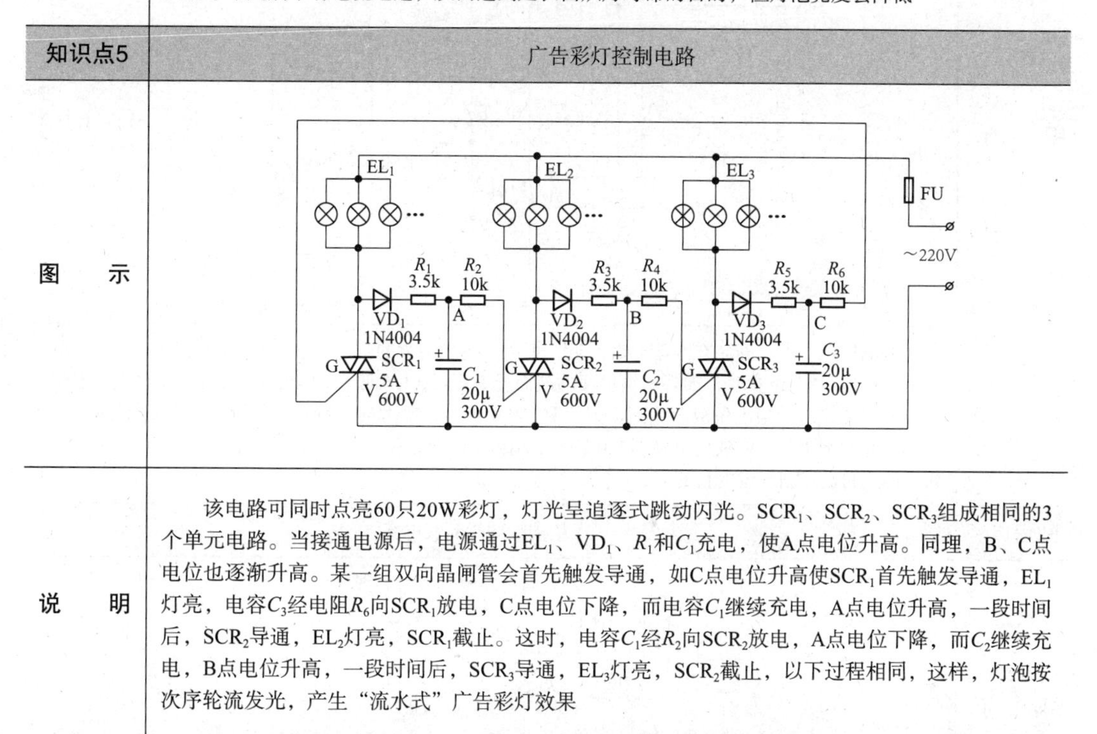
说　　明	该电路可同时点亮60只20W彩灯，灯光呈追逐式跳动闪光。SCR_1、SCR_2、SCR_3组成相同的3个单元电路。当接通电源后，电源通过EL_1、VD_1、R_1和C_1充电，使A点电位升高。同理，B、C点电位也逐渐升高。某一组双向晶闸管会首先触发导通，如C点电位升高使SCR_1首先触发导通，EL_1灯亮，电容C_3经电阻R_6向SCR_1放电，C点电位下降，而电容C_1继续充电，A点电位升高，一段时间后，SCR_2导通，EL_2灯亮，SCR_1截止。这时，电容C_1经R_2向SCR_2放电，A点电位下降，而C_2继续充电，B点电位升高，一段时间后，SCR_3导通，EL_3灯亮，SCR_2截止，以下过程相同，这样，灯泡按次序轮流发光，产生“流水式”广告彩灯效果
知识点6	音乐验电笔电路
图　　示	
说　　明	① 电工人员在阳光很强处工作，验电笔中氖泡的亮度难以辨认，如果自制一个小型音乐验电笔，就能更准确地确定电气路线上有无电压 ② 音乐集成电路可选用KD-482型。整个电路可装在塑料绝缘盒内，把探头引出，陶瓷蜂鸣片的盒盖上应钻上发音孔。装好后应先在带电的设备上做实验，如探头接触带电体后会放出乐曲，说明此验电笔已能工作

续表2.8

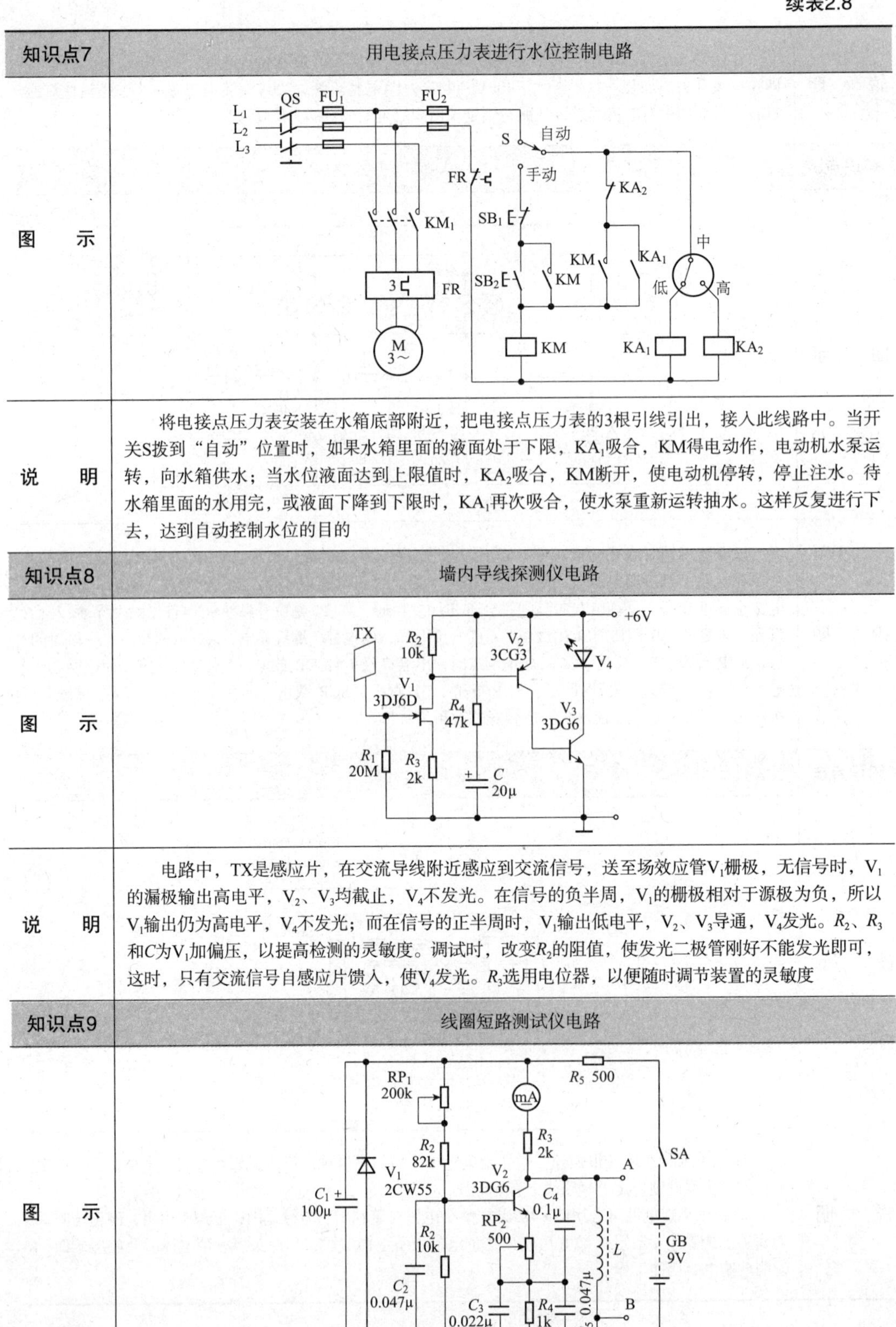

知识点7	用电接点压力表进行水位控制电路
图　示	
说　明	将电接点压力表安装在水箱底部附近，把电接点压力表的3根引线引出，接入此线路中。当开关S拨到“自动”位置时，如果水箱里面的液面处于下限，KA_1吸合，KM得电动作，电动机水泵运转，向水箱供水；当水位液面达到上限值时，KA_2吸合，KM断开，使电动机停转，停止注水。待水箱里面的水用完，或液面下降到下限时，KA_1再次吸合，使水泵重新运转抽水。这样反复进行下去，达到自动控制水位的目的
知识点8	墙内导线探测仪电路
图　示	
说　明	电路中，TX是感应片，在交流导线附近感应到交流信号，送至场效应管V_1栅极，无信号时，V_1的漏极输出高电平，V_2、V_3均截止，V_4不发光。在信号的负半周，V_1的栅极相对于源极为负，所以V_1输出仍为高电平，V_4不发光；而在信号的正半周时，V_1输出低电平，V_2、V_3导通，V_4发光。R_2、R_3和C为V_1加偏压，以提高检测的灵敏度。调试时，改变R_2的阻值，使发光二极管刚好不能发光即可，这时，只有交流信号自感应片馈入，使V_4发光。R_3选用电位器，以便随时调节装置的灵敏度
知识点9	线圈短路测试仪电路
图　示	

续表2.8

说　明	三极管V_2与电感线圈L及电容C_4、C_5等构成电容三点式振荡电路，电阻R_5、稳压二极管V_1和电解电容C_1构成简易稳压电源。当被测电感线圈跨接到振荡回路的A、B端时，如果线圈内部无短路，因呈高阻抗，不影响振荡器工作，此时毫安表读数变化很小。如果被测线圈内部短路，呈低阻抗，造成振荡减弱或停止，这时毫安表的读数会快速下降。V_2的电流放大系数β应不小于100。L可采用MXO-2000-GU36×22的罐形磁芯，用ϕ0.35mm漆包线绕120匝
知识点10	**电力变压器自动风冷控制电路**
图　示	
说　明	电力变压器在夏天连续运行时，自身温度会超过65°C，故需加风机进行降温，否则会烧坏。图中，ST_1为温度传感器的上限触点，ST_2为下限触点。当变压器运行、温度升到上限值时，ST_1闭合，KM得电吸合，风扇启动；当温度下降到下限值时，ST_2闭合，KA动作，切断KM线圈回路电源，风机停止工作
知识点11	**单线双向传递联络信号电路**
图　示	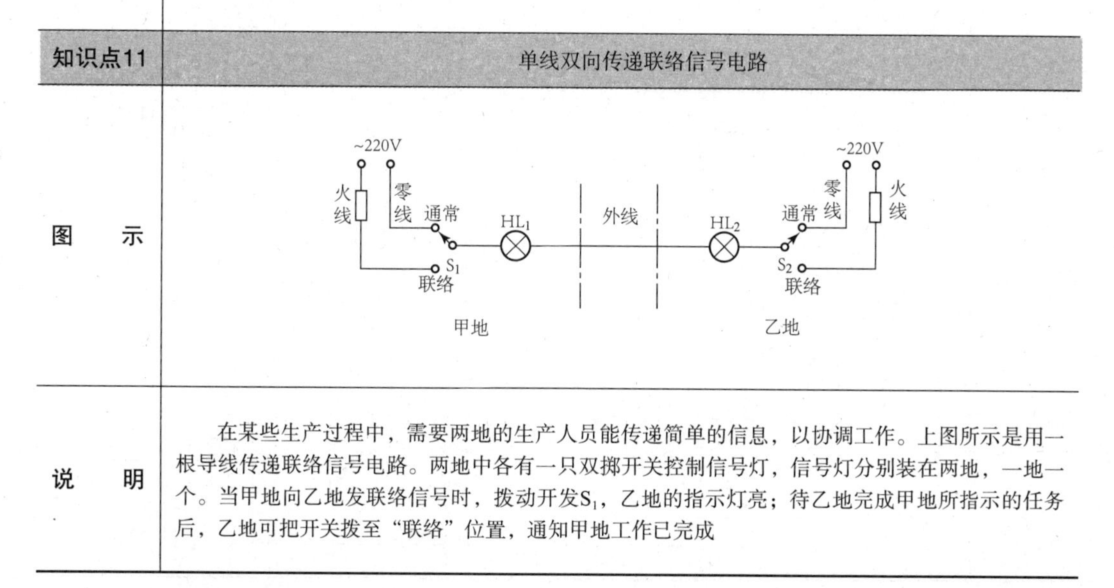
说　明	在某些生产过程中，需要两地的生产人员能传递简单的信息，以协调工作。上图所示是用一根导线传递联络信号电路。两地中各有一只双掷开关控制信号灯，信号灯分别装在两地，一地一个。当甲地向乙地发联络信号时，拨动开发S_1，乙地的指示灯亮；待乙地完成甲地所指示的任务后，乙地可把开关拨至“联络”位置，通知甲地工作已完成

续表2.8

知识点12	插座接线安全检测器电路
图　　示	接地线 R_3* 130k R_2* 130k LED_3 零线 火线 LED_2 BT201 红 (RD) BT201 绿(GN) LED_1 R_1* 130k BT201 绿(GN)
说　　明	此电路只适用于插座带有接地保护装置的线路中。当把插头插入插座时，若： ① 插座内部接线正确，则所装绿色发光二极管LED_1、LED_2发亮，红色发光二极管LED_3不亮，证明用电安全正常 ② 插座保护接地线断线，则发光二极管LED_1亮，而LED_2、LED_3不亮 ③ 插座接地线与相线相反，则发光二极管LED_1不亮，LED_2、LED_3亮，证明使用家用电器很危险 ④ 插座零线断线，则发光二极管LED_1、LED_3不亮，LED_2亮 ⑤ 零线与火线接反，则发光二极管LED_1、LED_3亮，LED_2不亮 ⑥ 插座火线断线，则发光二极管LED_1～LED_3均不亮 ⑦ 插座保护接地线断线，并且家用电器外壳漏电，则发光二极管LED_1、LED_3亮，LED_2不亮，说明非常危险应立即断开电源
知识点13	三极管全自动水位控制电路
图　　示	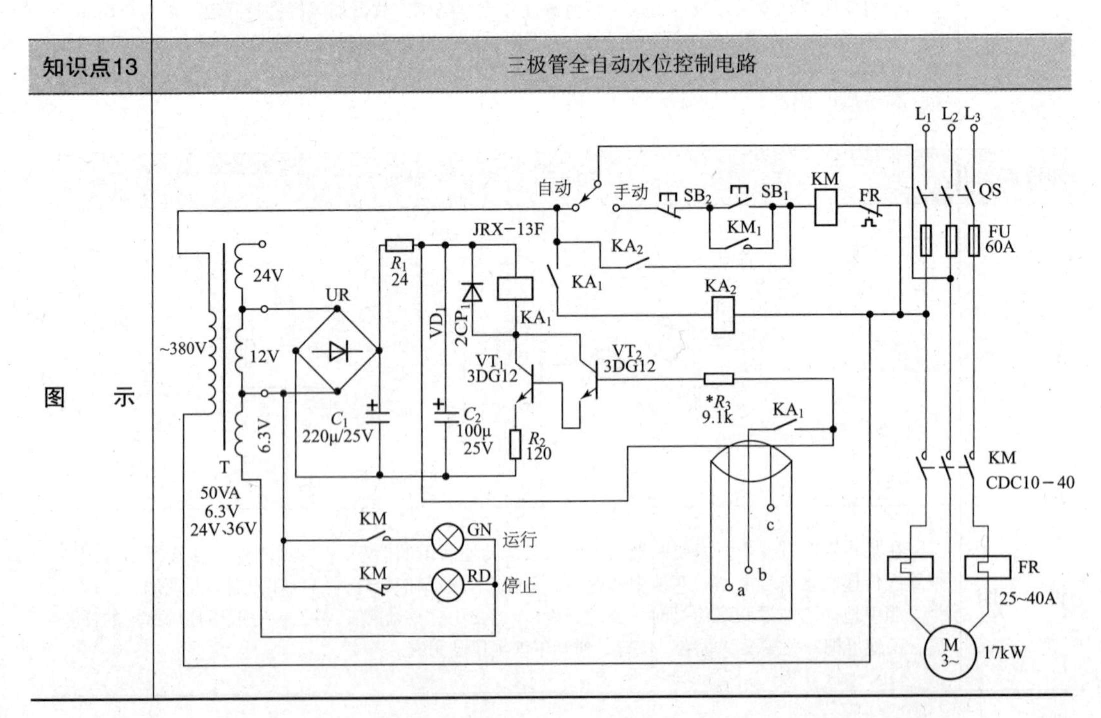

续表2.8

说　明	当水箱水位高于c点时，三极管VT_2基极接高电位，VT_1、VT_2导通，继电器KA_1得电动作，使继电器KA_2也吸合，因此接触器KM得电吸合，电动机运行，带动水泵抽水。此时，水位虽下降至c点以下，但由于继电器KA_1触点闭合，故仍能使VT_1、VT_2导通，水泵继续抽水。只有当水位下降到b点以下时，VT_1、VT_2才截止，继电器KA_1断电释放，致使水箱无水时停止向外抽水。当水箱水位上升到c点时，再重复上述过程
知识点14	电动葫芦控制电路
图　示	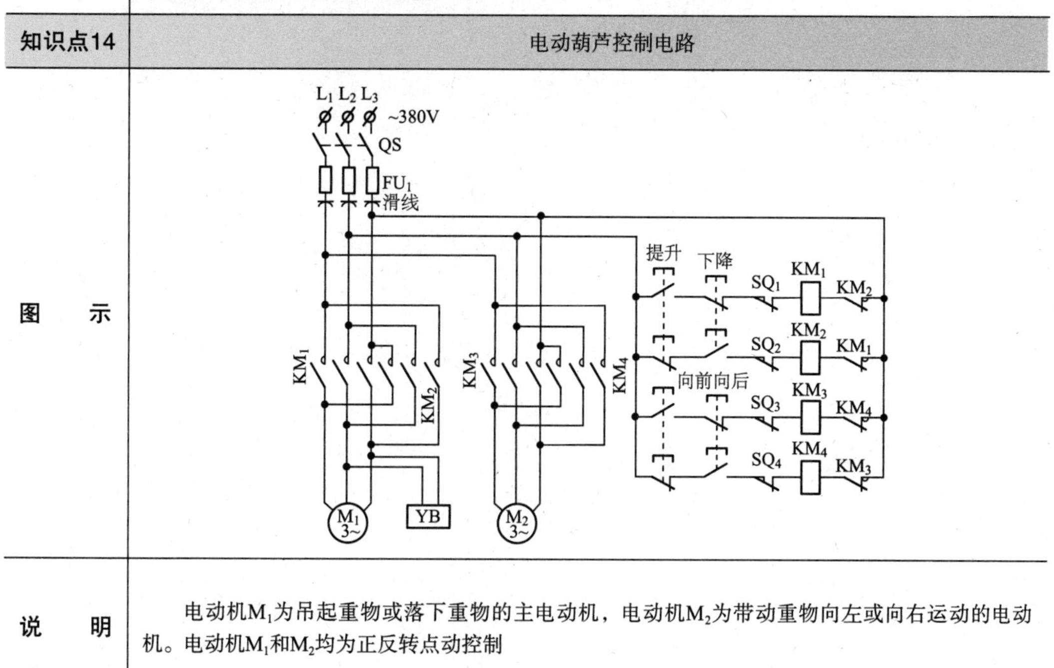
说　明	电动机M_1为吊起重物或落下重物的主电动机，电动机M_2为带动重物向左或向右运动的电动机。电动机M_1和M_2均为正反转点动控制

第3章 电工常用供排水控制电路

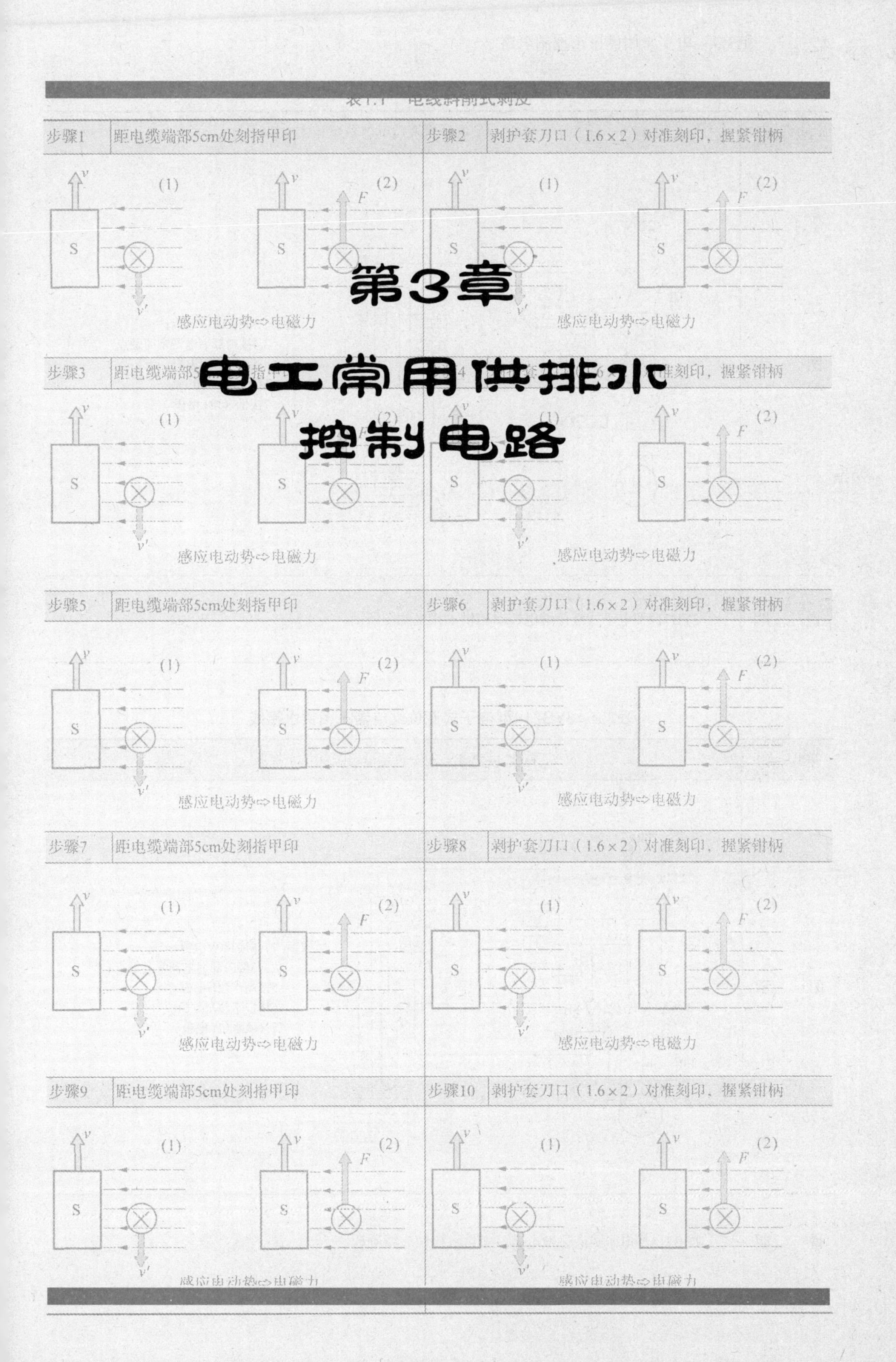

表3.1　JYB714型电子式液位继电器单相供水接线

知识点	JYB714型电子式液位继电器单相供水接线
图　示	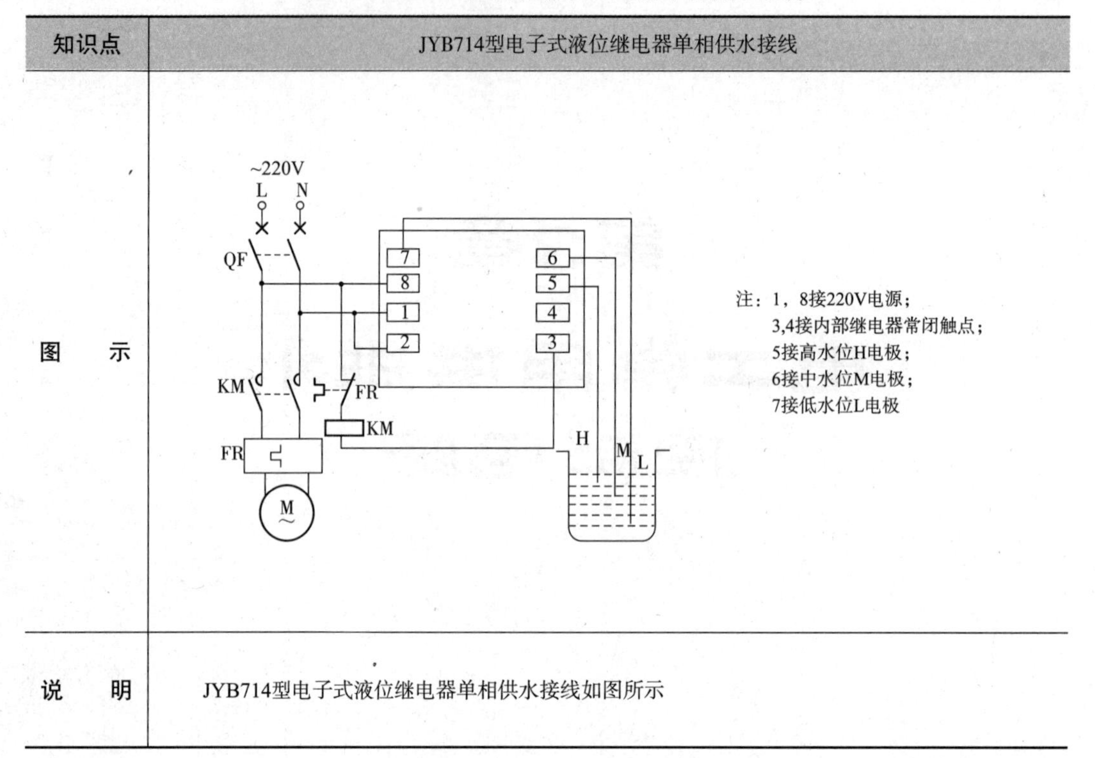
说　明	JYB714型电子式液位继电器单相供水接线如图所示

表3.2　JYB714型电子式液位继电器三相供水接线

知识点	JYB714型电子式液位继电器三相供水接线
图　示	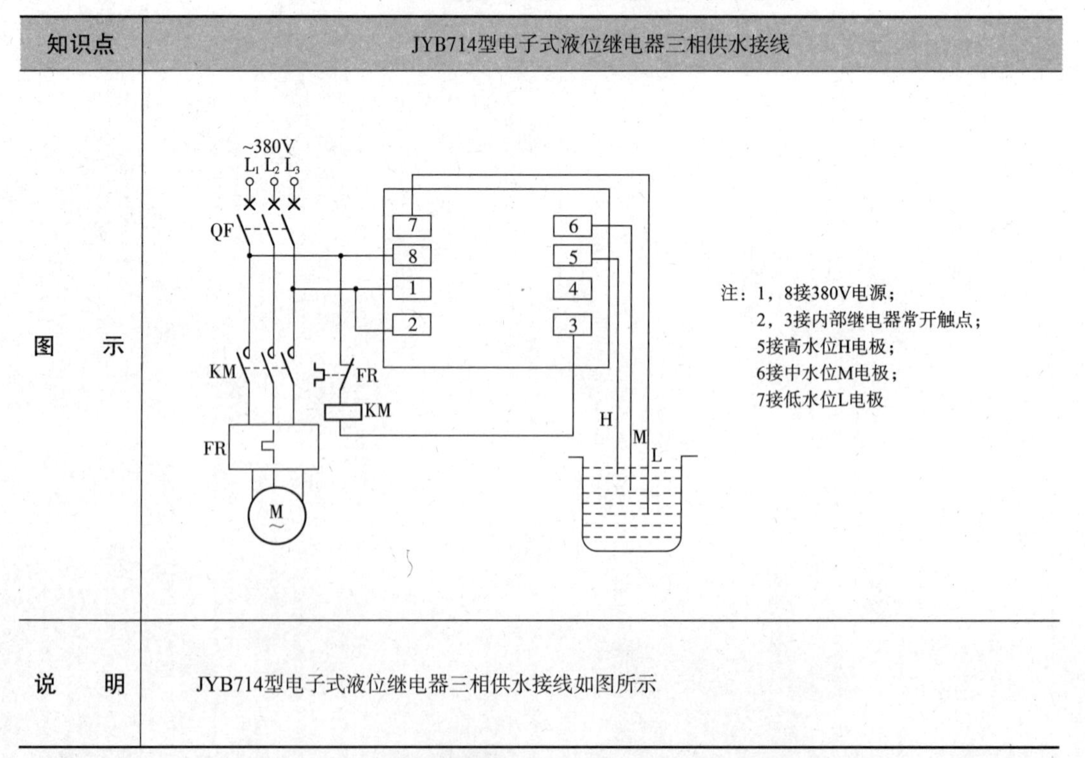
说　明	JYB714型电子式液位继电器三相供水接线如图所示

表3.3 JYB714型电子式液位继电器单相排水接线

知识点	JYB714型电子式液位继电器单相排水接线
图　　示	~220V L N QF KM FR KM 7 8 1 2 6 5 4 3 H M L M 注：1，8接220V电源； 2，3接内部继电器常闭触点； 5接高水位H电极； 6接中水位M电极； 7接低水位L电极
说　　明	① JYB714 型电子式液位继电器单相排水接线如图所示 ② 在不通电时，端子3和4为常闭，端子1和2为常开

表3.4 JYB714型电子式液位继电器三相排水接线

知识点	JYB714型电子式液位继电器三相排水接线
图　　示	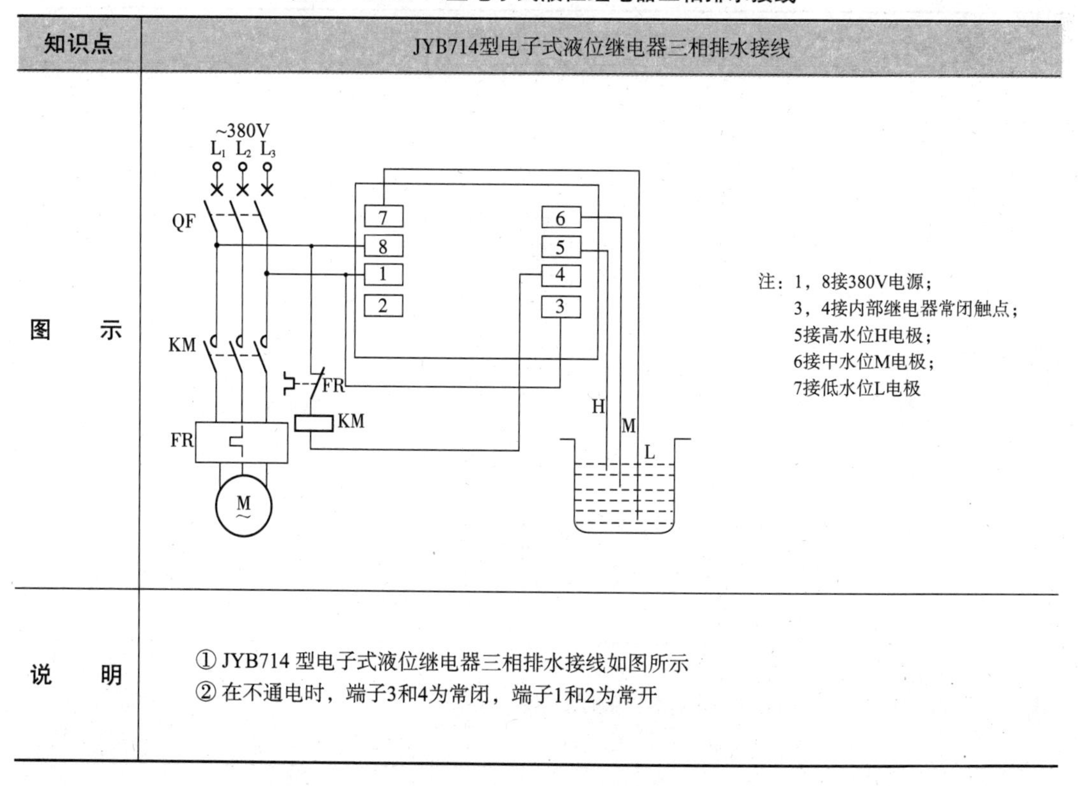
说　　明	① JYB714 型电子式液位继电器三相排水接线如图所示 ② 在不通电时，端子3和4为常闭，端子1和2为常开

表3.5 JYB-1型电子式液位继电器单相供水接线

知识点	JYB-1型电子式液位继电器单相供水接线
图 示	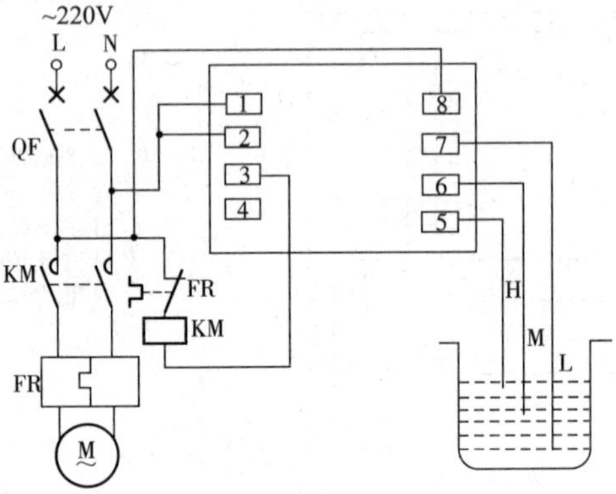 注：1，8接220V电源； 2，3接内部继电器常开触点； 5接高水位H电极； 6接中水位M电极； 7接低水位L电极
说 明	JYB-1型电子式液位继电器单相供水接线如图所示

表3.6 JYB-1型电子式液位继电器三相供水接线

知识点	JYB-1型电子式液位继电器三相供水接线
图 示	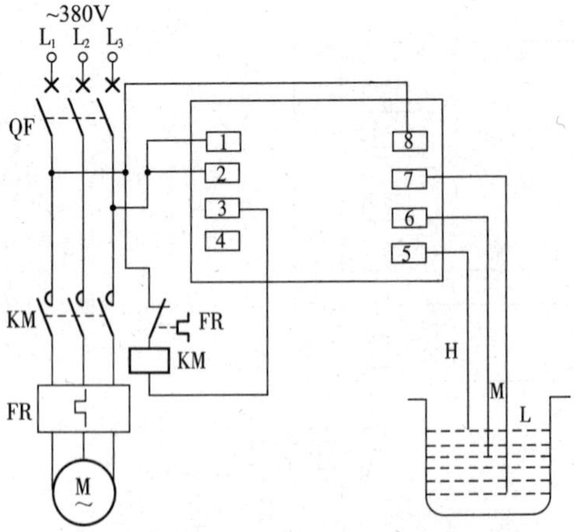 注：1，8接380V电源； 2，3接内部继电器常开触点； 5接高水位H电极； 6接中水位M电极； 7接低水位L电极
说 明	JYB-1型电子式液位继电器三相供水接线如图所示

表3.7　JYB-3型电子式液位继电器单相供水接线

知识点	JYB-3型电子式液位继电器单相供水接线
图　示	~220V L N QF KM FR KM FR M 7 8 1 2 6 5 4 3 H M L 注：1，8接220V电源； 2，3接内部继电器常开触点； 5接高水位H电极； 6接中水位M电极； 7接低水位L电极
说　明	JYB-3型电子式液位继电器单相供水接线如图所示

表3.8　JYB-3型电子式液位继电器三相供水接线

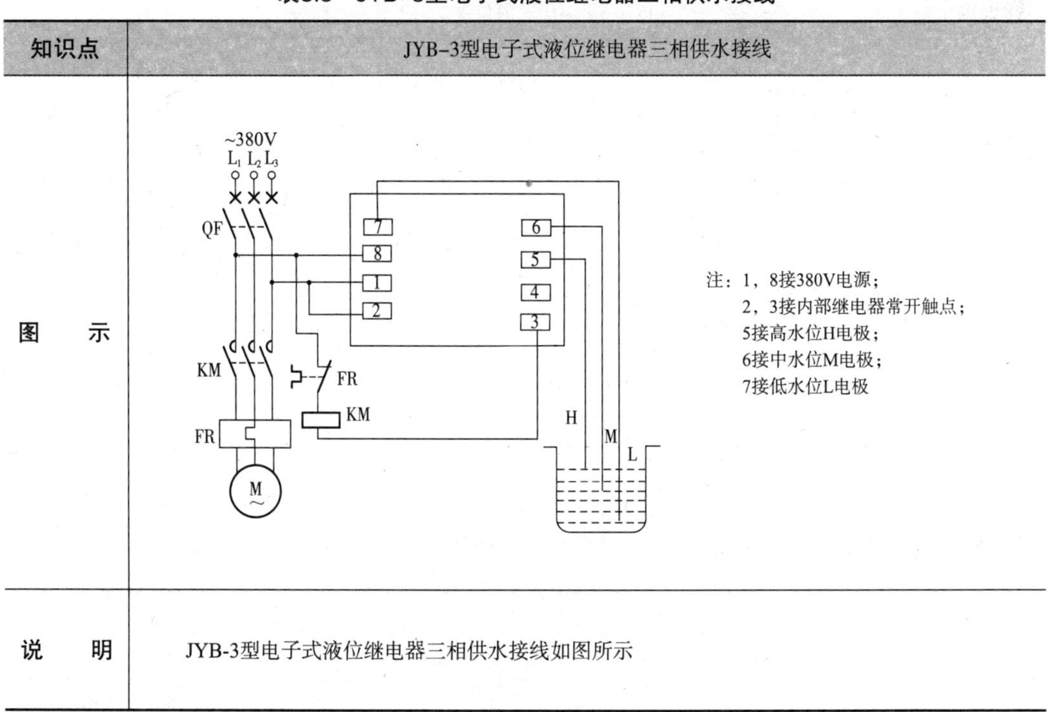

知识点	JYB-3型电子式液位继电器三相供水接线
图　示	注：1，8接380V电源； 2，3接内部继电器常开触点； 5接高水位H电极； 6接中水位M电极； 7接低水位L电极
说　明	JYB-3型电子式液位继电器三相供水接线如图所示

表3.9 JYB-3型电子式液位继电器单相排水接线

知识点	JYB-3型电子式液位继电器单相排水接线
图　　示	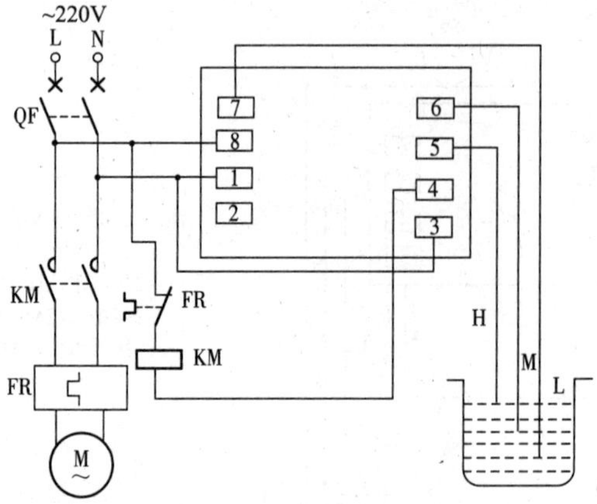 注：1，8接220V电源； 3，4接内部继电器常闭触点； 5接高水位H电极； 6接中水位M电极； 7接低水位L电极
说　　明	① JYB-3型电子式液位继电器单相排水接线如图所示 ② 在不通电时，端子3和4为常闭，2和3为常开

表3.10 JYB-3型电子式液位继电器三相排水接线

知识点	JYB-3型电子式液位继电器三相排水接线
图　　示	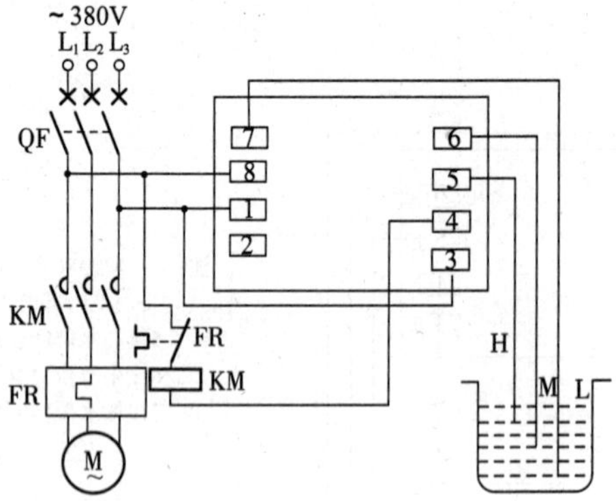 注：1，8接380V电源； 3，4接内部继电器常闭触点； 5接高水位H电极； 6接中水位M电极； 7接低水位L电极
说　　明	JYB-3型电子式液位继电器三相排水接线如图所示

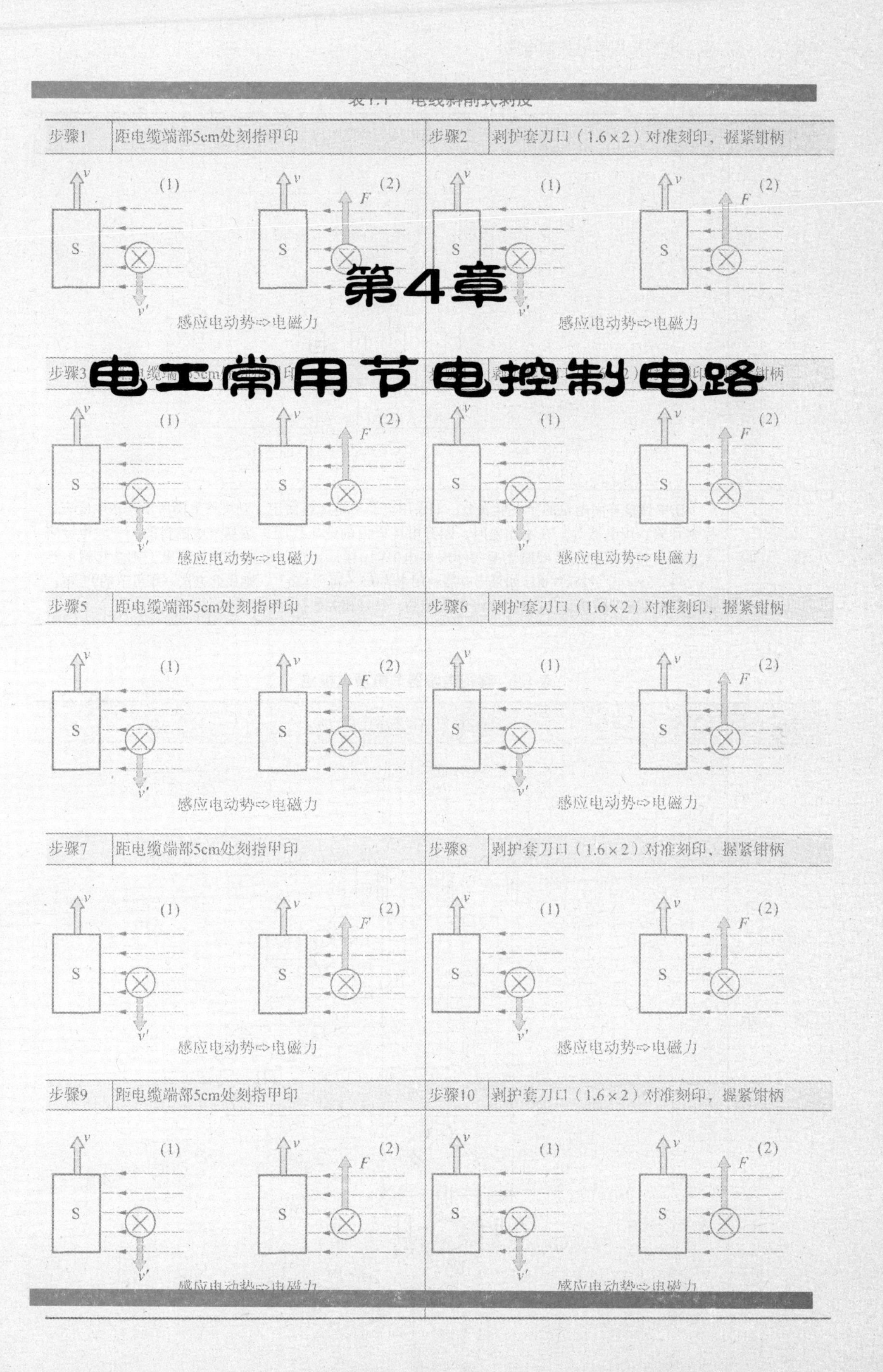

第4章 电工常用节电控制电路

表4.1　简易电度表节电电路

知识点	简易电度表节电电路
图　示	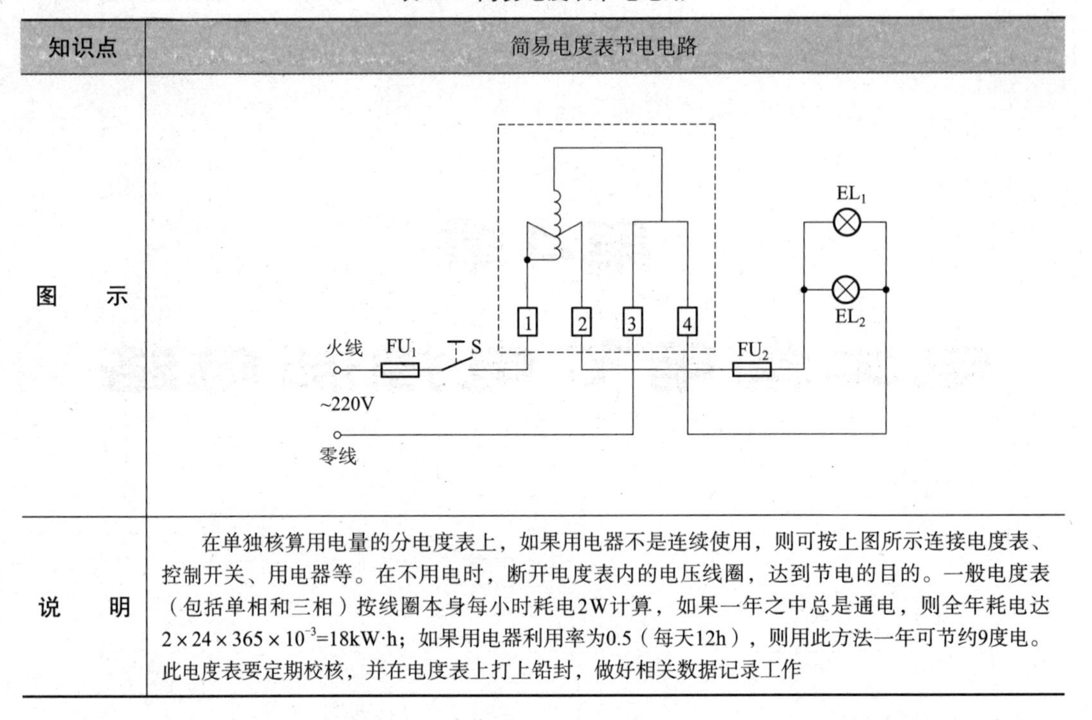
说　明	在单独核算用电量的分电度表上，如果用电器不是连续使用，则可按上图所示连接电度表、控制开关、用电器等。在不用电时，断开电度表内的电压线圈，达到节电的目的。一般电度表（包括单相和三相）按线圈本身每小时耗电2W计算，如果一年之中总是通电，则全年耗电达$2\times24\times365\times10^{-3}$=18kW·h；如果用电器利用率为0.5（每天12h），则用此方法一年可节约9度电。此电度表要定期校核，并在电度表上打上铅封，做好相关数据记录工作

表4.2　移相电容器节电放电电路

知识点	移相电容器节电放电电路
图　示	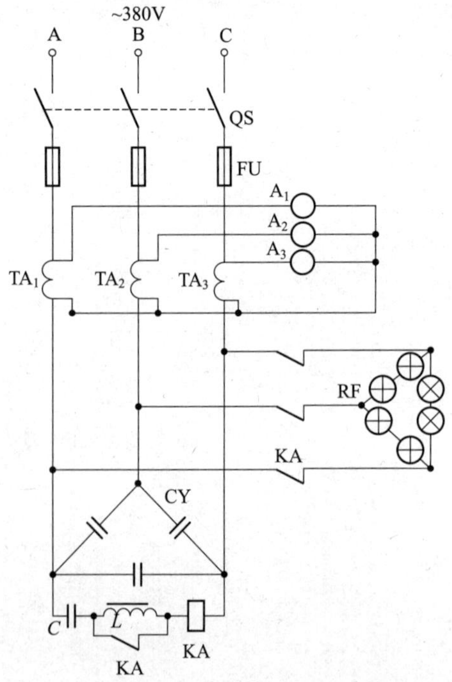

续表4.2

说明	在电路中，隔直电容C、电抗器L与中间继电器KA串联。为了确保中间继电器启动可靠，KA的常闭触点在启动时要短接L。为了延长中间继电器KA的使用寿命，KA启动后，必须使KA的常闭触点断开，自动串入电抗器L降压。同时，常闭触点自动断开放电电阻RF，实现移相电容器放电回路节电运行。当断开电源开关QS时，由于KA断电，KA常闭触点恢复闭合，又由于电容器储存的电能放电是属于单向性的直流电，故中间继电器KA受到隔离电容器C的限制得不到电流，不会吸合，这样就保证了放电电阻RF的放电时间（放电电阻选用220V、15W白炽灯）。这时，白炽灯由明逐渐变暗，监视放电状态。图中，电容器的电容量为4.7μF；电抗器L选用CDC10-10型接触器的铁心，用ϕ0.14mm漆包线绕50匝；中间继电器KA选用JZ7-44型，线圈电压为380V

表4.3 交流接触器无声节电运行电路

知识点	交流接触器无声节电运行电路
图示	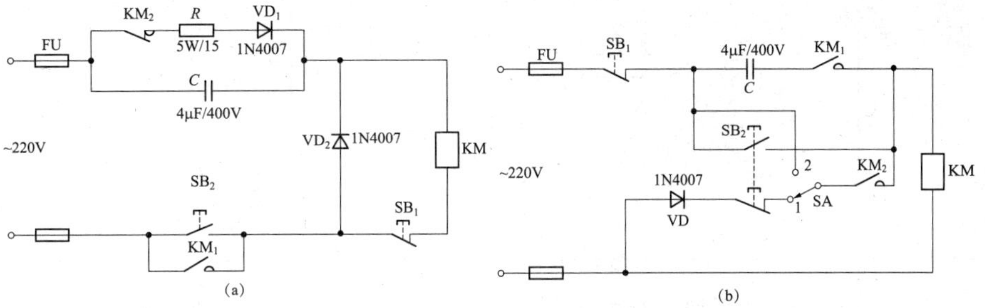
说明	图（a）为交流接触器无声节电运行电路。在接触器启动时，由于是电阻R限流、二极管VD_1半波整流供电，故在KM_1触点闭合前的瞬间，KM_2突然断开，由电容器C和二极管VD_2组成直流供电电路，使KM_1保持吸合状态。通过上述工作原理可以看出，在接触器吸合时，由于吸合的力度不够（主要是60A以上的接触器），使接触器的动衔铁所带动的主动触点与静触点接触不够紧，接触电阻大，使主触点通过额定电流后产生过高的热量，很容易将动触点的支持架烧坏，导致主触点断开。为了克服这一缺点，可采用改进的交流接触器节电电路，如图（b）所示，它采用交流启动，直流运行，并可以交直流两用

表4.4 交流接触器改为直流运行节电电路

知识点	交流接触器改为直流运行节电电路
图示	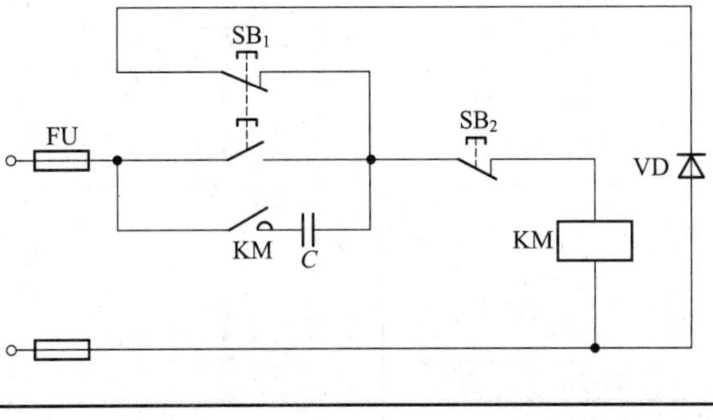

续表4.4

说 明	图示是一种简单的交流接触器无声运行节电电路。当启动电动机时，按下交流接触器启动按钮SB_1，交流接触器KM线圈得电吸合，KM辅助常开触点也闭合，松开按钮SB_1，SB_1常闭触点将二极管VD接通，VD与KM线圈并联，这时，KM仍保持吸合，并转为直流运行。电容C串入电路起降压作用，并使交流电在正负半周时都由上而下流过线圈，从而使交流接触器改为直流运行

表4.5 继电器节能电路

知识点	继电器节能电路
图 示	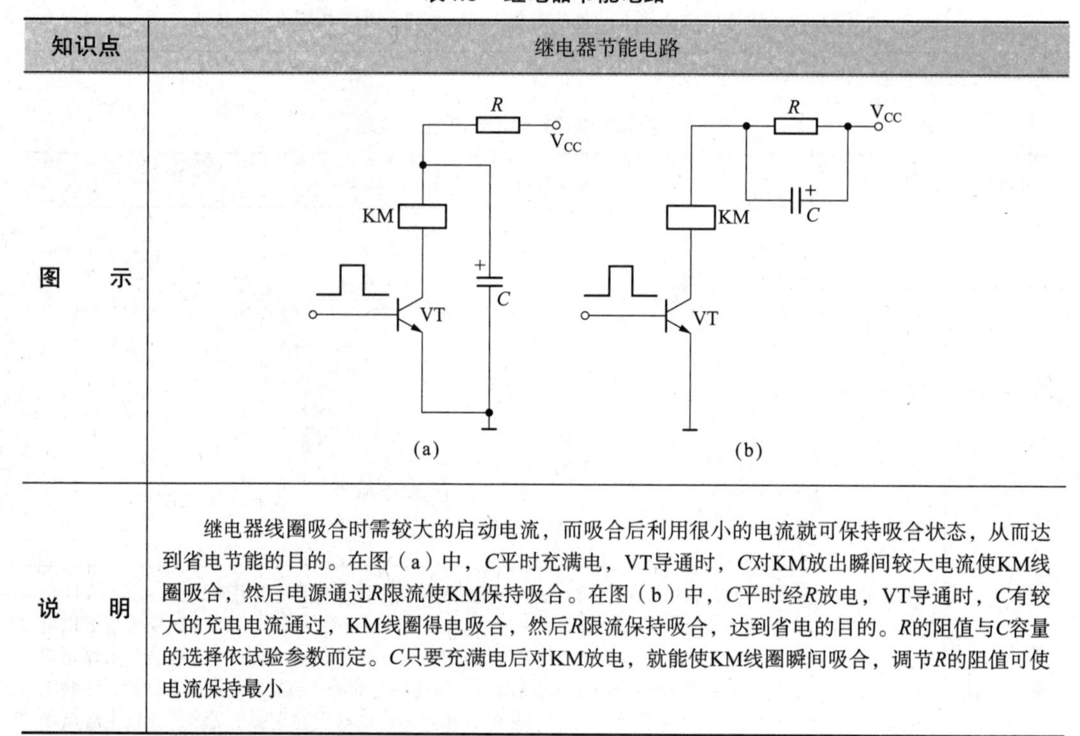
说 明	继电器线圈吸合时需较大的启动电流，而吸合后利用很小的电流就可保持吸合状态，从而达到省电节能的目的。在图（a）中，C平时充满电，VT导通时，C对KM放出瞬间较大电流使KM线圈吸合，然后电源通过R限流使KM保持吸合。在图（b）中，C平时经R放电，VT导通时，C有较大的充电电流通过，KM线圈得电吸合，然后R限流保持吸合，达到省电的目的。R的阻值与C容量的选择依试验参数而定。C只要充满电后对KM放电，就能使KM线圈瞬间吸合，调节R的阻值可使电流保持最小

表4.6 继电器低功耗吸合锁定电路

知识点	继电器低功耗吸合锁定电路
图 示	DC+12V VD 1N4001 K RP R 10k VT 9014 LED

续表4.6

说　明	VT基极为低电平时，VT集电极电平等于电源电压的一半左右，K、RP、LED可构成回路，有8mA的电流流过继电器线圈，LED发光起指示作用；当VT基极为高电平时，VT饱和导通，电源电压几乎全部加于继电器K的线圈上，继电器动作吸合。之后，VT失去触发信号而截止，集电极又变为电源电压的一半左右，使继电器线圈在较小的电流下仍能维持吸合锁定，从而达到降低功耗的目的

表4.7　用电流继电器进行电动机Y-△节电转换电路

知识点	用电流继电器进行电动机Y-△节电转换电路
图　示	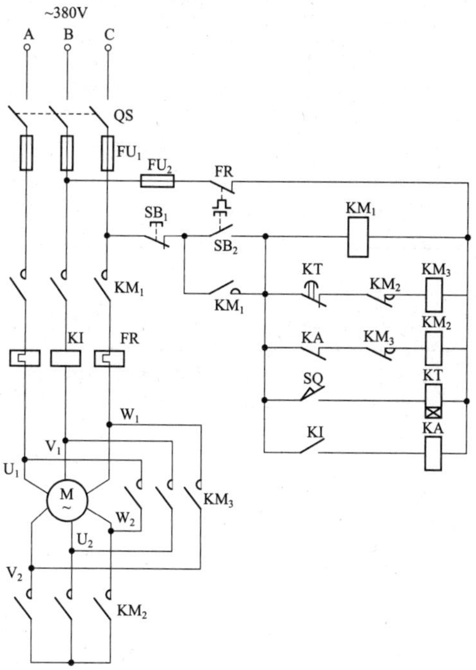
说　明	按下启动按钮SB_2时，接触器KM_1、KM_2线圈得电吸合，电动机为Y形接法启动。图中SQ限位开关受主轴操纵杆控制，主轴在工作运转时，SQ压下闭合，时间继电器KT线圈得电吸合。如空载或轻载时，电流继电器KI线圈吸合，继电器KA随之吸合，切断KM_2线圈回路电源，KM_2线圈断电释放，KM_3线圈得电吸合，电动机转换为△形接法运行。工作完毕，通过主轴操纵杆使SQ断开，KT断电释放，KM_3断电释放，KM_2线圈得电吸合，电动机转换为Y形接法运行

表4.8　用热继电器进行电动机Y-△节电转换电路

知识点	用热继电器进行电动机Y-△节电转换电路
图　　示	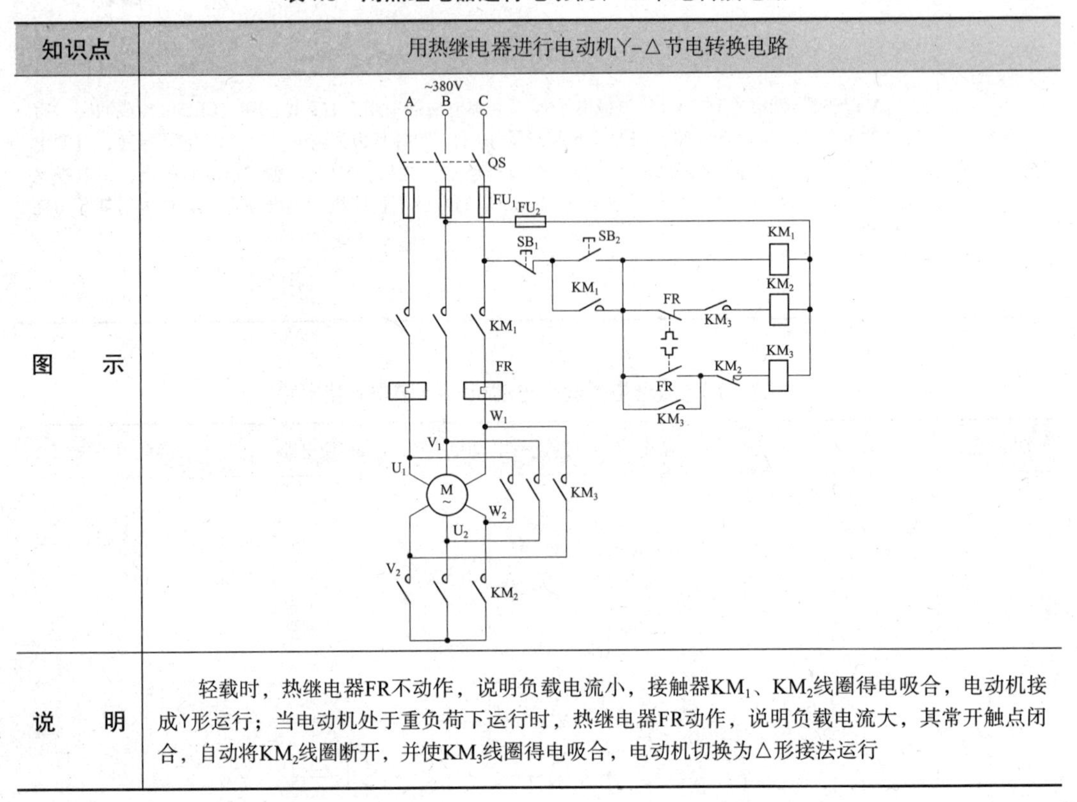
说　　明	轻载时，热继电器FR不动作，说明负载电流小，接触器KM_1、KM_2线圈得电吸合，电动机接成Y形运行；当电动机处于重负荷下运行时，热继电器FR动作，说明负载电流大，其常开触点闭合，自动将KM_2线圈断开，并使KM_3线圈得电吸合，电动机切换为△形接法运行

表4.9　电焊机空载自停电路

知识点	电焊机空载自停电路
图　　示	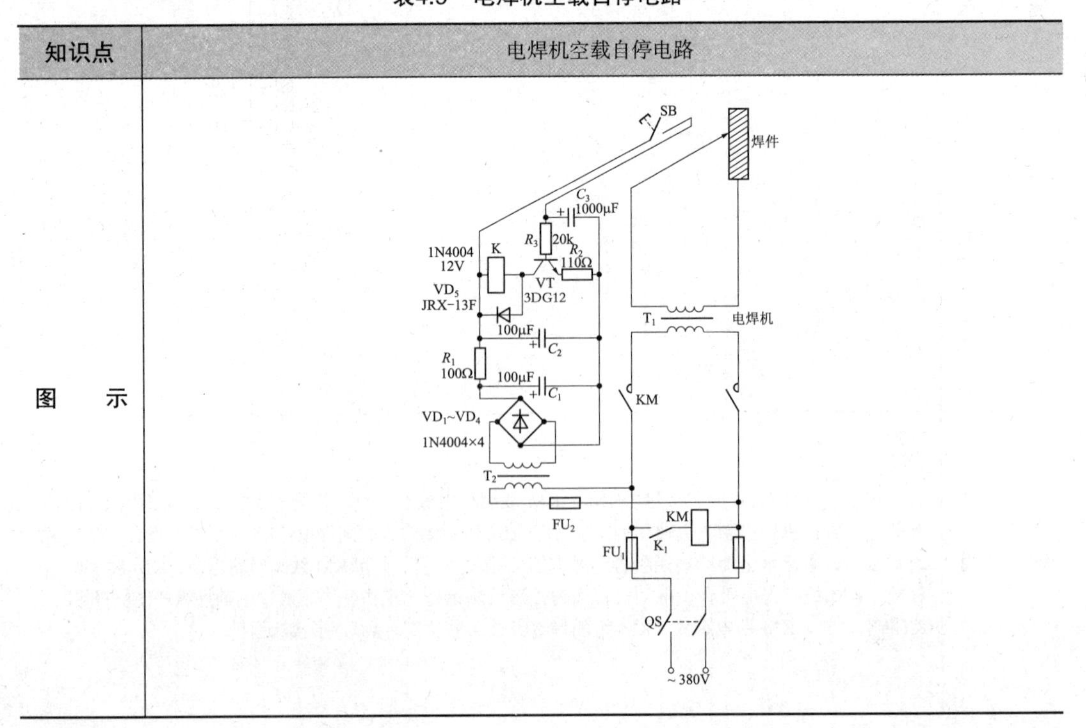

续表4.9

说 明	SB是加装在电焊机胶柄上的微型开关。当使用电焊机时，合上刀开关QS，手握电焊钳胶柄，拇指随即按下按钮SB，三极管VT导通，继电器K吸合，K_1触点闭合，交流接触器KM线圈得电吸合，KM常开触点闭合，电焊机开始工作。焊接工作完毕，拇指抬起，SB恢复原位，经一定时间后，继电器断电释放，K_1触点断开，交流接触器KM线圈断电释放。电路中，C_3是为了使继电器K延时释放所加，可避免在焊接工作时，微型按钮瞬间多次通断造成电焊机工作电流不正常

表4.10 电焊机空载自停节电电路

知识点	电焊机空载自停节电电路
图 示	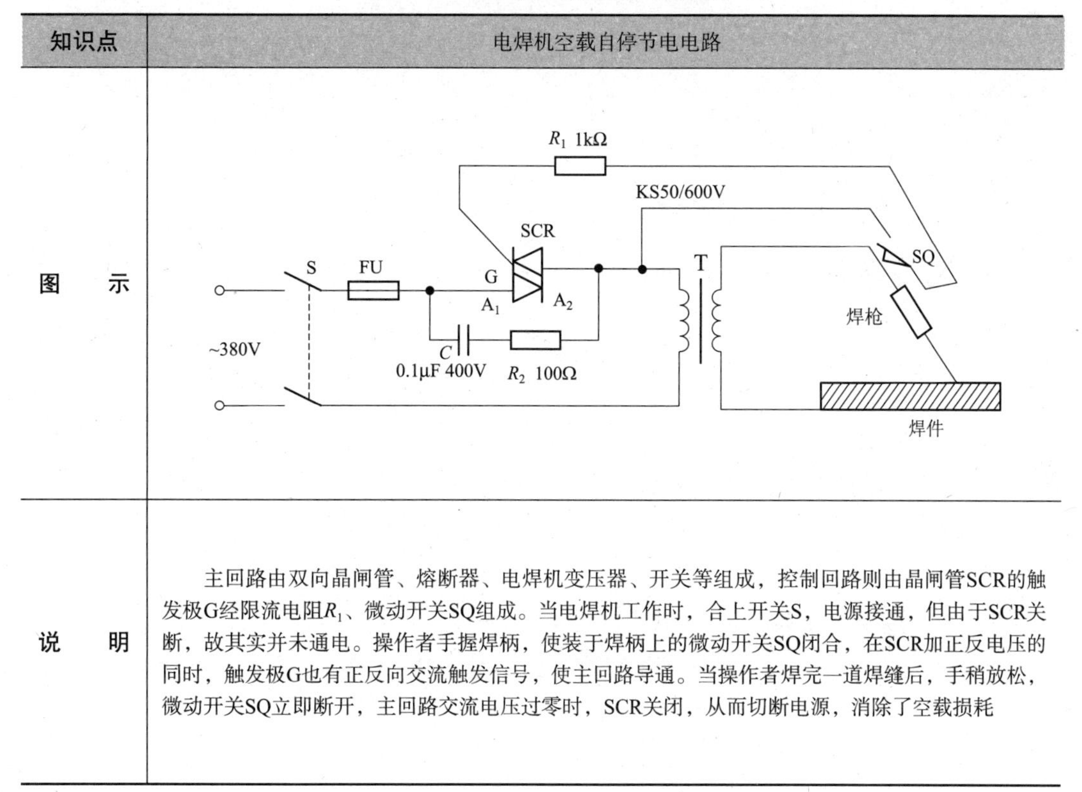
说 明	主回路由双向晶闸管、熔断器、电焊机变压器、开关等组成，控制回路则由晶闸管SCR的触发极G经限流电阻R_1、微动开关SQ组成。当电焊机工作时，合上开关S，电源接通，但由于SCR关断，故其实并未通电。操作者手握焊柄，使装于焊柄上的微动开关SQ闭合，在SCR加正反电压的同时，触发极G也有正反向交流触发信号，使主回路导通。当操作者焊完一道焊缝后，手稍放松，微动开关SQ立即断开，主回路交流电压过零时，SCR关闭，从而切断电源，消除了空载损耗

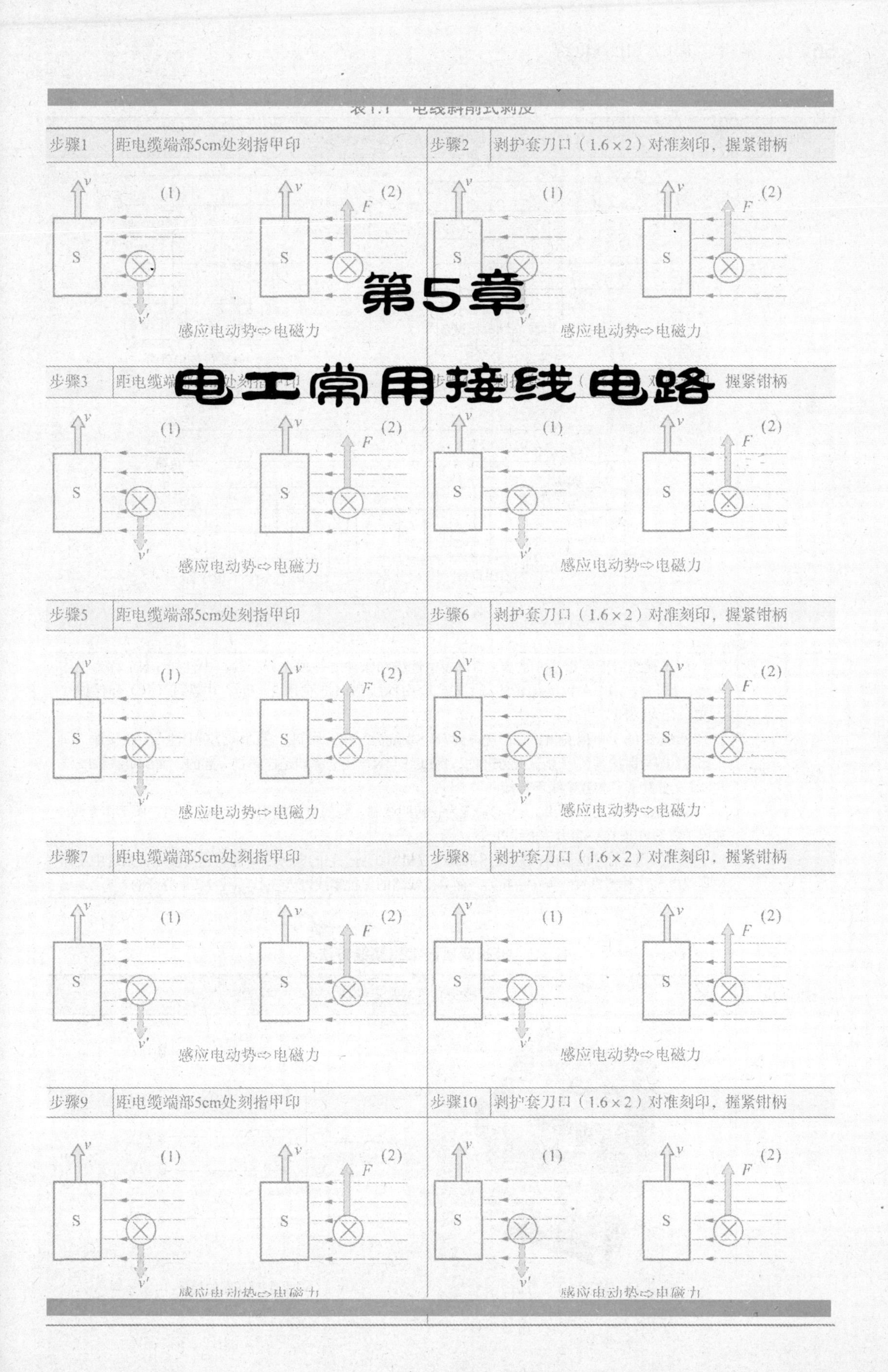

第5章

电工常用接线电路

表5.1　低压配电系统常见接地方式

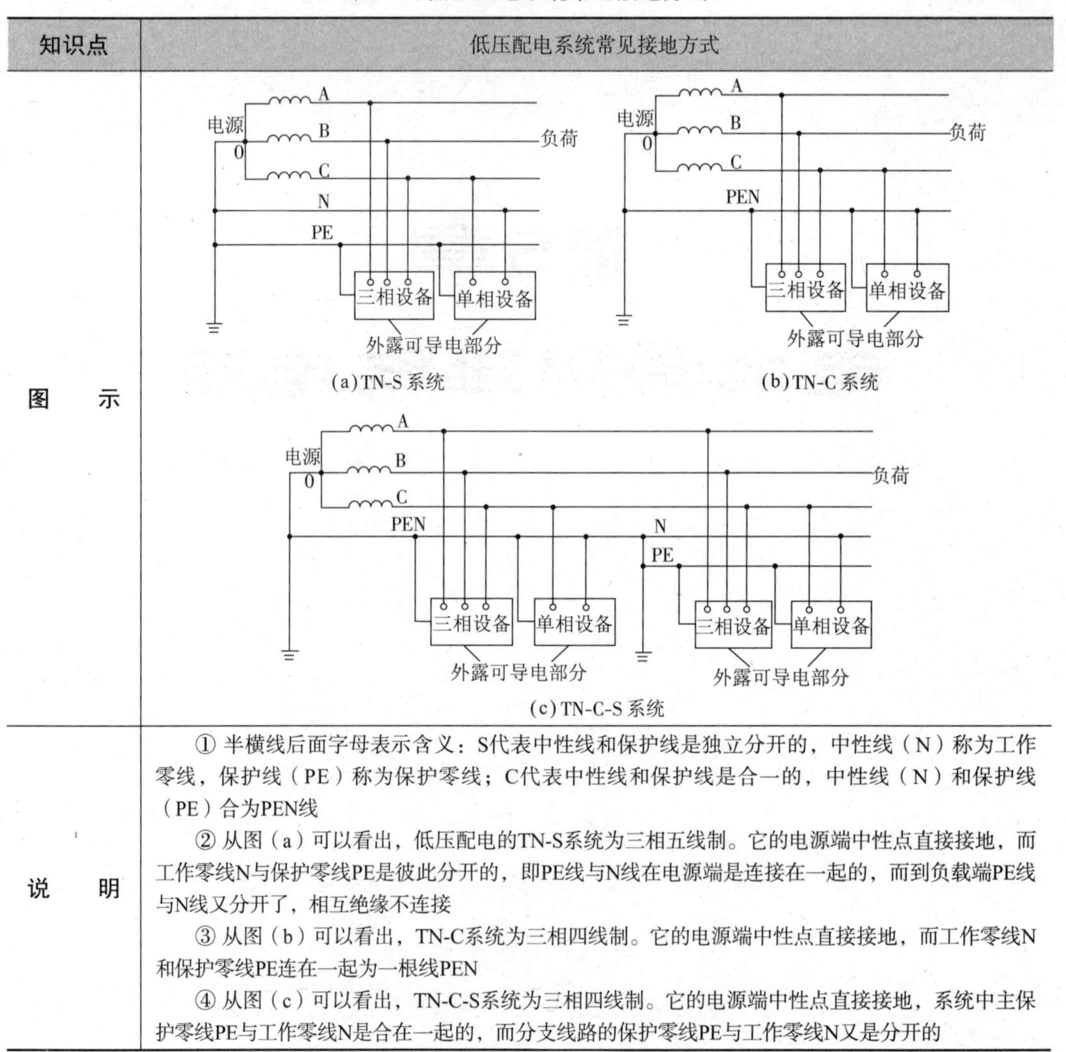

知识点	低压配电系统常见接地方式
图　　示	(a) TN-S 系统　(b) TN-C 系统　(c) TN-C-S 系统
说　　明	① 半横线后面字母表示含义：S代表中性线和保护线是独立分开的，中性线（N）称为工作零线，保护线（PE）称为保护零线；C代表中性线和保护线是合一的，中性线（N）和保护线（PE）合为PEN线
	② 从图（a）可以看出，低压配电的TN-S系统为三相五线制。它的电源端中性点直接接地，而工作零线N与保护零线PE是彼此分开的，即PE线与N线在电源端是连接在一起的，而到负载端PE线与N线又分开了，相互绝缘不连接
	③ 从图（b）可以看出，TN-C系统为三相四线制。它的电源端中性点直接接地，而工作零线N和保护零线PE连在一起为一根线PEN
	④ 从图（c）可以看出，TN-C-S系统为三相四线制。它的电源端中性点直接接地，系统中主保护零线PE与工作零线N是合在一起的，而分支线路的保护零线PE与工作零线N又是分开的

表5.2　控制变压器常见接线方法

知识点	控制变压器常见接线方法
图　　示	～380V　～220V　T　127V　36V　24V　12V　6.3V　0V （a）控制变压器外形　（b）控制变压器的接线

续表5.2

说　明	控制变压器是一种应用非常广泛的小型干式变压器，外形如图（a）所示，交流电源频率为50Hz，初级电压为220V(或380V），次级电压有6.3V、12V、24V、36V、110V、127V、220V等；控制变压器的接线如图（b）所示

表5.3　用风冷降低电力变压器温度

知识点	用风冷降低电力变压器温度的方法
图　示	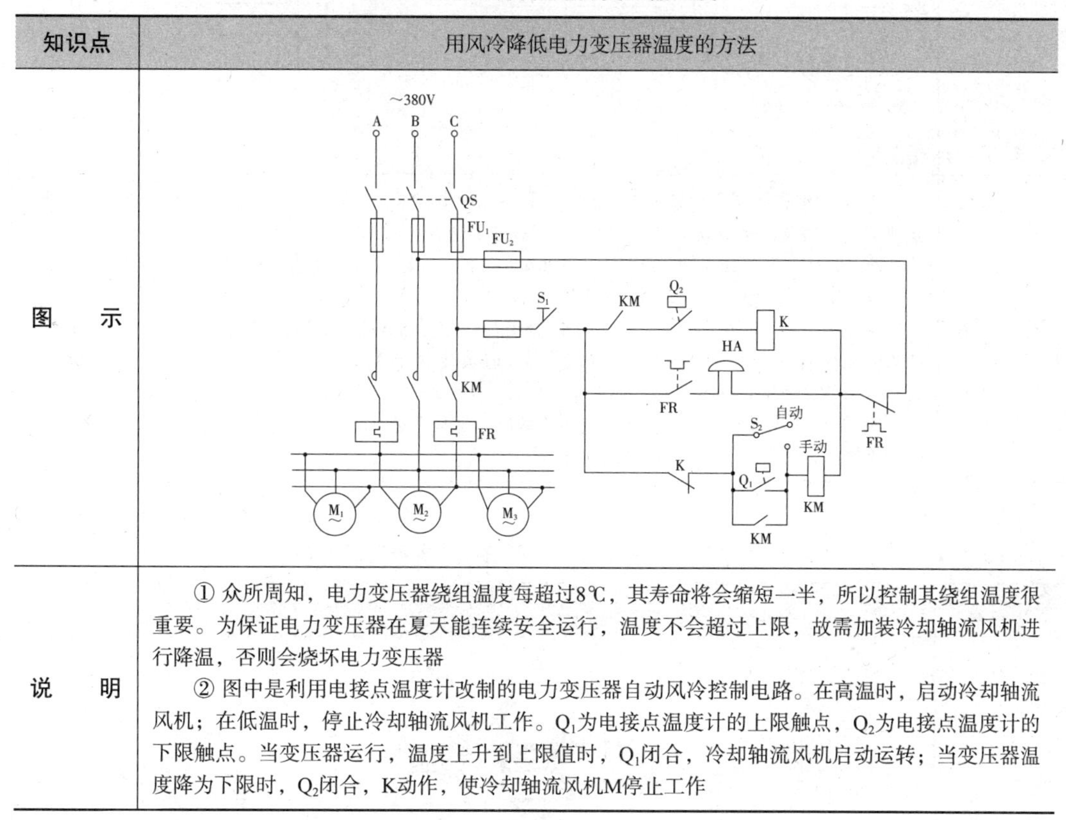
说　明	① 众所周知，电力变压器绕组温度每超过8℃，其寿命将会缩短一半，所以控制其绕组温度很重要。为保证电力变压器在夏天能连续安全运行，温度不会超过上限，故需加装冷却轴流风机进行降温，否则会烧坏电力变压器 ② 图中是利用电接点温度计改制的电力变压器自动风冷控制电路。在高温时，启动冷却轴流风机；在低温时，停止冷却轴流风机工作。Q_1为电接点温度计的上限触点，Q_2为电接点温度计的下限触点。当变压器运行，温度上升到上限值时，Q_1闭合，冷却轴流风机启动运转；当变压器温度降为下限时，Q_2闭合，K动作，使冷却轴流风机M停止工作

表5.4　移相电力电容器用于线路无功补偿接线

知识点	移相电力电容器用于线路无功补偿接线
图　示	A B C ~6~10kV FU C FU C (a)

续表5.4

图　示	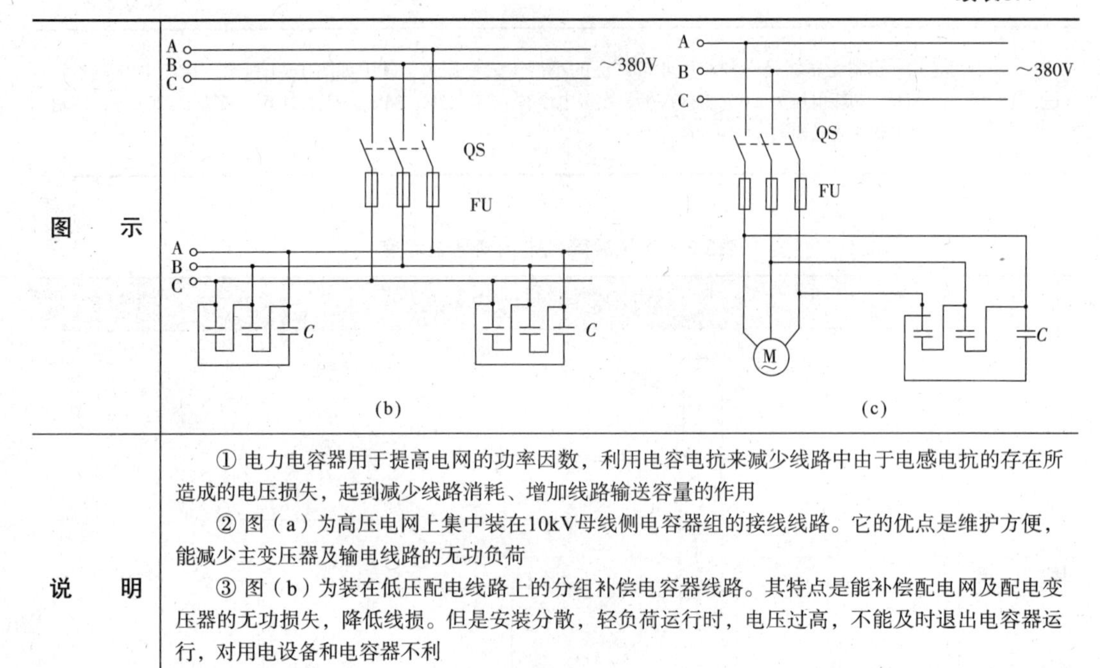(b)　(c)
说　明	① 电力电容器用于提高电网的功率因数，利用电容电抗来减少线路中由于电感电抗的存在所造成的电压损失，起到减少线路消耗、增加线路输送容量的作用 ② 图（a）为高压电网上集中装在10kV母线侧电容器组的接线线路。它的优点是维护方便，能减少主变压器及输电线路的无功负荷 ③ 图（b）为装在低压配电线路上的分组补偿电容器线路。其特点是能补偿配电网及配电变压器的无功损失，降低线损。但是安装分散，轻负荷运行时，电压过高，不能及时退出电容器运行，对用电设备和电容器不利 ④ 图（c）为装在电动机旁的分别补偿线路，其特点是可减少低压配电线路的导线截面积和配电变压器的容量，对于较大容量的电动机更为有利

表5.5　用羊角间隙避雷器、阀型避雷器进行防雷保护接线

知识点	用羊角间隙避雷器、阀型避雷器进行防雷保护接线
图　示	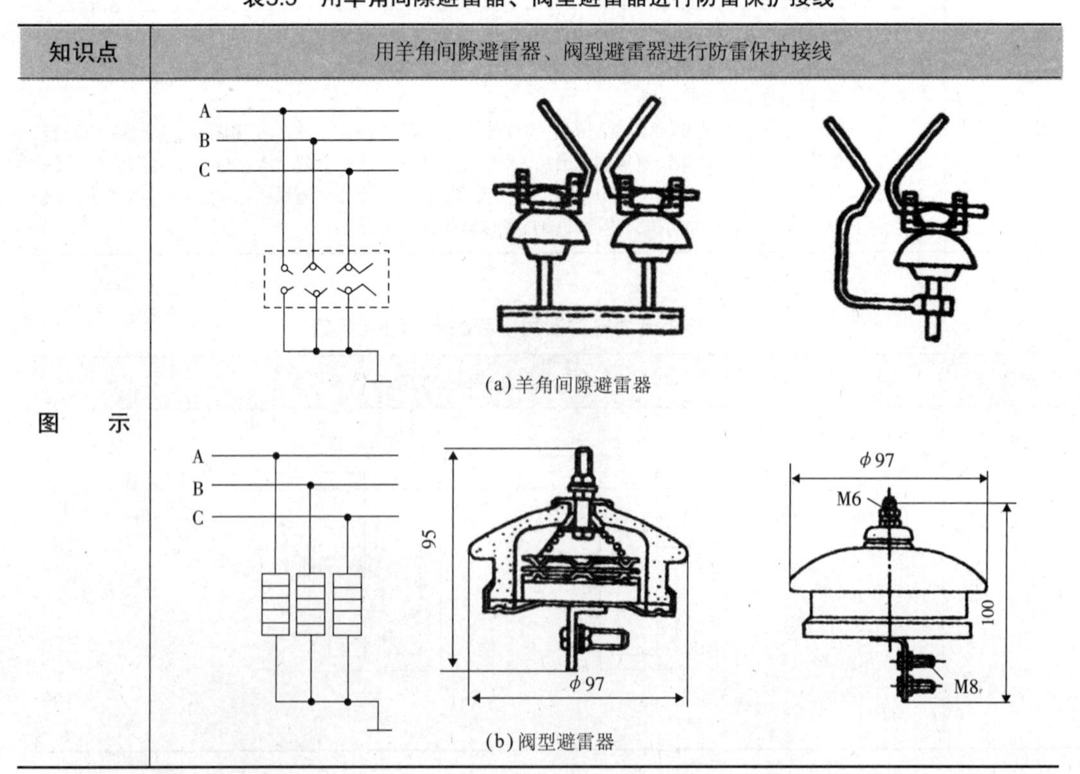(a)羊角间隙避雷器 (b)阀型避雷器

续表5.5

说　明	① 羊角间隙避雷器（又称间隙流保护间隙避雷器）是一种最简单的防雷装置，其工作原理为：当间隙被雷电击穿时，雷电流随着间隙流入地。羊角间隙击穿时产生电弧，由于电力和热的作用，使电弧沿角上升至较大的羊角顶端，使电弧拉长而断裂，由此起到灭弧的作用，保护电气设备不受损害，如图（a）所示 ② 阀型避雷器用来保护变压器及变电所、配电所内的各种电器绝缘，保护设备在雷电感应过电压时，绝缘不致发生闪路和击穿。阀型避雷器是由火花间隙和电阻阀片串联叠装在密封的瓷套内。在正常情况下，火花间隙阻止线路的工频电流通过，但在大气过电压作用下，火花间隙就被击穿放电。正常电压时，电阻阀片的电阻很大；过电压时，电阻阀片的电阻变得很小，使雷电流畅通地流入大地。过电压消失后，电阻阀片的电阻增高，使火花间隙迅速恢复而限制工频电流，保证线路恢复正常运行，如图（b）所示

表5.6　脚踏开关应用电路

<table>
<tr><th>知识点</th><th>脚踏开关应用电路</th></tr>
<tr><td>图　示</td><td>
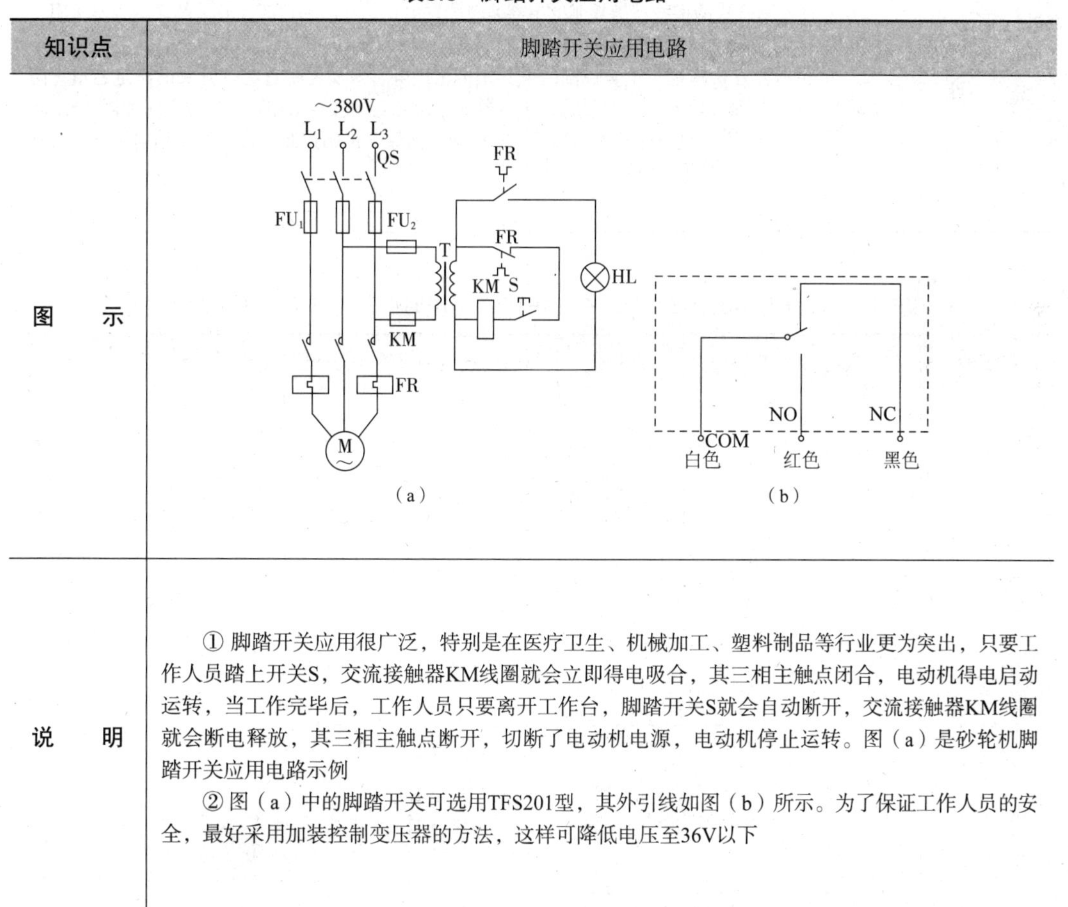

（a）　（b）
</td></tr>
<tr><td>说　明</td><td>① 脚踏开关应用很广泛，特别是在医疗卫生、机械加工、塑料制品等行业更为突出，只要工作人员踏上开关S，交流接触器KM线圈就会立即得电吸合，其三相主触点闭合，电动机得电启动运转，当工作完毕后，工作人员只要离开工作台，脚踏开关S就会自动断开，交流接触器KM线圈就会断电释放，其三相主触点断开，切断了电动机电源，电动机停止运转。图（a）是砂轮机脚踏开关应用电路示例
② 图（a）中的脚踏开关可选用TFS201型，其外引线如图（b）所示。为了保证工作人员的安全，最好采用加装控制变压器的方法，这样可降低电压至36V以下</td></tr>
</table>

表5.7 KG316T、KG316T-R、KG316TQ微电脑时控开关应用电路

知识点	KG316T、KG316T-R、KG316TQ微电脑时控开关应用电路
图 示	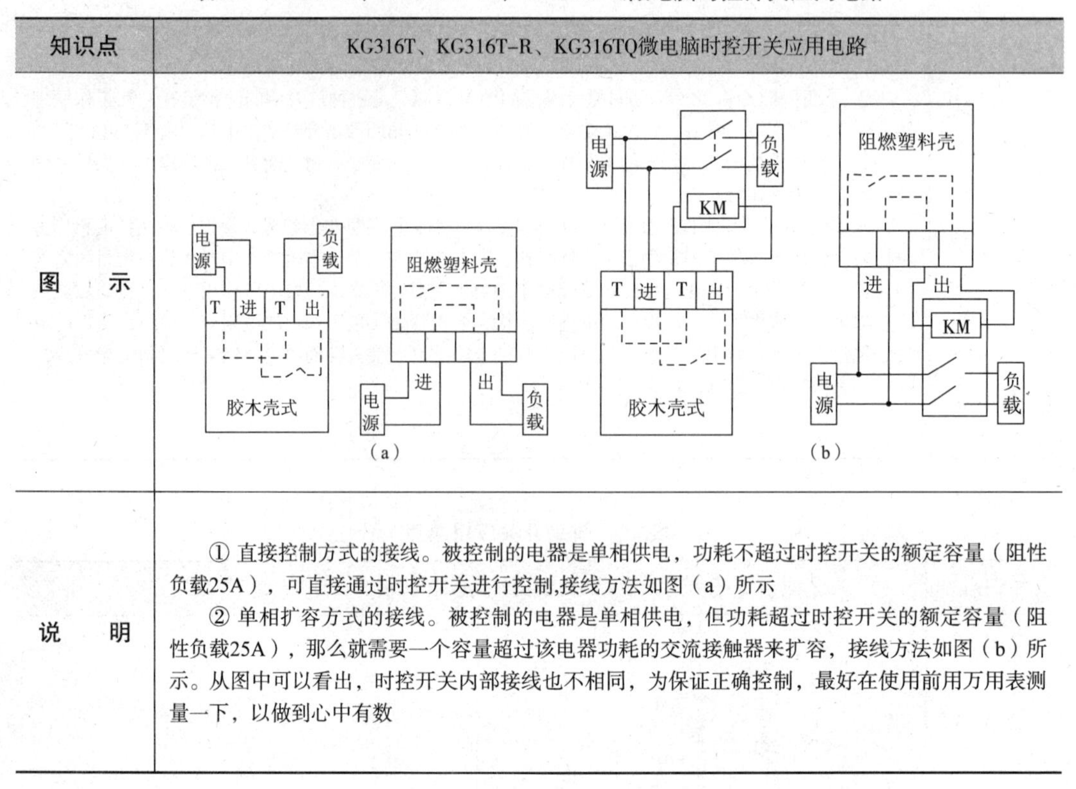 (a) (b)
说 明	① 直接控制方式的接线。被控制的电器是单相供电，功耗不超过时控开关的额定容量（阻性负载25A），可直接通过时控开关进行控制,接线方法如图（a）所示 ② 单相扩容方式的接线。被控制的电器是单相供电，但功耗超过时控开关的额定容量（阻性负载25A），那么就需要一个容量超过该电器功耗的交流接触器来扩容，接线方法如图（b）所示。从图中可以看出，时控开关内部接线也不相同，为保证正确控制，最好在使用前用万用表测量一下，以做到心中有数

表5.8 KG316T、KG316T-R、KG316TQ微电脑时控开关三相工作方式接线

知识点	KG316T、KG316T-R、KG316TQ微电脑时控开关三相工作方式接线
图 示	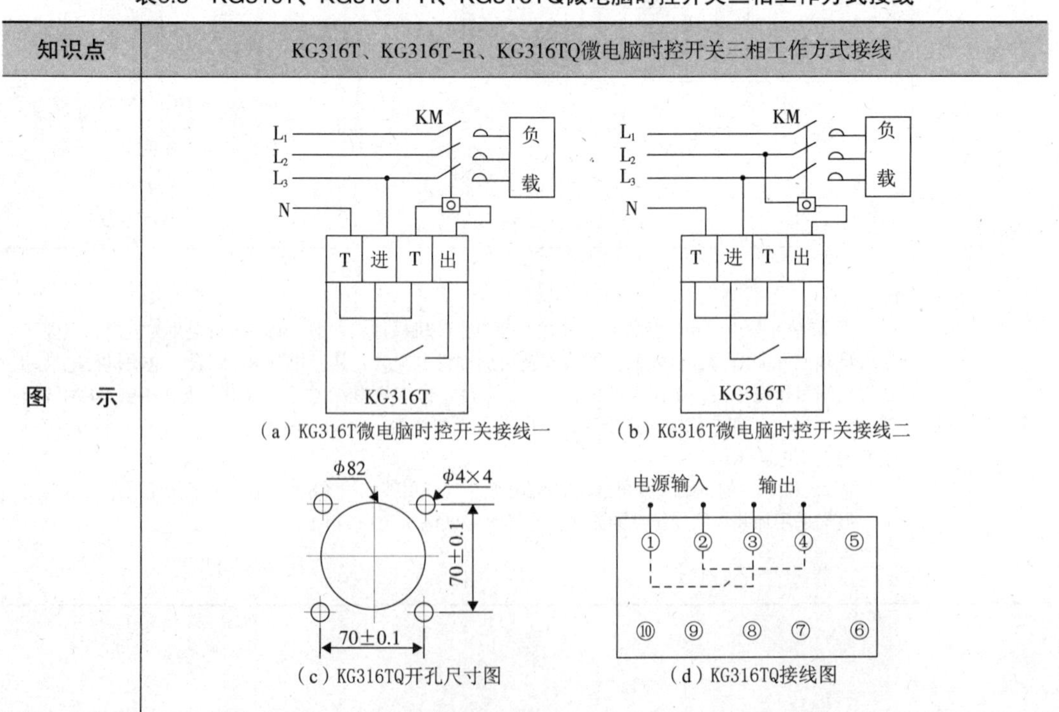 (a) KG316T微电脑时控开关接线一 (b) KG316T微电脑时控开关接线二 (c) KG316TQ开孔尺寸图 (d) KG316TQ接线图

续表5.8

说　明	被控制的电器三相供电，需要外接三相交流接触器。控制接触器的线圈电压为AC220V、50Hz的接线方法如图（a）所示；控制接触器的线圈电压为AC380V、50Hz的接线方法如图（b）所示；KG316TQ开孔尺寸如图（c）所示，其接线图如图（d）所示

表5.9　XJ2断相与相序保护器接线

知识点	XJ2断相与相序保护器接线
图　示	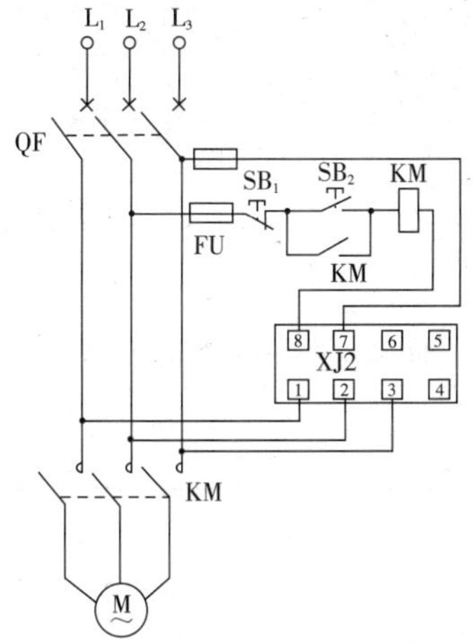 L1 L2 L3 QF FU SB1 SB2 KM KM XJ2 8 7 6 5 1 2 3 4 KM M ~
说　明	XJ2断相与相序保护器接线如图所示

表5.10　XJ11断相与相序保护器接线

知识点	XJ11断相与相序保护器接线
图　示	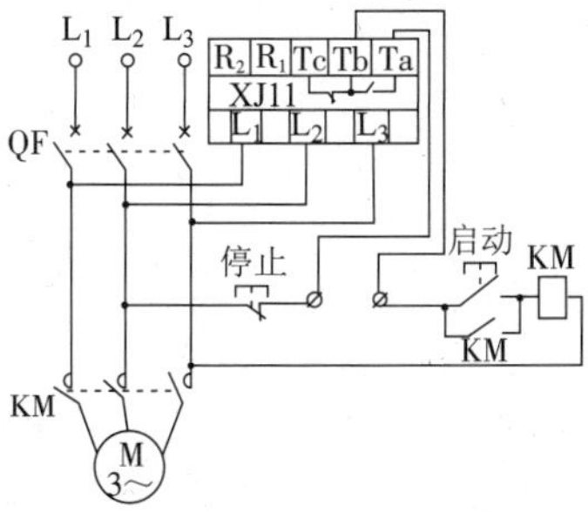 L1 L2 L3 R2 R1 Tc Tb Ta XJ11 L1 L2 L3 QF 停止 启动 KM KM KM M 3~
说　明	XJ11断相与相序保护器接线如图所示

表5.11 XJ3-G、S系列断相与相序保护器接线

知识点	XJ3-G、S系列断相与相序保护器接线
图 示	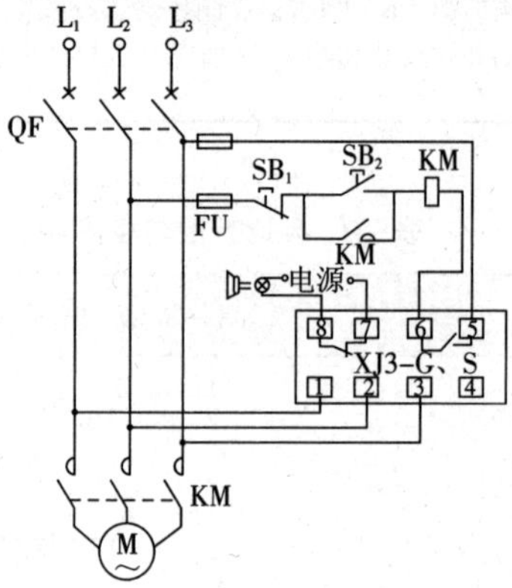
说 明	XJ3-G、S系列断相与相序保护器接线如图所示

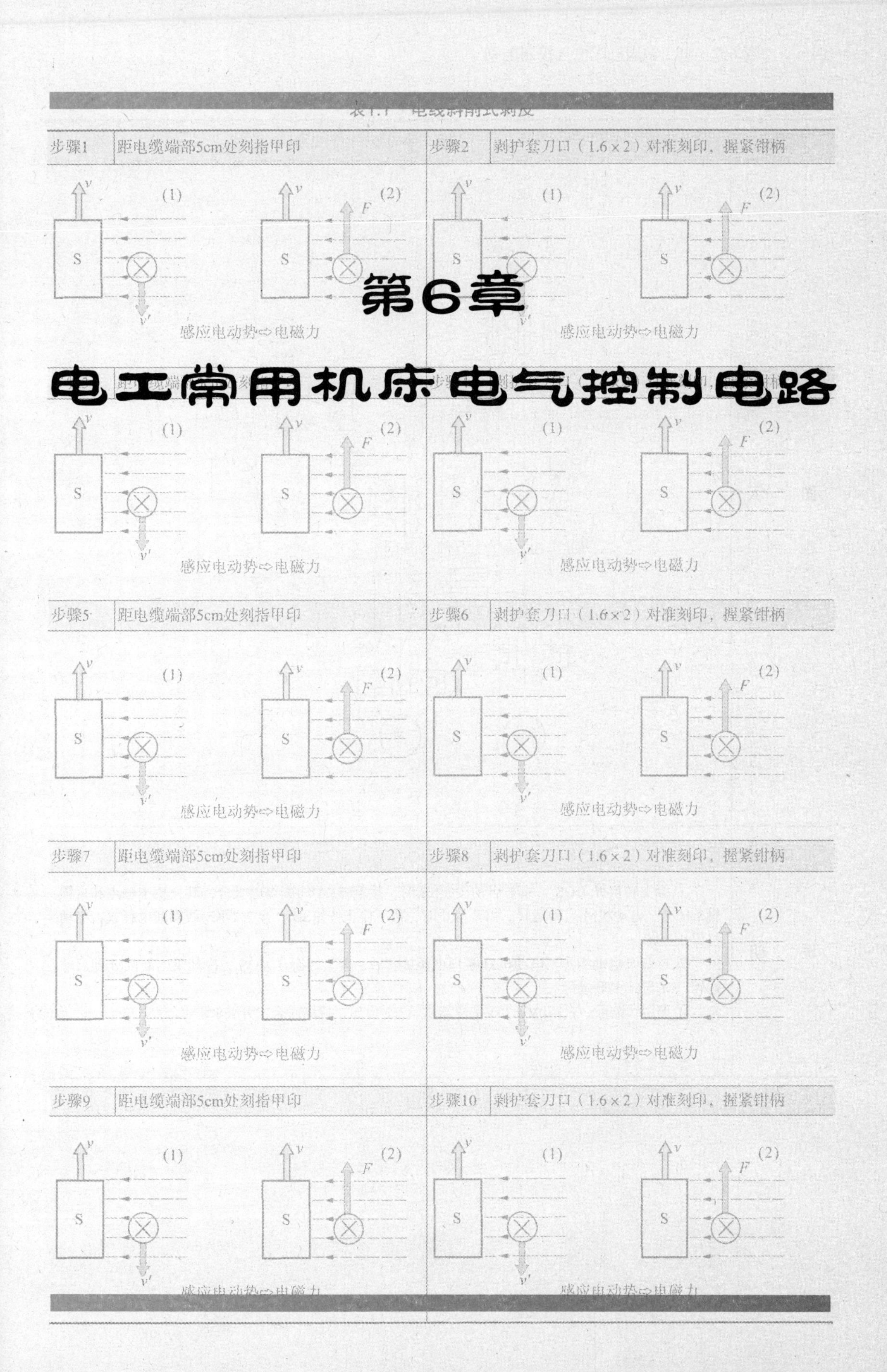

第6章

电工常用机床电气控制电路

表6.1　C620型车床的电气控制电路

知识点	C620型车床的电气控制电路
图　示	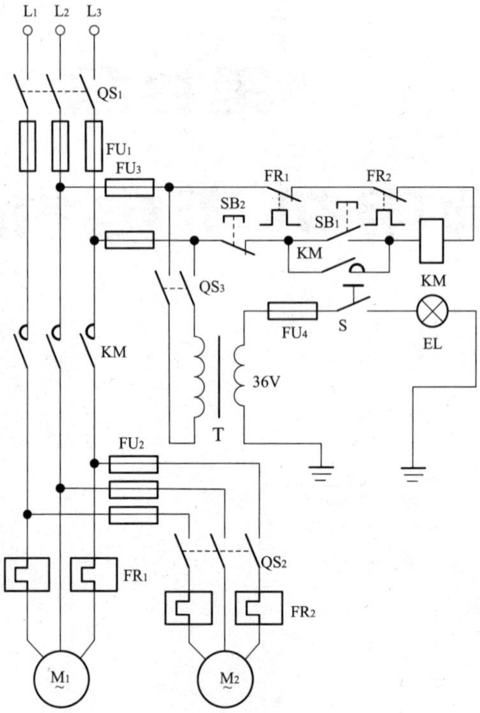
说　明	① 合上转换开关QS_1，按下启动按钮SB_1时，接触器KM线圈得电吸合，其三相主触点和自锁触点闭合，电动机M_1启动运转。需要停止时，按下停止按钮SB_2，接触器KM线圈断电释放，电动机停止运转 ② 冷却泵电动机是当电动机M_1接通电源旋转后，合上转换开关QS_2，冷却泵电动机M_2即启动运转，M_2与M_1是联动的 ③ 照明线路由一台380V／36V变压器供给36V电压，使用时合上开关S即可

表6.2　Z35型摇臂钻床的电气控制电路

知识点	Z35型摇臂钻床的电气控制电路

图　　示

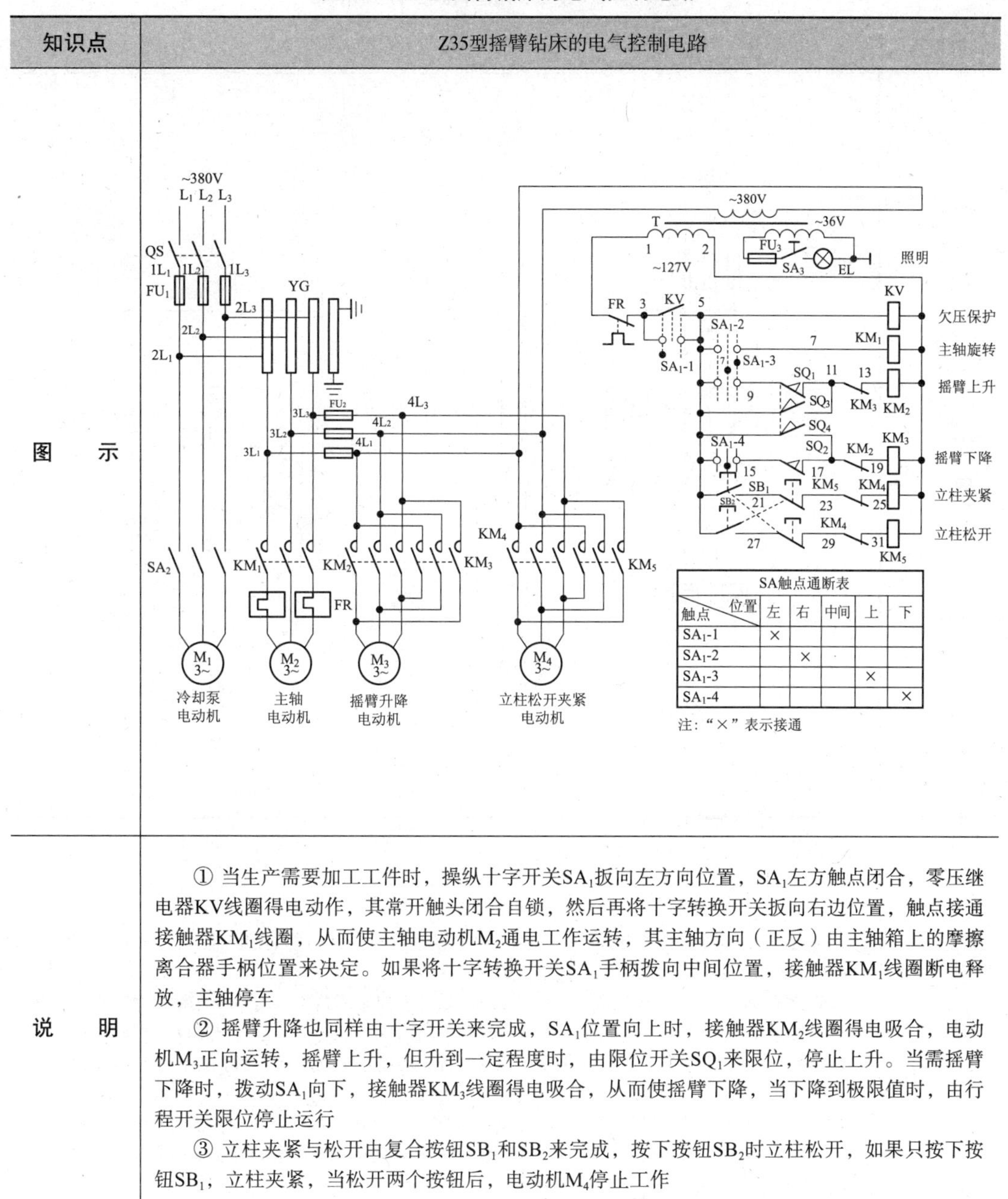

SA触点通断表

触点＼位置	左	右	中间	上	下
SA1-1	×				
SA1-2		×			
SA1-3				×	
SA1-4					×

注：“×”表示接通

说　　明

① 当生产需要加工工件时，操纵十字开关SA_1扳向左方向位置，SA_1左方触点闭合，零压继电器KV线圈得电动作，其常开触头闭合自锁，然后再将十字转换开关扳向右边位置，触点接通接触器KM_1线圈，从而使主轴电动机M_2通电工作运转，其主轴方向（正反）由主轴箱上的摩擦离合器手柄位置来决定。如果将十字转换开关SA_1手柄拨向中间位置，接触器KM_1线圈断电释放，主轴停车

② 摇臂升降也同样由十字开关来完成，SA_1位置向上时，接触器KM_2线圈得电吸合，电动机M_3正向运转，摇臂上升，但升到一定程度时，由限位开关SQ_1来限位，停止上升。当需摇臂下降时，拨动SA_1向下，接触器KM_3线圈得电吸合，从而使摇臂下降，当下降到极限值时，由行程开关限位停止运行

③ 立柱夹紧与松开由复合按钮SB_1和SB_2来完成，按下按钮SB_2时立柱松开，如果只按下按钮SB_1，立柱夹紧，当松开两个按钮后，电动机M_4停止工作

表6.3　Z525型立式钻床的电气控制电路

知识点	Z525型立式钻床的电气控制电路
图　示	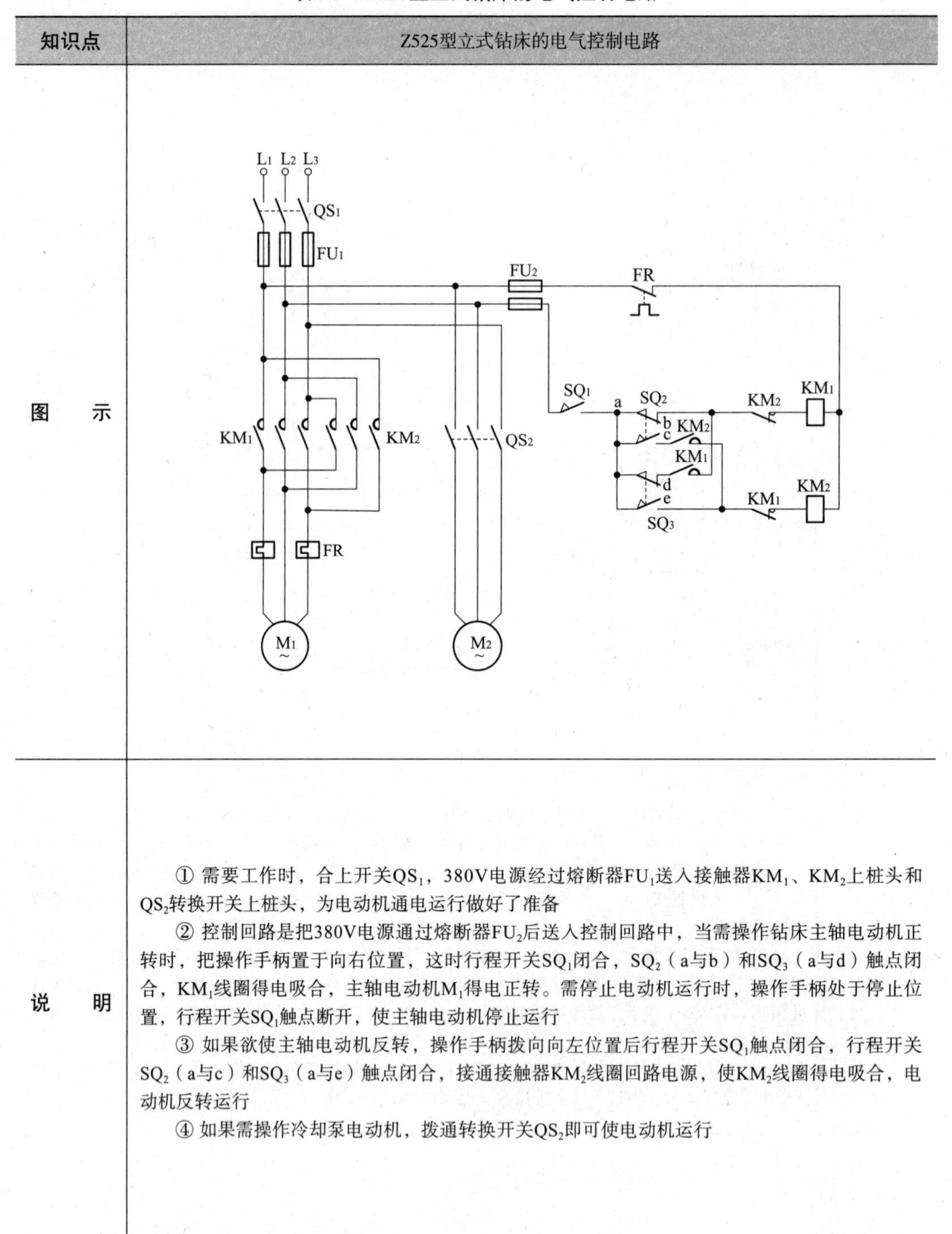
说　明	① 需要工作时，合上开关QS_1，380V电源经过熔断器FU_1送入接触器KM_1、KM_2上桩头和QS_2转换开关上桩头，为电动机通电运行做好了准备 ② 控制回路是把380V电源通过熔断器FU_2后送入控制回路中，当需操作钻床主轴电动机正转时，把操作手柄置于向右位置，这时行程开关SQ_1闭合，SQ_2（a与b）和SQ_3（a与d）触点闭合，KM_1线圈得电吸合，主轴电动机M_1得电正转。需停止电动机运行时，操作手柄处于停止位置，行程开关SQ_1触点断开，使主轴电动机停止运行 ③ 如果欲使主轴电动机反转，操作手柄拨向向左位置后行程开关SQ_1触点闭合，行程开关SQ_2（a与c）和SQ_3（a与e）触点闭合，接通接触器KM_2线圈回路电源，使KM_2线圈得电吸合，电动机反转运行 ④ 如果需操作冷却泵电动机，拨通转换开关QS_2即可使电动机运行

表6.4　M7120型平面磨床的电气控制电路

知识点	M7120型平面磨床的电气控制电路
图　　示	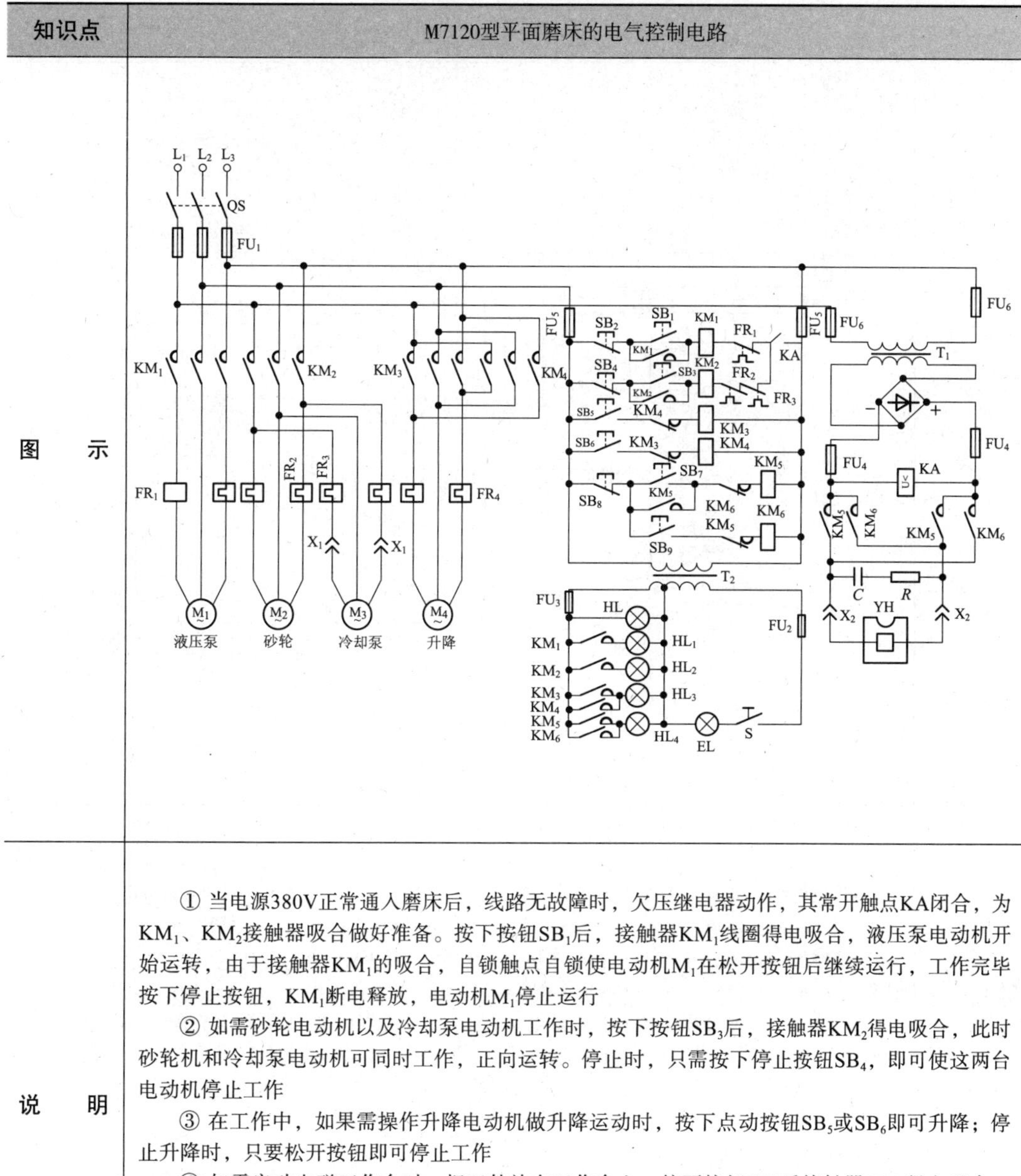
说　　明	① 当电源380V正常通入磨床后，线路无故障时，欠压继电器动作，其常开触点KA闭合，为KM_1、KM_2接触器吸合做好准备。按下按钮SB_1后，接触器KM_1线圈得电吸合，液压泵电动机开始运转，由于接触器KM_1的吸合，自锁触点自锁使电动机M_1在松开按钮后继续运行，工作完毕按下停止按钮，KM_1断电释放，电动机M_1停止运行 ② 如需砂轮电动机以及冷却泵电动机工作时，按下按钮SB_3后，接触器KM_2得电吸合，此时砂轮机和冷却泵电动机可同时工作，正向运转。停止时，只需按下停止按钮SB_4，即可使这两台电动机停止工作 ③ 在工作中，如果需操作升降电动机做升降运动时，按下点动按钮SB_5或SB_6即可升降；停止升降时，只要松开按钮即可停止工作 ④ 如需启动电磁工作台时，把工件放在工作台上，按下按钮SB_7后接触器KM_5得电吸合，从而把直流电110V电压接入工作台内部线圈中，使磁通与工件形成封闭回路，把工件牢牢地吸住，以便对工件进行加工。当按下按钮SB_8后，电磁工作台便失去吸力。有时其本身存在剩磁，为了去磁可按下按钮SB_9，使接触器KM_6得电吸合，把反向直流电通入工作台，进行退磁，待退磁完成后，松开按钮SB_9即可将工件拿出来

表6.5　M1432A型外圆磨床的电气控制电路

知识点	M1432A型外圆磨床的电气控制电路
图　　示	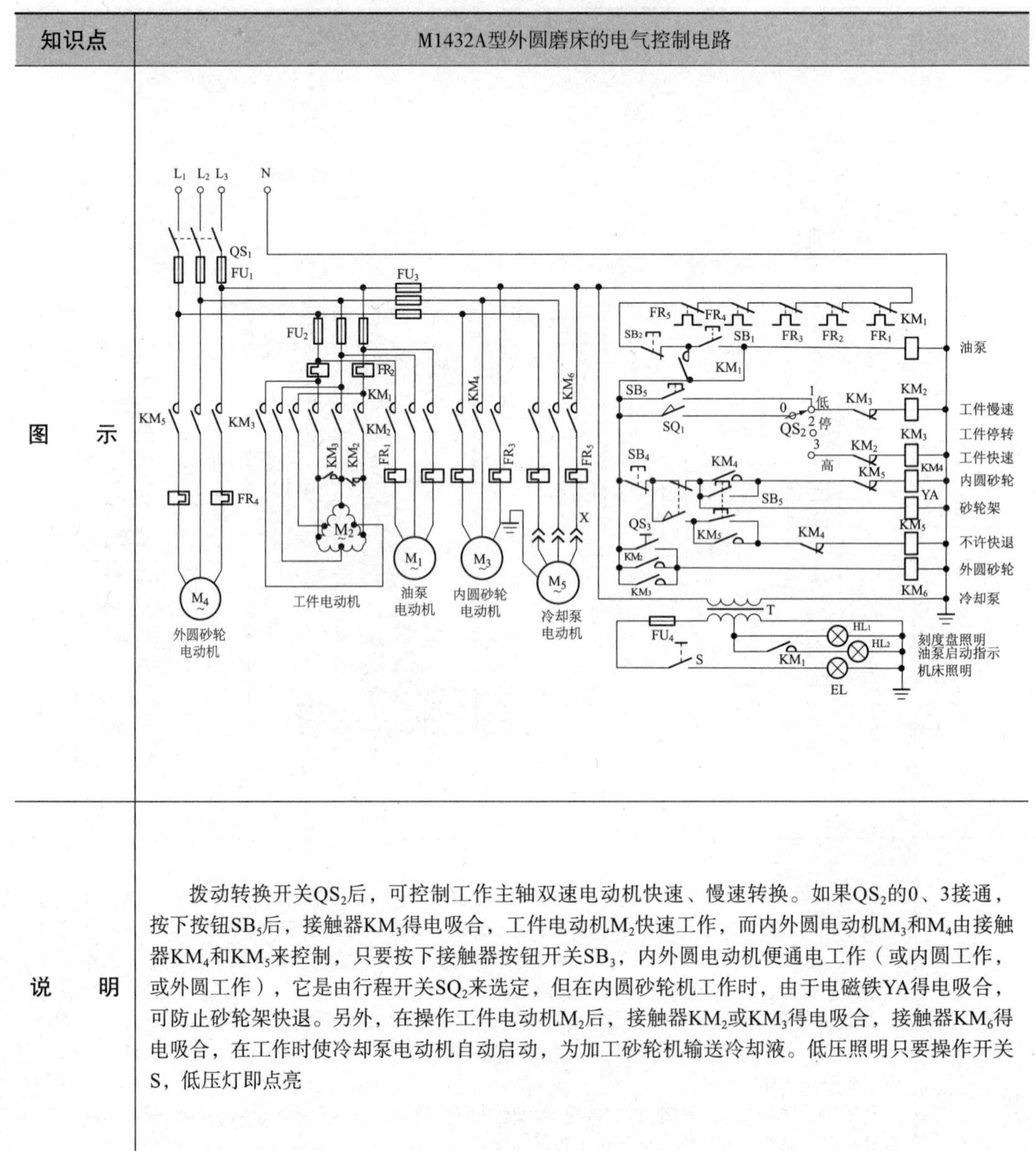
说　　明	拨动转换开关QS_2后，可控制工作主轴双速电动机快速、慢速转换。如果QS_2的0、3接通，按下按钮SB_5后，接触器KM_3得电吸合，工件电动机M_2快速工作，而内外圆电动机M_3和M_4由接触器KM_4和KM_5来控制，只要按下接触器按钮开关SB_3，内外圆电动机便通电工作（或内圆工作，或外圆工作），它是由行程开关SQ_2来选定，但在内圆砂轮机工作时，由于电磁铁YA得电吸合，可防止砂轮架快退。另外，在操作工件电动机M_2后，接触器KM_2或KM_3得电吸合，接触器KM_6得电吸合，在工作时使冷却泵电动机自动启动，为加工砂轮机输送冷却液。低压照明只要操作开关S，低压灯即点亮

表6.6　简易导轨磨床的电气控制电路

<table>
<tr><th>知识点</th><th>简易导轨磨床的电气控制电路</th></tr>
<tr><td>图　示</td><td>
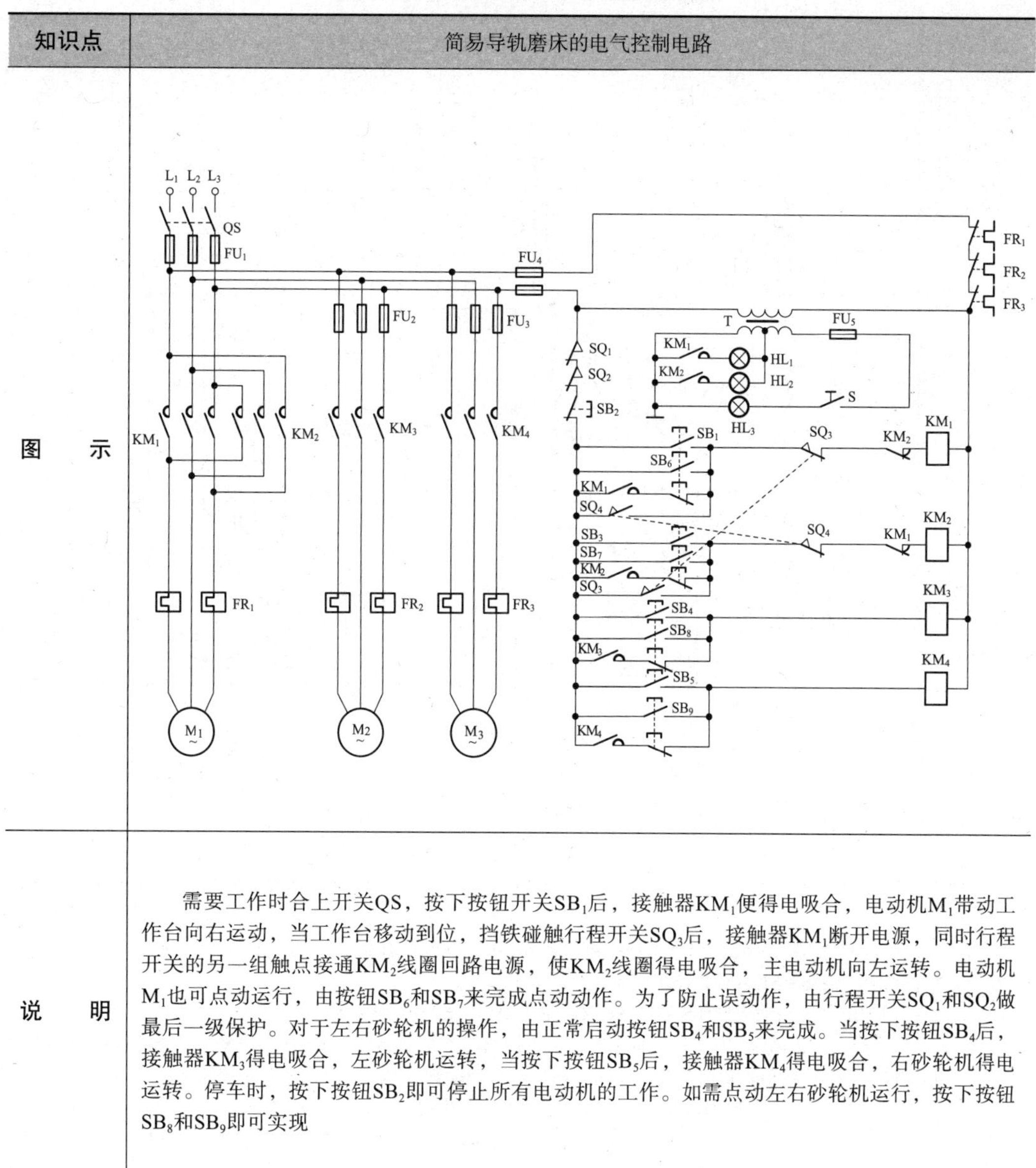

</td></tr>
<tr><td>说　明</td><td>需要工作时合上开关QS，按下按钮开关SB_1后，接触器KM_1便得电吸合，电动机M_1带动工作台向右运动，当工作台移动到位，挡铁碰触行程开关SQ_3后，接触器KM_1断开电源，同时行程开关的另一组触点接通KM_2线圈回路电源，使KM_2线圈得电吸合，主电动机向左运转。电动机M_1也可点动运行，由按钮SB_6和SB_7来完成点动动作。为了防止误动作，由行程开关SQ_1和SQ_2做最后一级保护。对于左右砂轮机的操作，由正常启动按钮SB_4和SB_5来完成。当按下按钮SB_4后，接触器KM_3得电吸合，左砂轮机运转，当按下按钮SB_5后，接触器KM_4得电吸合，右砂轮机得电运转。停车时，按下按钮SB_2即可停止所有电动机的工作。如需点动左右砂轮机运行，按下按钮SB_8和SB_9即可实现</td></tr>
</table>

表6.7　T68型卧式镗床的电气控制电路

知识点	T68型卧式镗床的电气控制电路
图　示	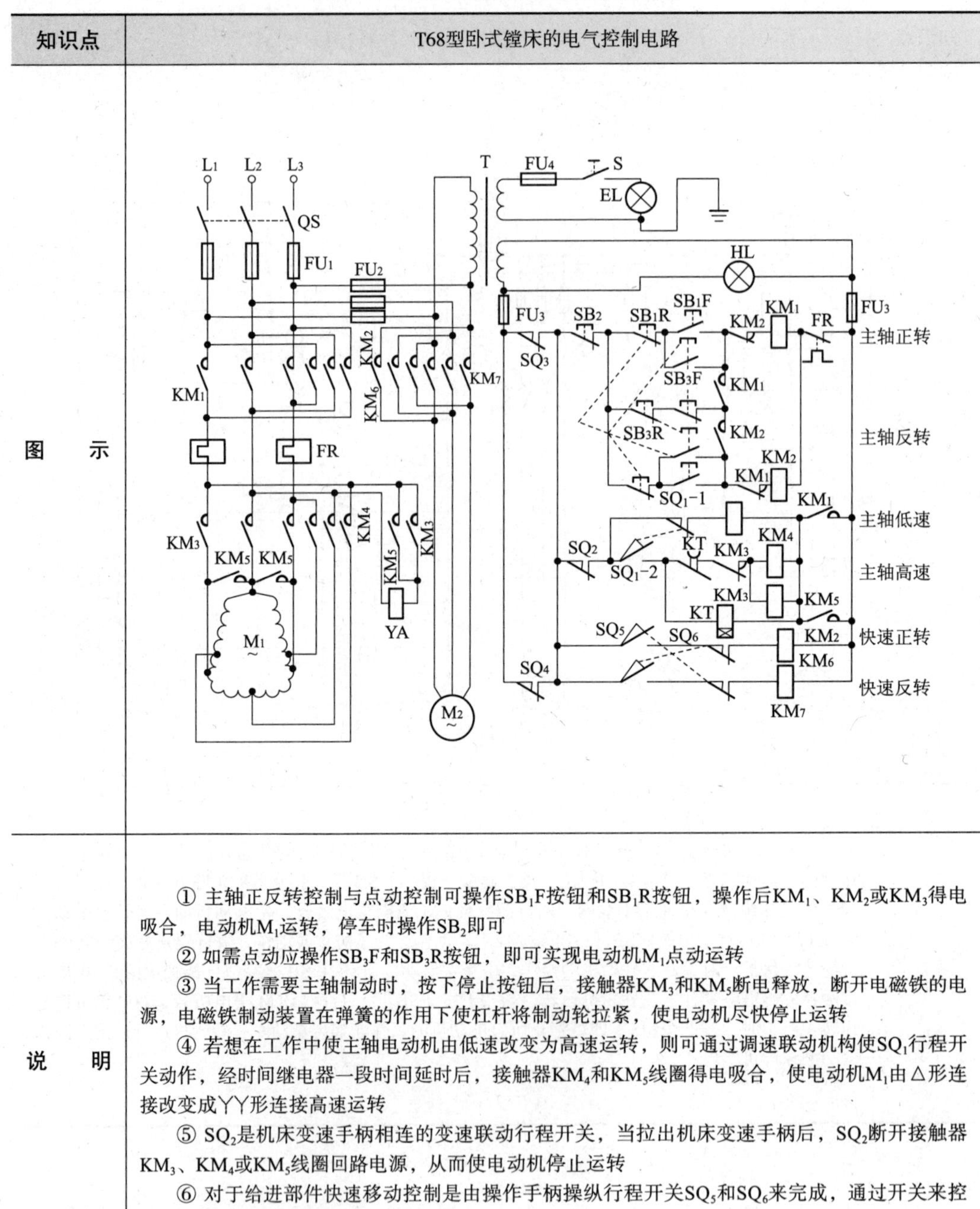
说　明	① 主轴正反转控制与点动控制可操作SB_1F按钮和SB_1R按钮，操作后KM_1、KM_2或KM_3得电吸合，电动机M_1运转，停车时操作SB_2即可 ② 如需点动应操作SB_3F和SB_3R按钮，即可实现电动机M_1点动运转 ③ 当工作需要主轴制动时，按下停止按钮后，接触器KM_3和KM_5断电释放，断开电磁铁的电源，电磁铁制动装置在弹簧的作用下使杠杆将制动轮拉紧，使电动机尽快停止运转 ④ 若想在工作中使主轴电动机由低速改变为高速运转，则可通过调速联动机构使SQ_1行程开关动作，经时间继电器一段时间延时后，接触器KM_4和KM_5线圈得电吸合，使电动机M_1由△形连接改变成YY形连接高速运转 ⑤ SQ_2是机床变速手柄相连的变速联动行程开关，当拉出机床变速手柄后，SQ_2断开接触器KM_3、KM_4或KM_5线圈回路电源，从而使电动机停止运转 ⑥ 对于给进部件快速移动控制是由操作手柄操纵行程开关SQ_5和SQ_6来完成，通过开关来控制接触器KM_6或KM_7通电或断电，从而启动电动机M_2做上拖板、下拖板等快速运动

表6.8 X62W型万能铣床的电气控制电路

知识点	X62W型万能铣床的电气控制电路
图　示	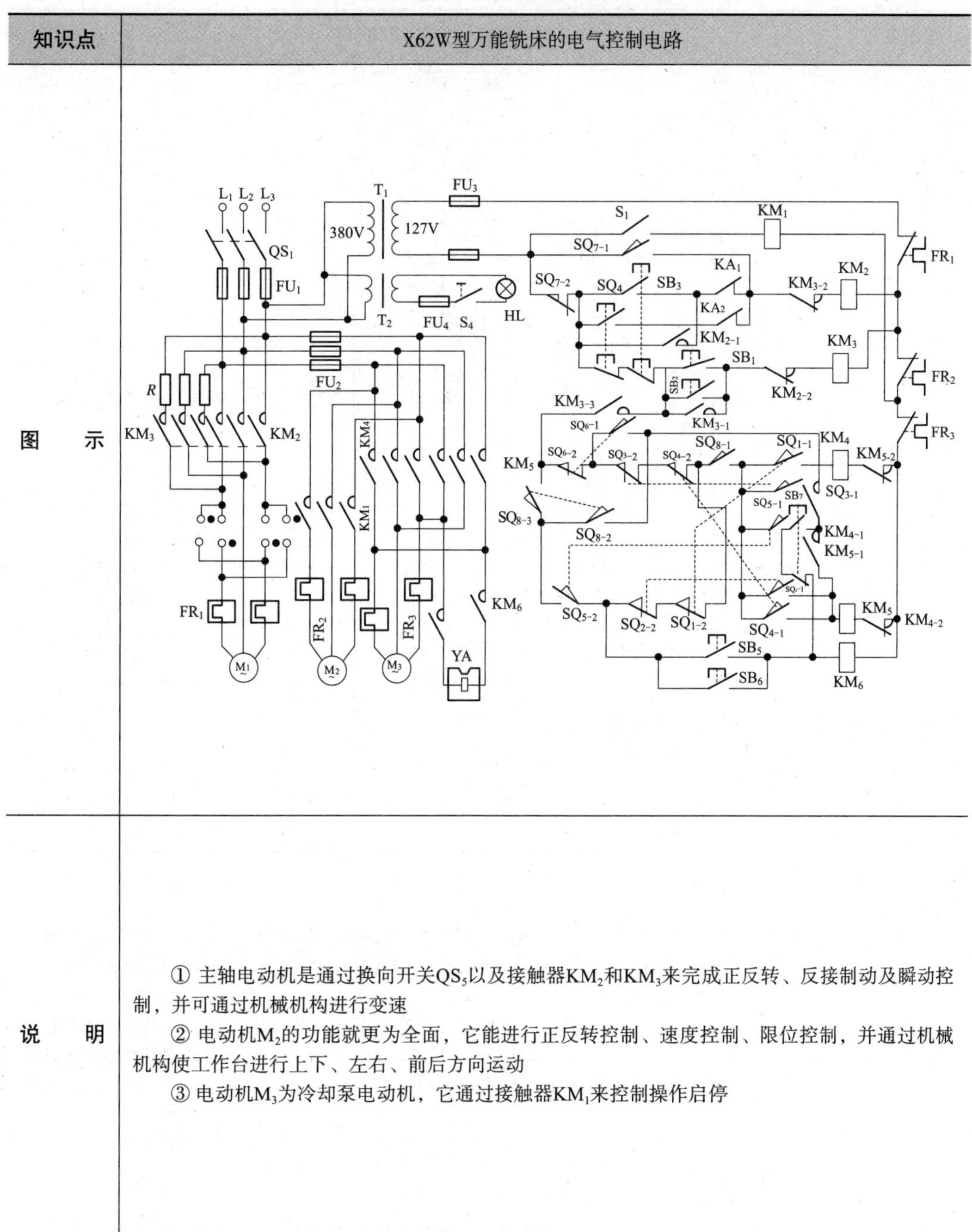
说　明	① 主轴电动机是通过换向开关QS_5以及接触器KM_2和KM_3来完成正反转、反接制动及瞬动控制，并可通过机械机构进行变速 ② 电动机M_2的功能就更为全面，它能进行正反转控制、速度控制、限位控制，并通过机械机构使工作台进行上下、左右、前后方向运动 ③ 电动机M_3为冷却泵电动机，它通过接触器KM_1来控制操作启停

表6.9　X8120W型万能工具铣床的电气控制电路

知识点	X8120W型万能工具铣床的电气控制电路
图　示	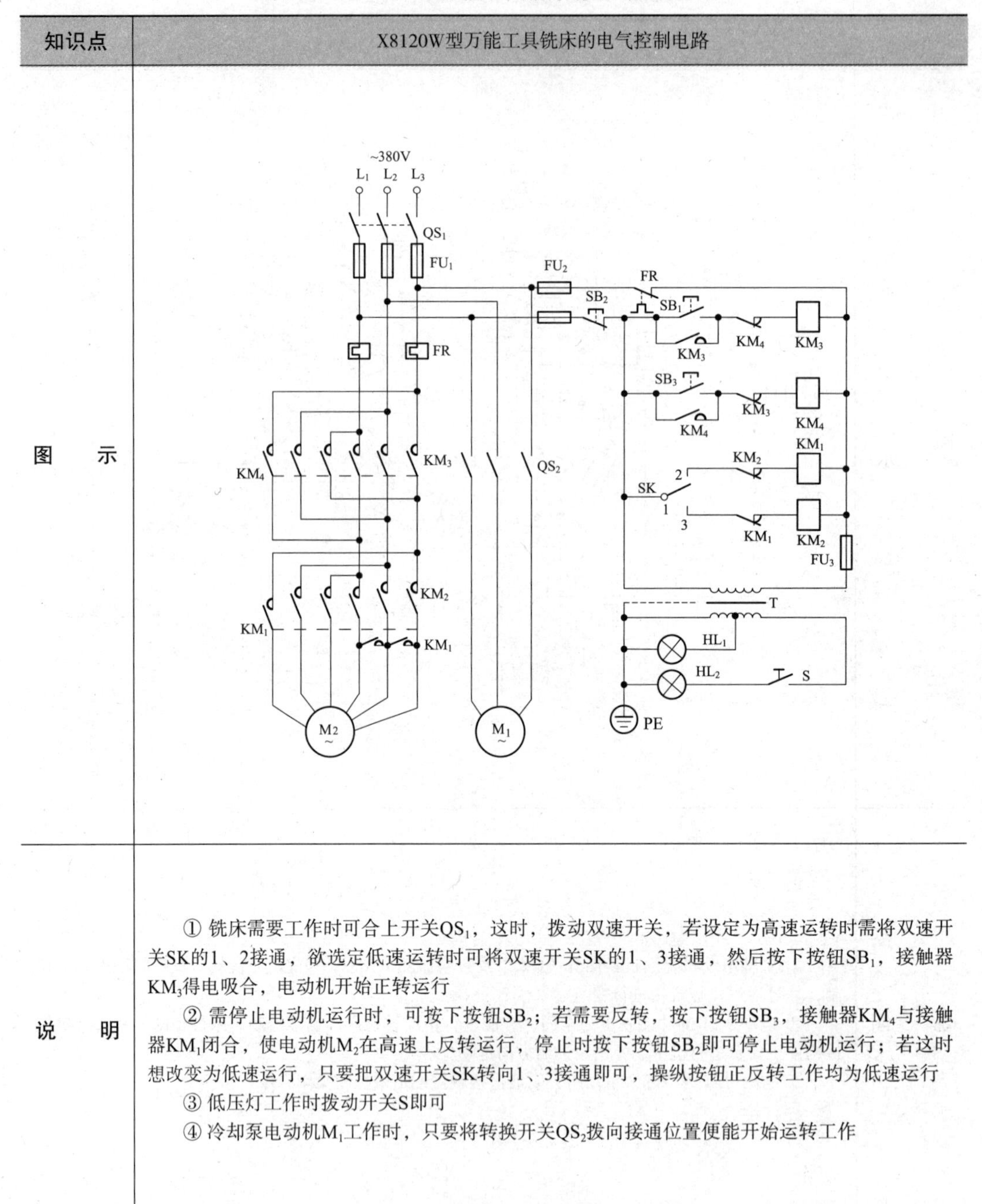
说　明	① 铣床需要工作时可合上开关QS_1，这时，拨动双速开关，若设定为高速运转时需将双速开关SK的1、2接通，欲选定低速运转时可将双速开关SK的1、3接通，然后按下按钮SB_1，接触器KM_3得电吸合，电动机开始正转运行 ② 需停止电动机运行时，可按下按钮SB_2；若需要反转，按下按钮SB_3，接触器KM_4与接触器KM_1闭合，使电动机M_2在高速上反转运行，停止时按下按钮SB_2即可停止电动机运行；若这时想改变为低速运行，只要把双速开关SK转向1、3接通即可，操纵按钮正反转工作均为低速运行 ③ 低压灯工作时拨动开关S即可 ④ 冷却泵电动机M_1工作时，只要将转换开关QS_2拨向接通位置便能开始运转工作

表6.10 Y3150型滚齿机的电气控制电路

<table>
<tr><th>知识点</th><th>Y3150型滚齿机的电气控制电路</th></tr>
<tr><td>图 示</td><td>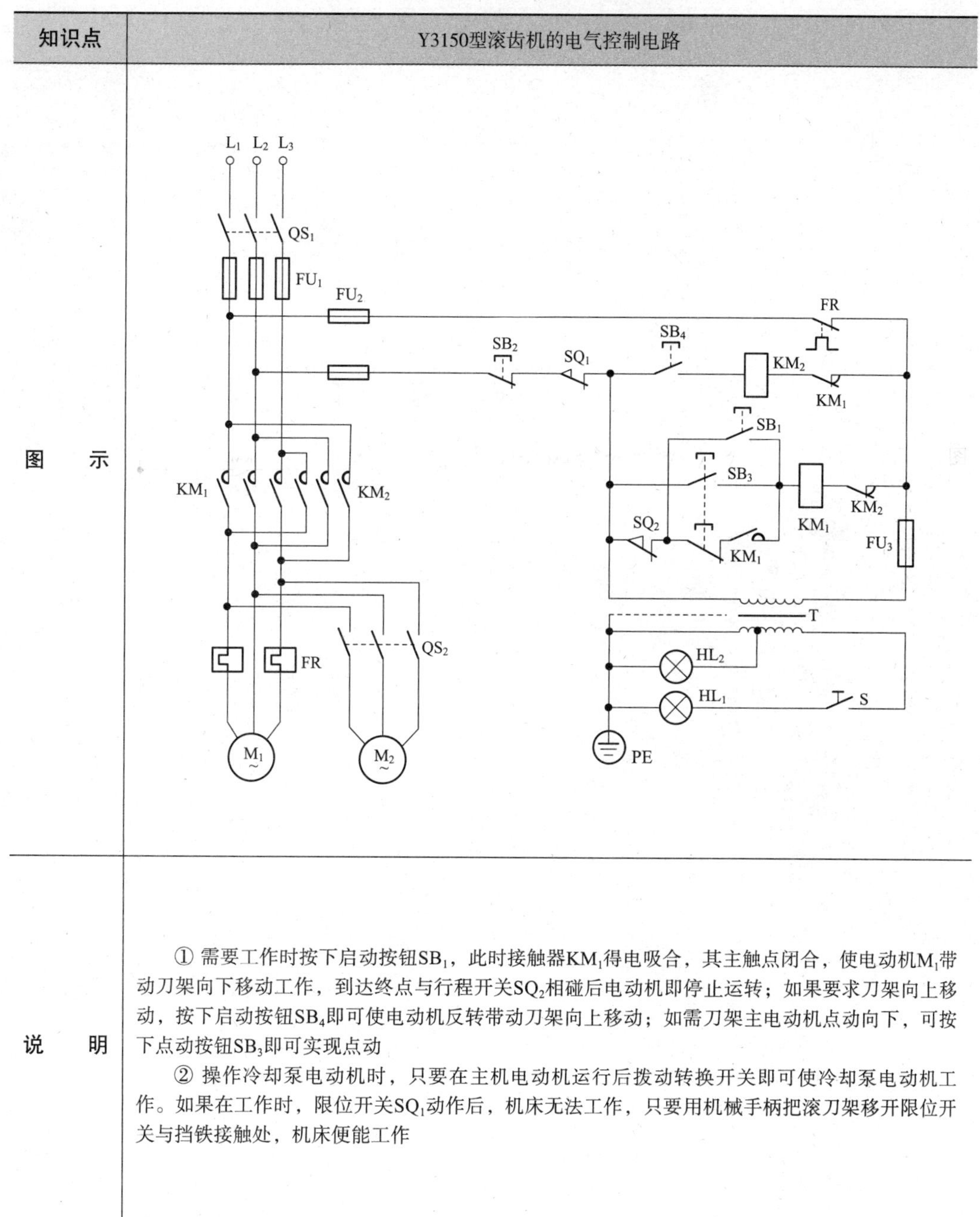
</td></tr>
<tr><td>说 明</td><td>① 需要工作时按下启动按钮SB_1，此时接触器KM_1得电吸合，其主触点闭合，使电动机M_1带动刀架向下移动工作，到达终点与行程开关SQ_2相碰后电动机即停止运转；如果要求刀架向上移动，按下启动按钮SB_4即可使电动机反转带动刀架向上移动；如需刀架主电动机点动向下，可按下点动按钮SB_3即可实现点动
② 操作冷却泵电动机时，只要在主机电动机运行后拨动转换开关即可使冷却泵电动机工作。如果在工作时，限位开关SQ_1动作后，机床无法工作，只要用机械手柄把滚刀架移开限位开关与挡铁接触处，机床便能工作</td></tr>
</table>

第7章

电工常用保护电路

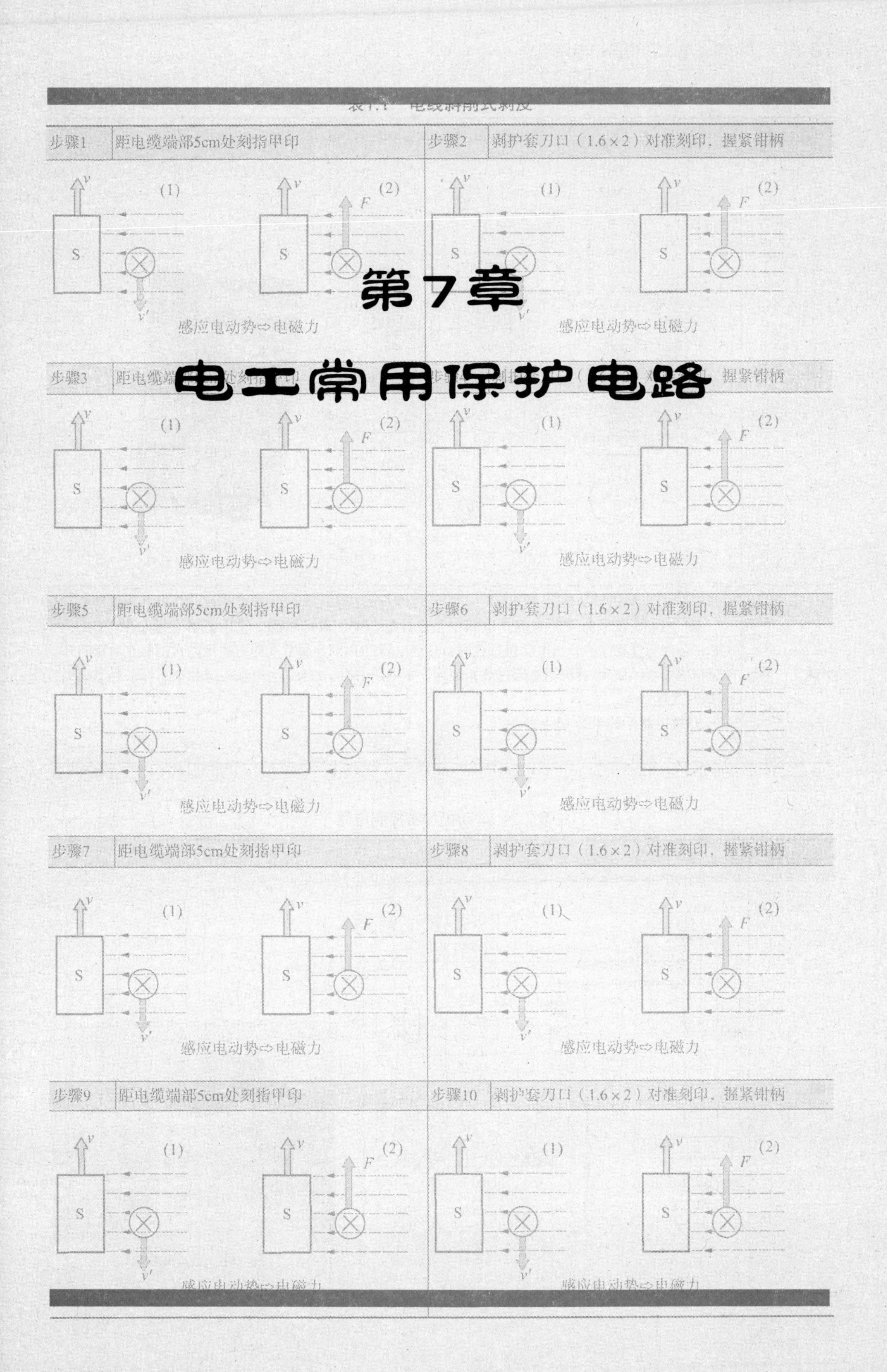

表7.1 带热继电器过载保护的点动控制电路

知识点	带热继电器过载保护的点动控制电路
图 示	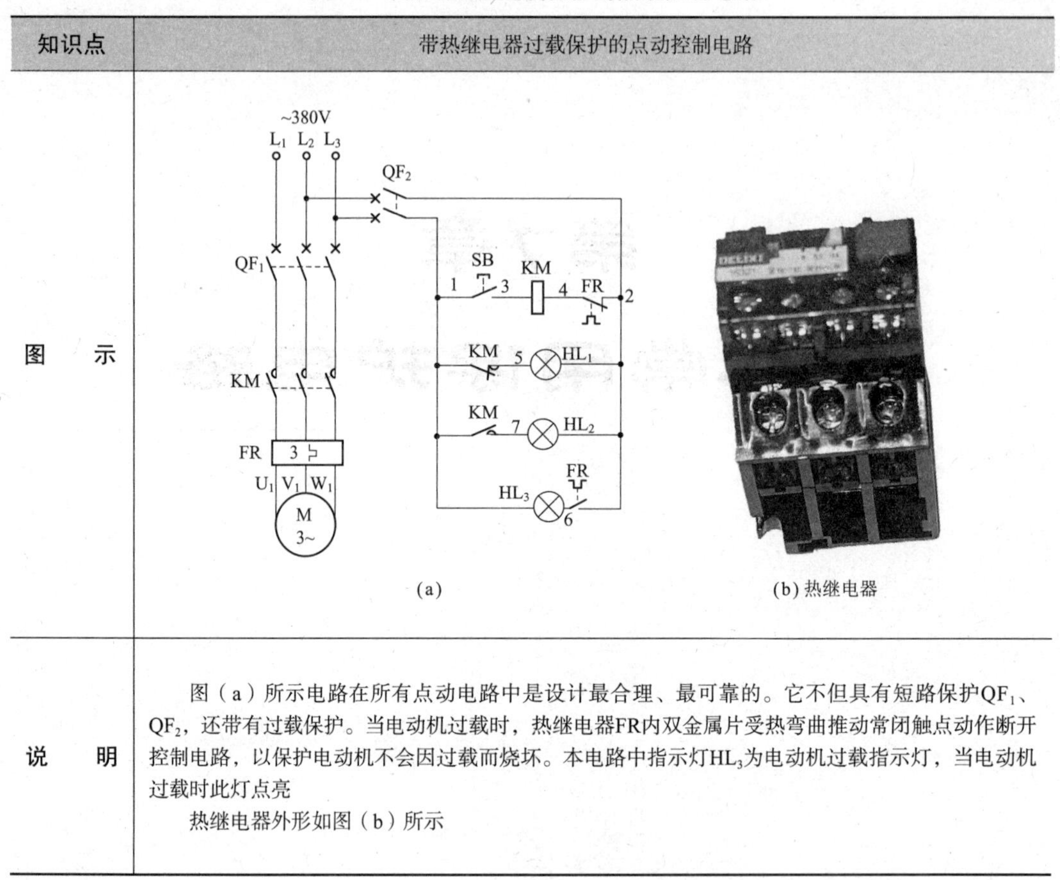 (a)　　(b) 热继电器
说 明	图（a）所示电路在所有点动电路中是设计最合理、最可靠的。它不但具有短路保护QF_1、QF_2，还带有过载保护。当电动机过载时，热继电器FR内双金属片受热弯曲推动常闭触点动作断开控制电路，以保护电动机不会因过载而烧坏。本电路中指示灯HL_3为电动机过载指示灯，当电动机过载时此灯点亮 热继电器外形如图（b）所示

表7.2 电动机加密控制电路

知识点	电动机加密控制电路
图 示	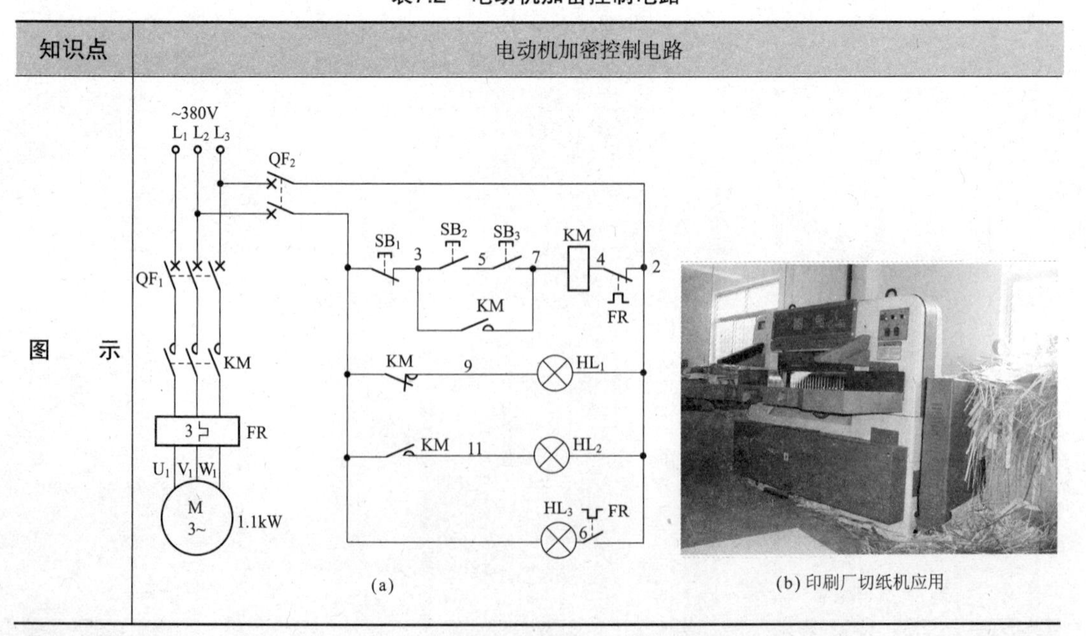 (a)　　(b) 印刷厂切纸机应用

续表7.2

说　明	图（a）所示电路很简单，就是采用加密操作，也就是操作者在工作时，必须同时按下两只启动按钮SB_2、SB_3（SB_2、SB_3可以安装在不同位置或不易被他人发现的地方）才能启动电动机，交流接触器KM线圈得电吸合且KM辅助常开触点（3-7）闭合自锁，KM三相主触点闭合，电动机得电运转，机器转动工作，同时指示灯HL_1灭、HL_2亮，说明电动机已运转工作了。图（a）中，HL_1为电动机停止兼电源指示灯；HL_2为电动机运转指示灯；HL_3为电动机过载指示灯

表7.3　零序电压缺相保护电路

知识点	零序电压缺相保护电路
图　示	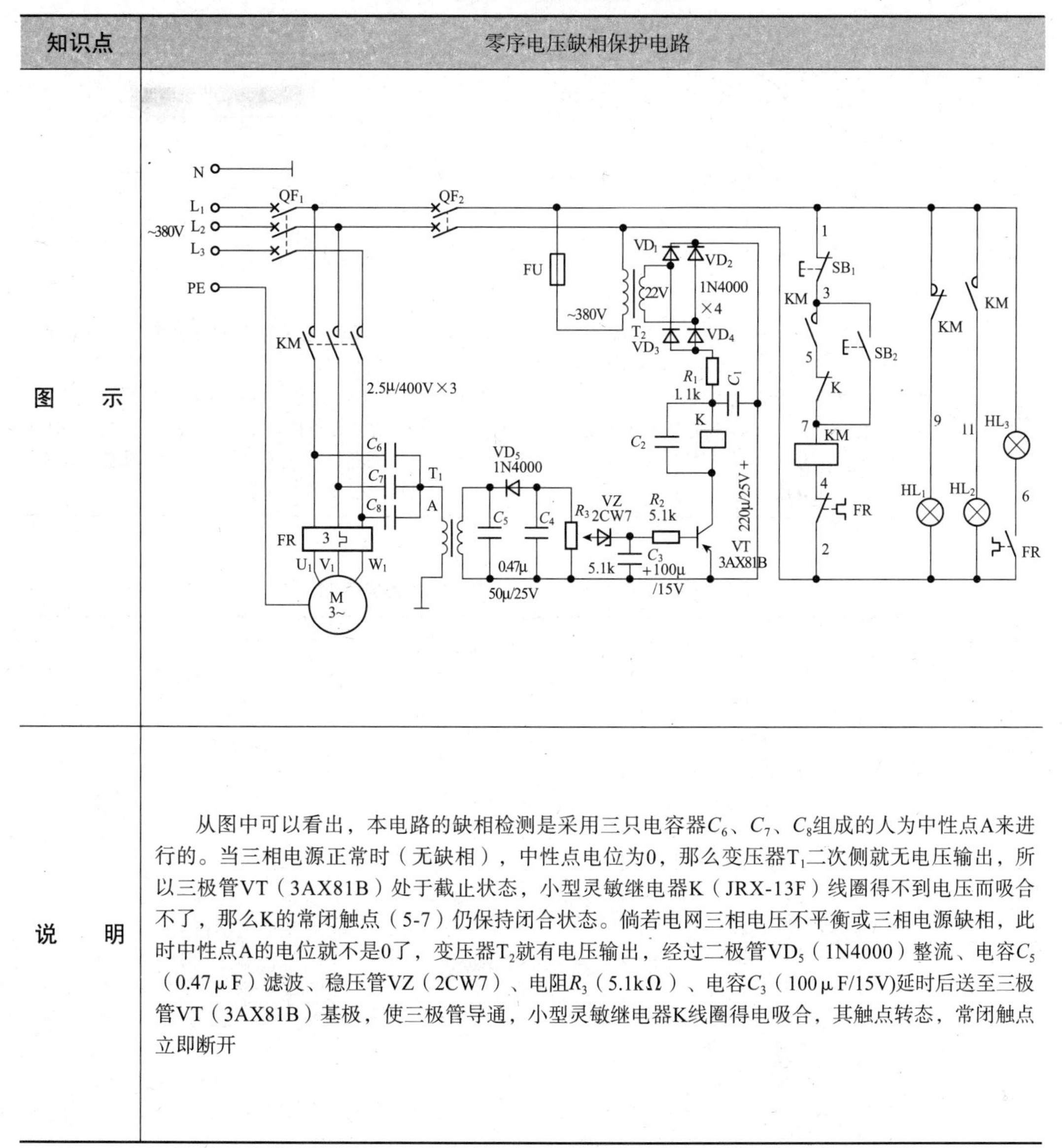
说　明	从图中可以看出，本电路的缺相检测是采用三只电容器C_6、C_7、C_8组成的人为中性点A来进行的。当三相电源正常时（无缺相），中性点电位为0，那么变压器T_1二次侧就无电压输出，所以三极管VT（3AX81B）处于截止状态，小型灵敏继电器K（JRX-13F）线圈得不到电压而吸合不了，那么K的常闭触点（5-7）仍保持闭合状态。倘若电网三相电压不平衡或三相电源缺相，此时中性点A的电位就不是0了，变压器T_2就有电压输出，经过二极管VD_5（1N4000）整流、电容C_5（0.47μF）滤波、稳压管VZ（2CW7）、电阻R_3（5.1kΩ）、电容C_3（100μF/15V)延时后送至三极管VT（3AX81B）基极，使三极管导通，小型灵敏继电器K线圈得电吸合，其触点转态，常闭触点立即断开

表7.4 用三只欠电流继电器进行电动机断相保护电路

知识点	用三只欠电流继电器进行电动机断相保护电路
图　　示	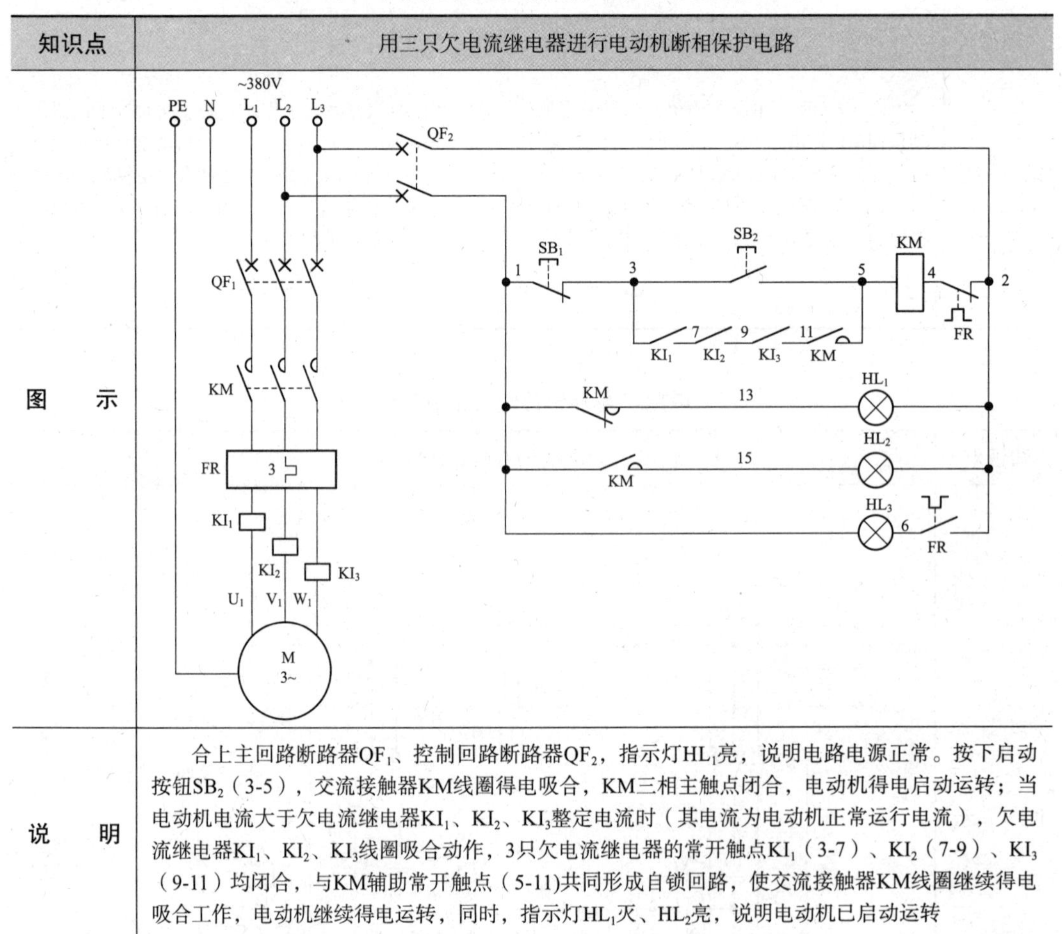
说　　明	合上主回路断路器QF_1、控制回路断路器QF_2，指示灯HL_1亮，说明电路电源正常。按下启动按钮SB_2（3-5），交流接触器KM线圈得电吸合，KM三相主触点闭合，电动机得电启动运转；当电动机电流大于欠电流继电器KI_1、KI_2、KI_3整定电流时（其电流为电动机正常运行电流），欠电流继电器KI_1、KI_2、KI_3线圈吸合动作，3只欠电流继电器的常开触点KI_1（3-7）、KI_2（7-9）、KI_3（9-11）均闭合，与KM辅助常开触点（5-11)共同形成自锁回路，使交流接触器KM线圈继续得电吸合工作，电动机继续得电运转，同时，指示灯HL_1灭、HL_2亮，说明电动机已启动运转

表7.5 防止电动机浸水、过热停止保护电路

知识点	防止电动机浸水、过热停止保护电路
图　　示	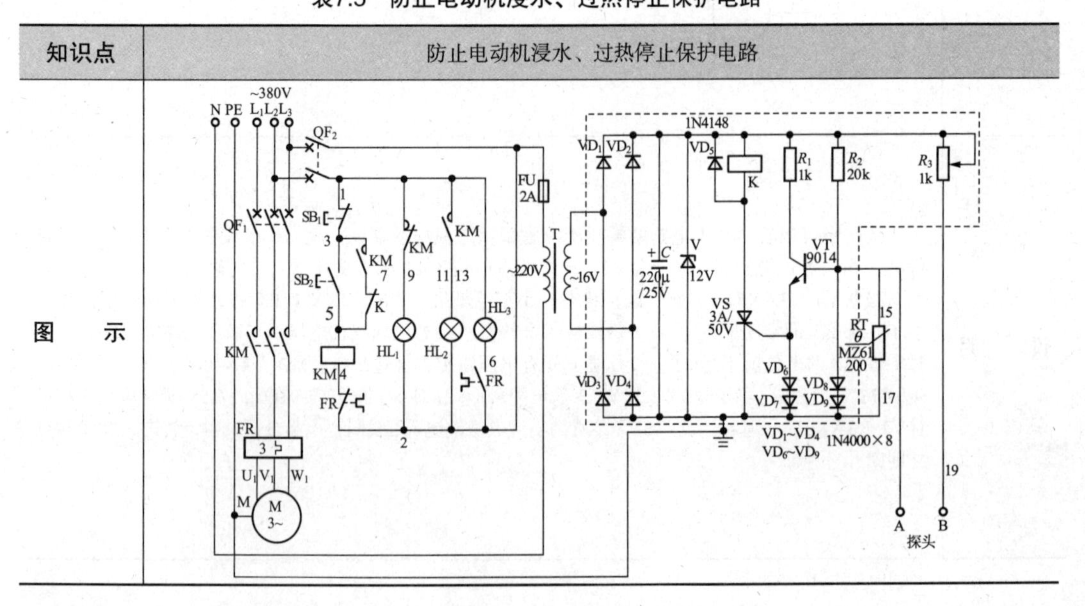

续表7.5

说　明	启动时按下启动按钮（3-5），交流接触器KM线圈得电吸合且KM辅助常开触点（3-7）自锁，KM三相主触点闭合，主回路电源被接通，电动机通入三相交流电源而启动运转。同时，指示灯HL_2亮，说明电动机已运转工作

表7.6 使用电流互感器的热继电器保护电路

知识点	使用电流互感器的热继电器保护电路
图　示	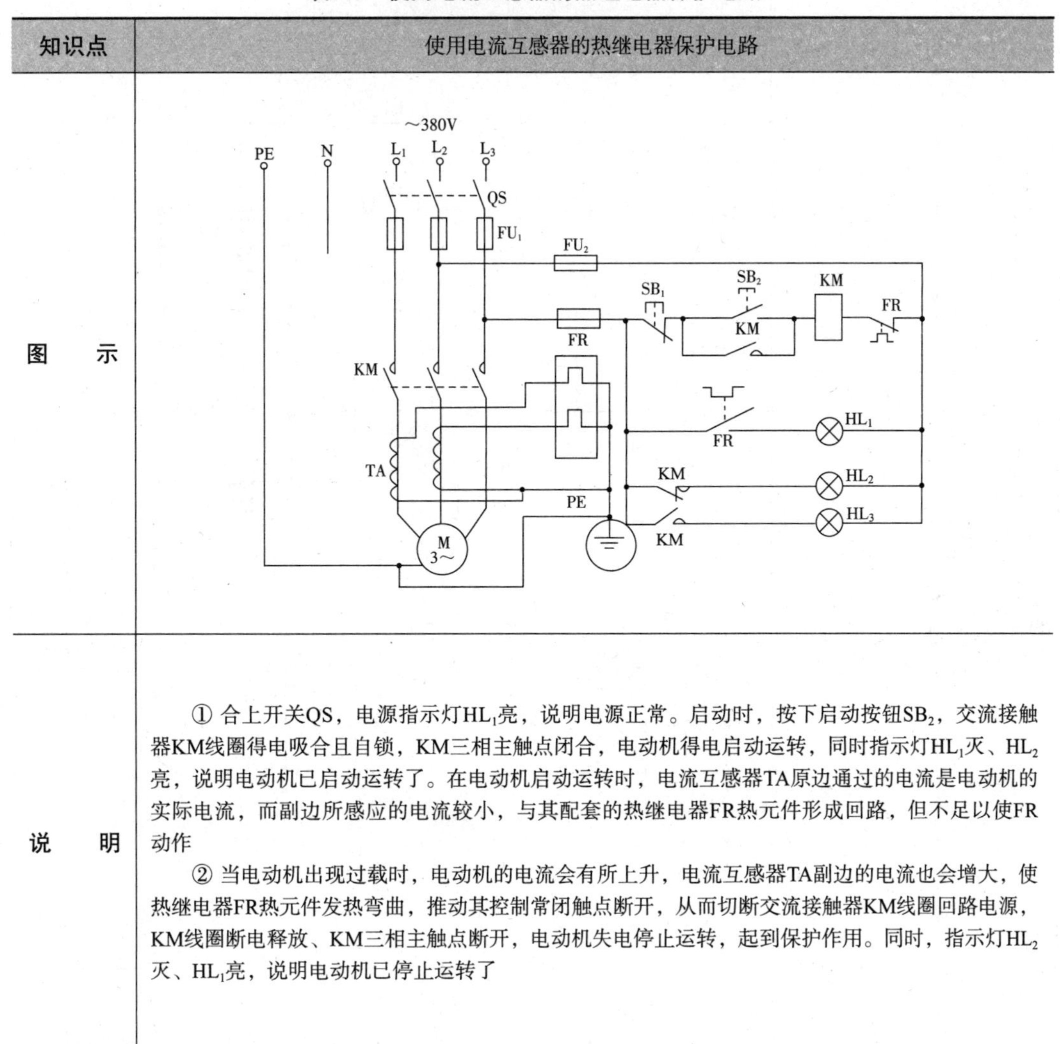
说　明	① 合上开关QS，电源指示灯HL_1亮，说明电源正常。启动时，按下启动按钮SB_2，交流接触器KM线圈得电吸合且自锁，KM三相主触点闭合，电动机得电启动运转，同时指示灯HL_1灭、HL_2亮，说明电动机已启动运转了。在电动机启动运转时，电流互感器TA原边通过的电流是电动机的实际电流，而副边所感应的电流较小，与其配套的热继电器FR热元件形成回路，但不足以使FR动作 ② 当电动机出现过载时，电动机的电流会有所上升，电流互感器TA副边的电流也会增大，使热继电器FR热元件发热弯曲，推动其控制常闭触点断开，从而切断交流接触器KM线圈回路电源，KM线圈断电释放、KM三相主触点断开，电动机失电停止运转，起到保护作用。同时，指示灯HL_2灭、HL_1亮，说明电动机已停止运转了

表7.7　具有三重互锁保护的正反转控制电路

知识点	具有三重互锁保护的正反转控制电路
图　示	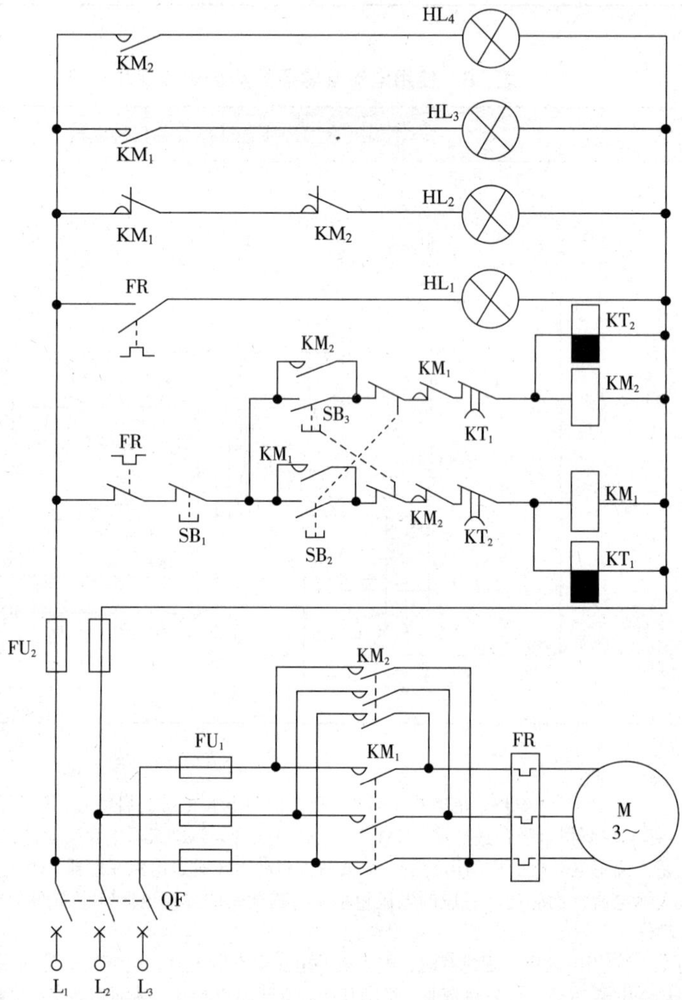
说　明	① 合上断路器QF，指示灯HL_2亮，说明电源正常 ② 正转启动时，按下正转启动按钮SB_2，此时SB_2常闭触点断开，切断反转交流接触器KM_2线圈回路，起到互锁保护作用，同时SB_2常开触点闭合，交流接触器KM_1、失电延时时间继电器KT_1线圈同时得电吸合，KM_1三相主触点闭合，电动机M正转启动运行，同时指示灯HL_2灭、HL_3亮，说明电动机正转运转了。KM_1常闭触点、KT_1延时闭合的常闭触点均断开，使KM_2线圈回路断开，从而起到可靠的互锁保护作用 ③ 当需要反转时，按下反转启动按钮SB_3，此时，正转交流接触器KM_1线圈回路断电释放，电动机M正转停止工作，指示灯HL_3灭、HL_2亮，说明电动机正转停止运转了。但失电延时时间继电器KT_1失电延时几秒钟后其常闭触点才能恢复闭合，因此即使按下反转启动按钮也不能立即反转启动，必须按下反转启动按钮2s后（设定时间可任意调整），反转才能启动，从而真正起到互锁保护作用

第8章 其他电工常用电路

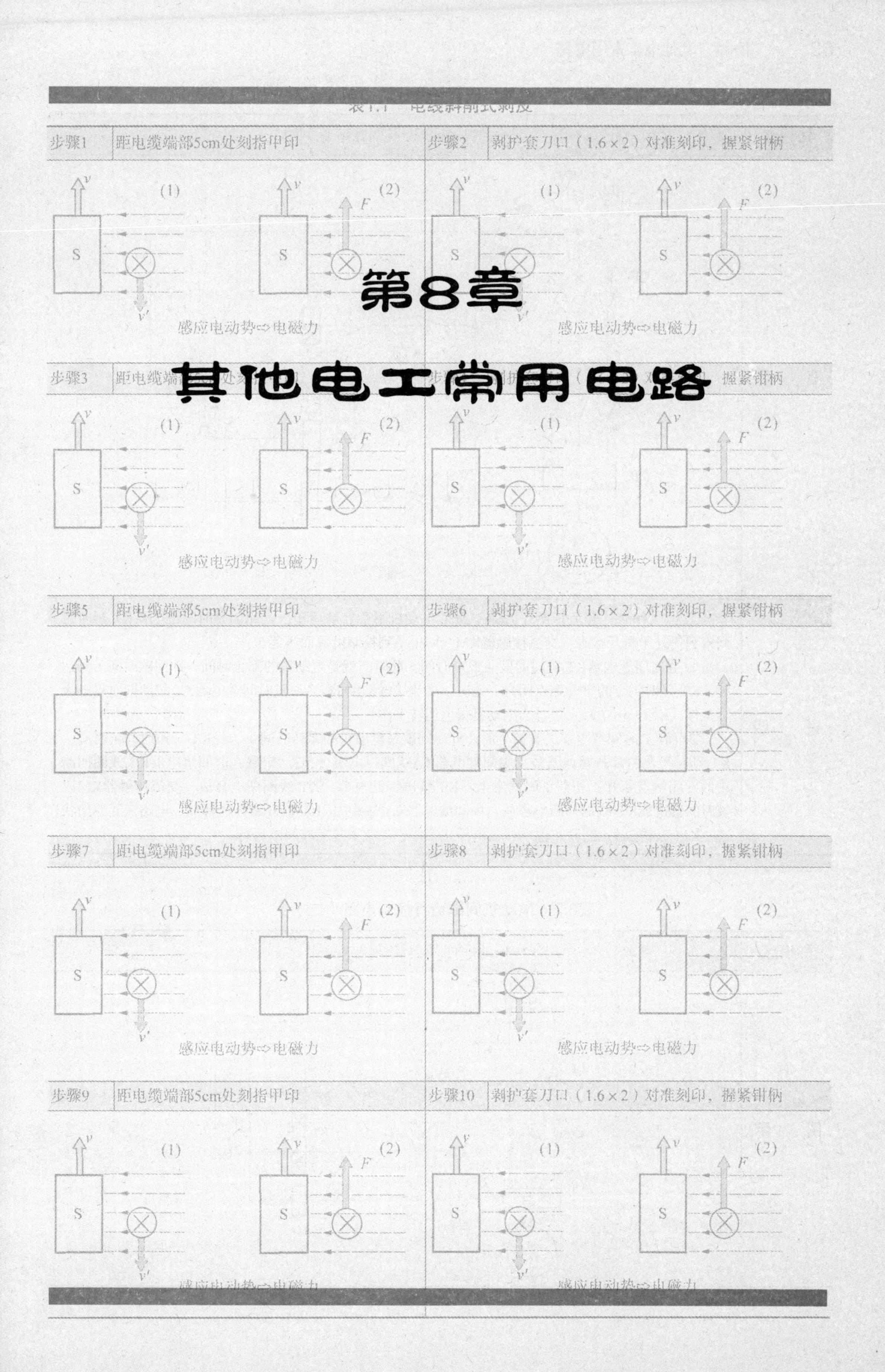

表8.1　电动机间歇运行控制电路（一）

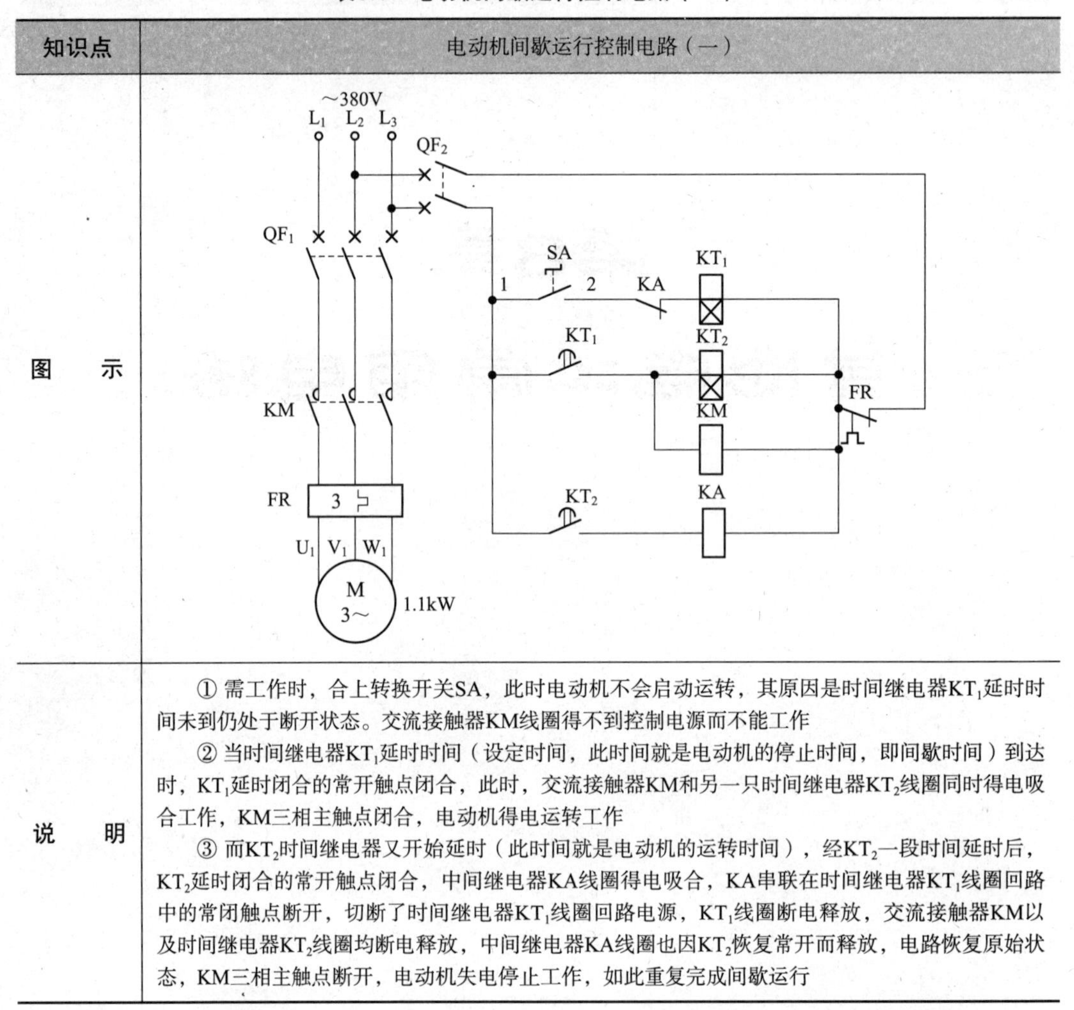

知识点	电动机间歇运行控制电路（一）
图　示	
说　明	① 需工作时，合上转换开关SA，此时电动机不会启动运转，其原因是时间继电器KT_1延时时间未到仍处于断开状态。交流接触器KM线圈得不到控制电源而不能工作 ② 当时间继电器KT_1延时时间（设定时间，此时间就是电动机的停止时间，即间歇时间）到达时，KT_1延时闭合的常开触点闭合，此时，交流接触器KM和另一只时间继电器KT_2线圈同时得电吸合工作，KM三相主触点闭合，电动机得电运转工作 ③ 而KT_2时间继电器又开始延时（此时间就是电动机的运转时间），经KT_2一段时间延时后，KT_2延时闭合的常开触点闭合，中间继电器KA线圈得电吸合，KA串联在时间继电器KT_1线圈回路中的常闭触点断开，切断了时间继电器KT_1线圈回路电源，KT_1线圈断电释放，交流接触器KM以及时间继电器KT_2线圈均断电释放，中间继电器KA线圈也因KT_2恢复常开而释放，电路恢复原始状态，KM三相主触点断开，电动机失电停止工作，如此重复完成间歇运行

表8.2　电动机间歇运行控制电路（二）

知识点	电动机间歇运行控制电路（二）
图　示	~380V　L_1 L_2 L_3　QF_2　QF_1　SA　1　2　KA　3　KM　SB　KT_1　KT_2　FR　KA　KT_2　KA　3　U_1 V_1 W_1　M 3~　4kW

续表8.2

说　明	① 首先合上主回路断路器QF_1、控制回路断路器QF_2，为电路工作提供准备条件 ② 工作时，合上控制转换开关SA，此时交流接触器KM、时间继电器KT_1线圈得电吸合工作，KM三相主触点闭合，电动机得电运转工作 ③ 经一段时间延时后（即运转时间），KT_1延时闭合的常开触点闭合，使中间继电器KA常开触点闭合且自锁，KA常闭触点断开，切断了交流接触器KM、时间继电器KT_1线圈回路电源，KM三相主触点断开，切断了电动机电源，电动机失电停止运转 ④ 时间继电器KT_2线圈得电吸合并开始延时（其延时时间为电动机停止运转时间），经KT_2一段时间延时后，KT_2延时断开的常闭触点断开，切断了中间继电器KA线圈回路电源，KA线圈断电释放，其串联在KM、KT_1线圈回路中的常闭触点恢复原始状态，此时KM、KT_1线圈又得电吸合，KM三相主触点又闭合，电动机又得电运转了，重复上述过程，从而实现电动机的间歇运转

表8.3　交流接触器在低电压情况下启动电路

知识点	交流接触器在低电压情况下启动电路
图　示	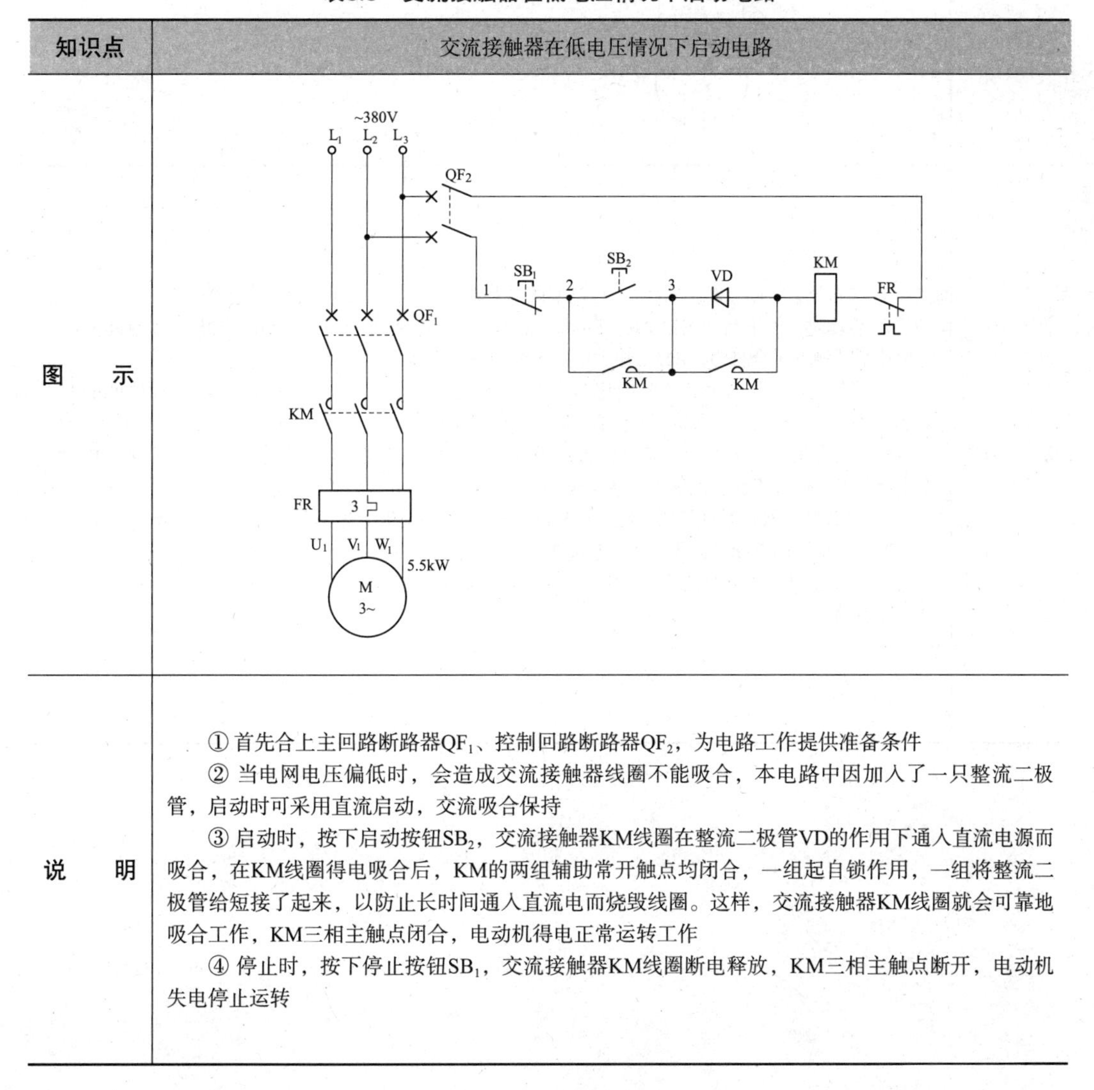
说　明	① 首先合上主回路断路器QF_1、控制回路断路器QF_2，为电路工作提供准备条件 ② 当电网电压偏低时，会造成交流接触器线圈不能吸合，本电路中因加入了一只整流二极管，启动时可采用直流启动，交流吸合保持 ③ 启动时，按下启动按钮SB_2，交流接触器KM线圈在整流二极管VD的作用下通入直流电源而吸合，在KM线圈得电吸合后，KM的两组辅助常开触点均闭合，一组起自锁作用，一组将整流二极管给短接了起来，以防止长时间通入直流电而烧毁线圈。这样，交流接触器KM线圈就会可靠地吸合工作，KM三相主触点闭合，电动机得电正常运转工作 ④ 停止时，按下停止按钮SB_1，交流接触器KM线圈断电释放，KM三相主触点断开，电动机失电停止运转

表8.4　短暂停电自动再启动电路（一）

知识点	短暂停电自动再启动电路（一）
图　　示	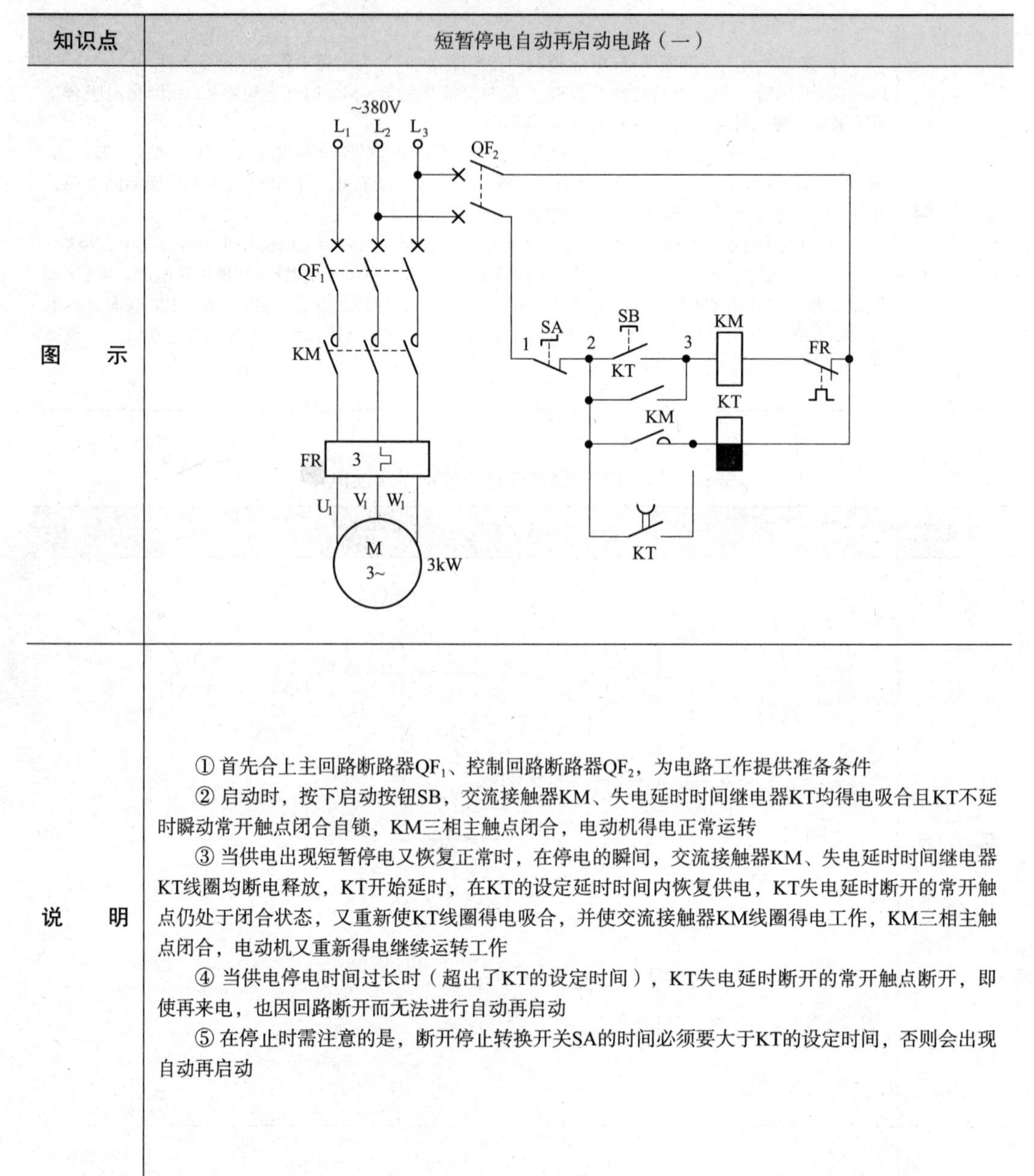
说　　明	① 首先合上主回路断路器QF_1、控制回路断路器QF_2，为电路工作提供准备条件 ② 启动时，按下启动按钮SB，交流接触器KM、失电延时时间继电器KT均得电吸合且KT不延时瞬动常开触点闭合自锁，KM三相主触点闭合，电动机得电正常运转 ③ 当供电出现短暂停电又恢复正常时，在停电的瞬间，交流接触器KM、失电延时时间继电器KT线圈均断电释放，KT开始延时，在KT的设定延时时间内恢复供电，KT失电延时断开的常开触点仍处于闭合状态，又重新使KT线圈得电吸合，并使交流接触器KM线圈得电工作，KM三相主触点闭合，电动机又重新得电继续运转工作 ④ 当供电停电时间过长时（超出了KT的设定时间），KT失电延时断开的常开触点断开，即使再来电，也因回路断开而无法进行自动再启动 ⑤ 在停止时需注意的是，断开停止转换开关SA的时间必须要大于KT的设定时间，否则会出现自动再启动

表8.5　短暂停电自动再启动电路（二）

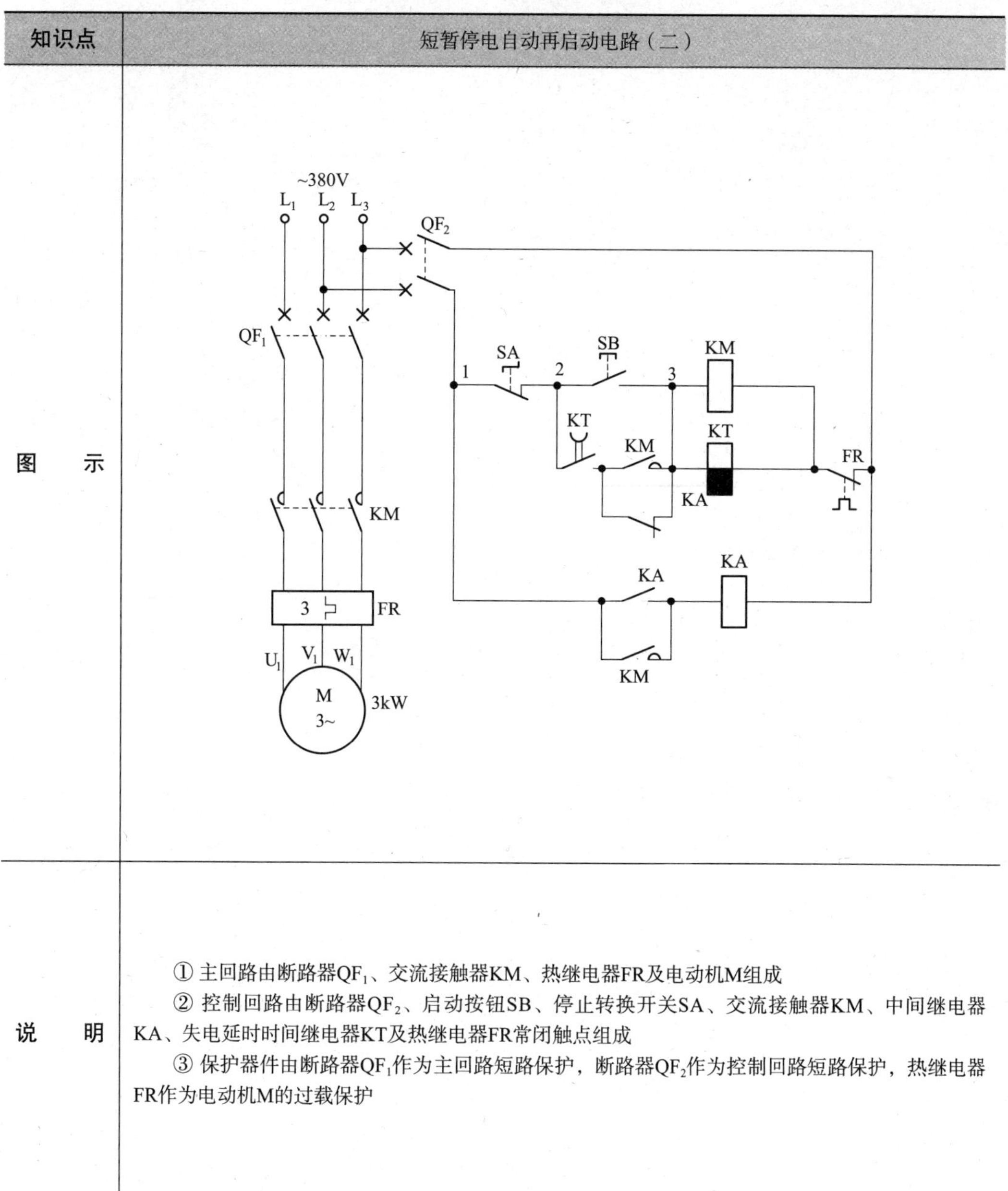

知识点	短暂停电自动再启动电路（二）
图　示	
说　明	① 主回路由断路器QF_1、交流接触器KM、热继电器FR及电动机M组成 ② 控制回路由断路器QF_2、启动按钮SB、停止转换开关SA、交流接触器KM、中间继电器KA、失电延时时间继电器KT及热继电器FR常闭触点组成 ③ 保护器件由断路器QF_1作为主回路短路保护，断路器QF_2作为控制回路短路保护，热继电器FR作为电动机M的过载保护

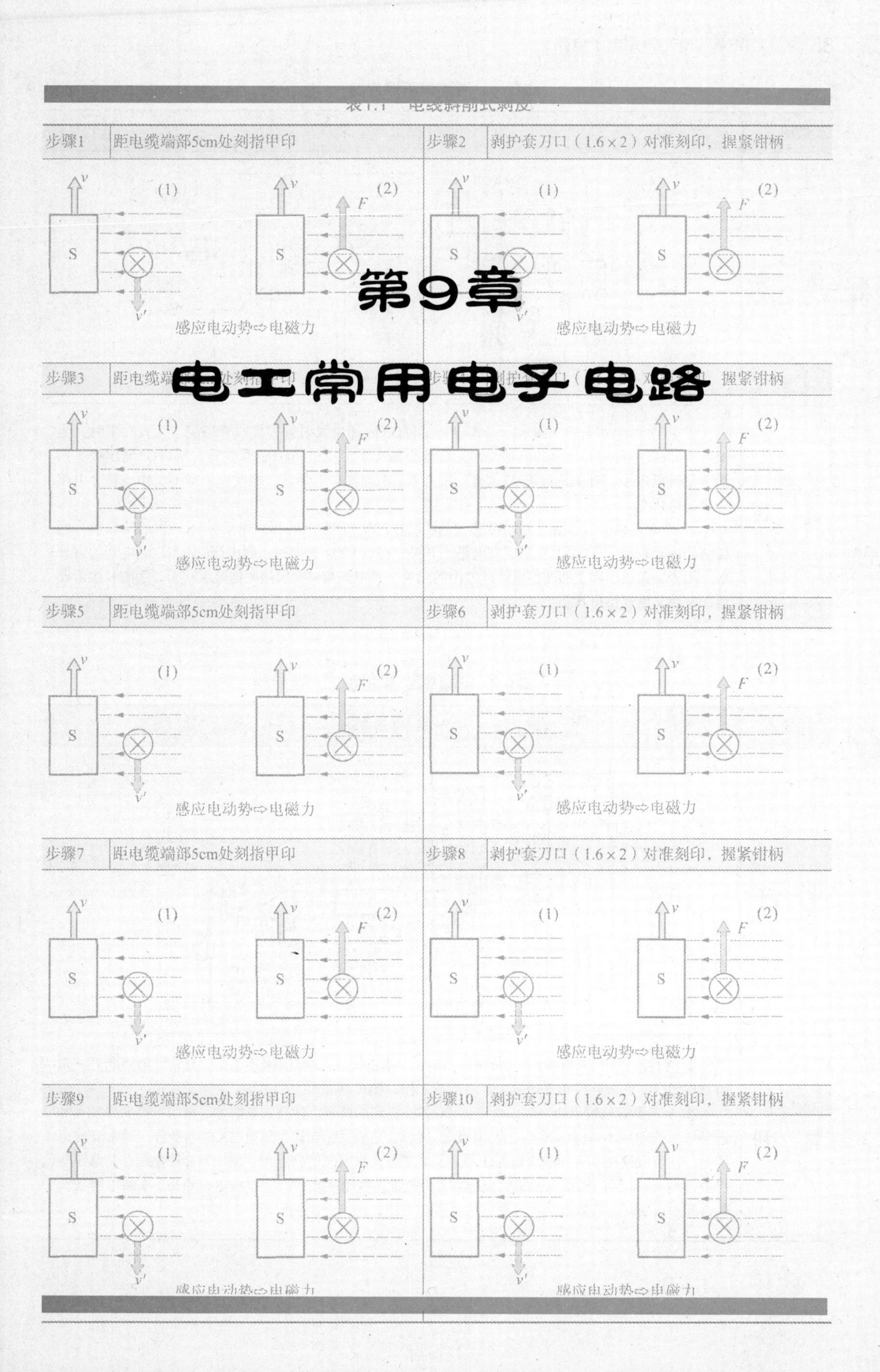

第9章

电工常用电子电路

表9.1　湿手烘干器电路

<table>
<tr><th>知识点</th><th>湿手烘干器电路</th></tr>
<tr><td>图　示</td><td>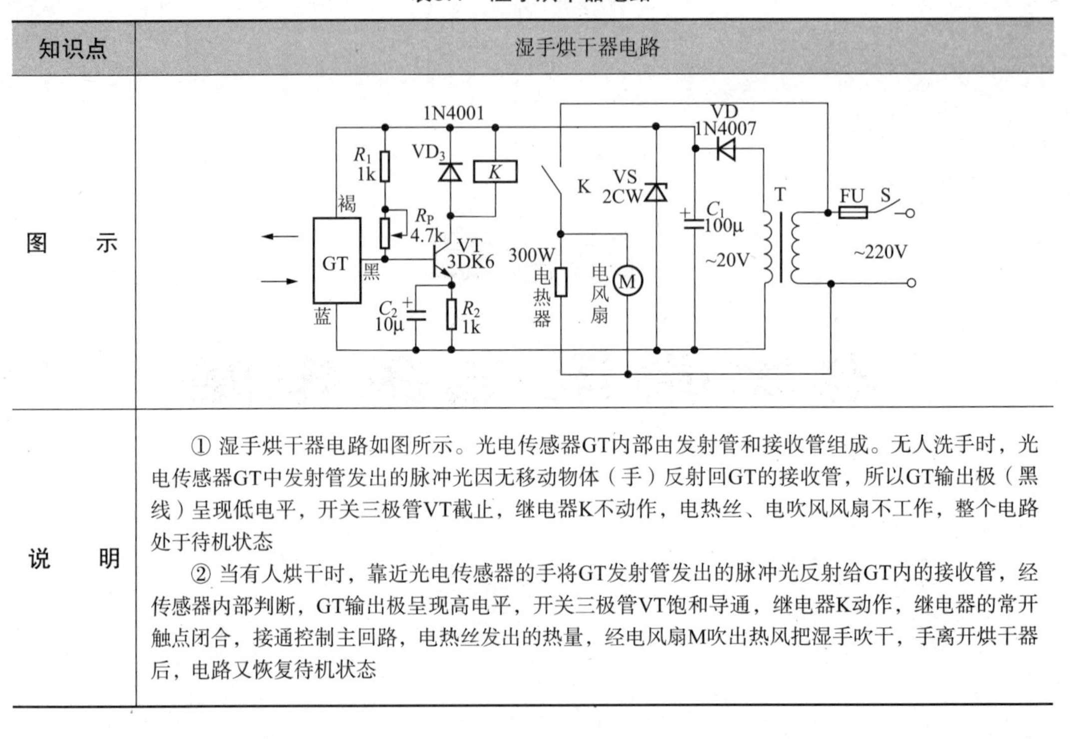
</td></tr>
<tr><td>说　明</td><td>① 湿手烘干器电路如图所示。光电传感器GT内部由发射管和接收管组成。无人洗手时，光电传感器GT中发射管发出的脉冲光因无移动物体（手）反射回GT的接收管，所以GT输出极（黑线）呈现低电平，开关三极管VT截止，继电器K不动作，电热丝、电吹风风扇不工作，整个电路处于待机状态
② 当有人烘干时，靠近光电传感器的手将GT发射管发出的脉冲光反射给GT内的接收管，经传感器内部判断，GT输出极呈现高电平，开关三极管VT饱和导通，继电器K动作，继电器的常开触点闭合，接通控制主回路，电热丝发出的热量，经电风扇M吹出热风把湿手吹干，手离开烘干器后，电路又恢复待机状态</td></tr>
</table>

表9.2　音效驱鸟器电路

<table>
<tr><th>知识点</th><th>音效驱鸟器电路</th></tr>
<tr><td>图　示</td><td>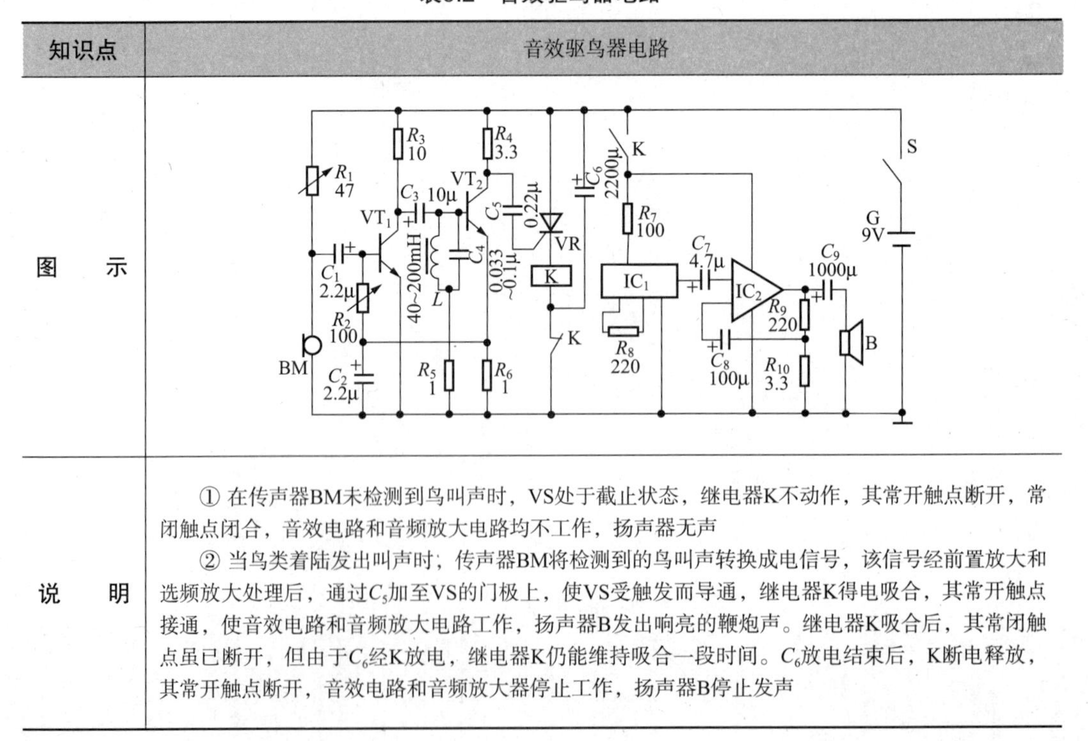
</td></tr>
<tr><td>说　明</td><td>① 在传声器BM未检测到鸟叫声时，VS处于截止状态，继电器K不动作，其常开触点断开，常闭触点闭合，音效电路和音频放大电路均不工作，扬声器无声
② 当鸟类着陆发出叫声时，传声器BM将检测到的鸟叫声转换成电信号，该信号经前置放大和选频放大处理后，通过C_5加至VS的门极上，使VS受触发而导通，继电器K得电吸合，其常开触点接通，使音效电路和音频放大电路工作，扬声器B发出响亮的鞭炮声。继电器K吸合后，其常闭触点虽已断开，但由于C_6经K放电，继电器K仍能维持吸合一段时间。C_6放电结束后，K断电释放，其常开触点断开，音效电路和音频放大器停止工作，扬声器B停止发声</td></tr>
</table>

表9.3　家电提前工作遥控电路

知识点	家电提前工作遥控电路
图　示	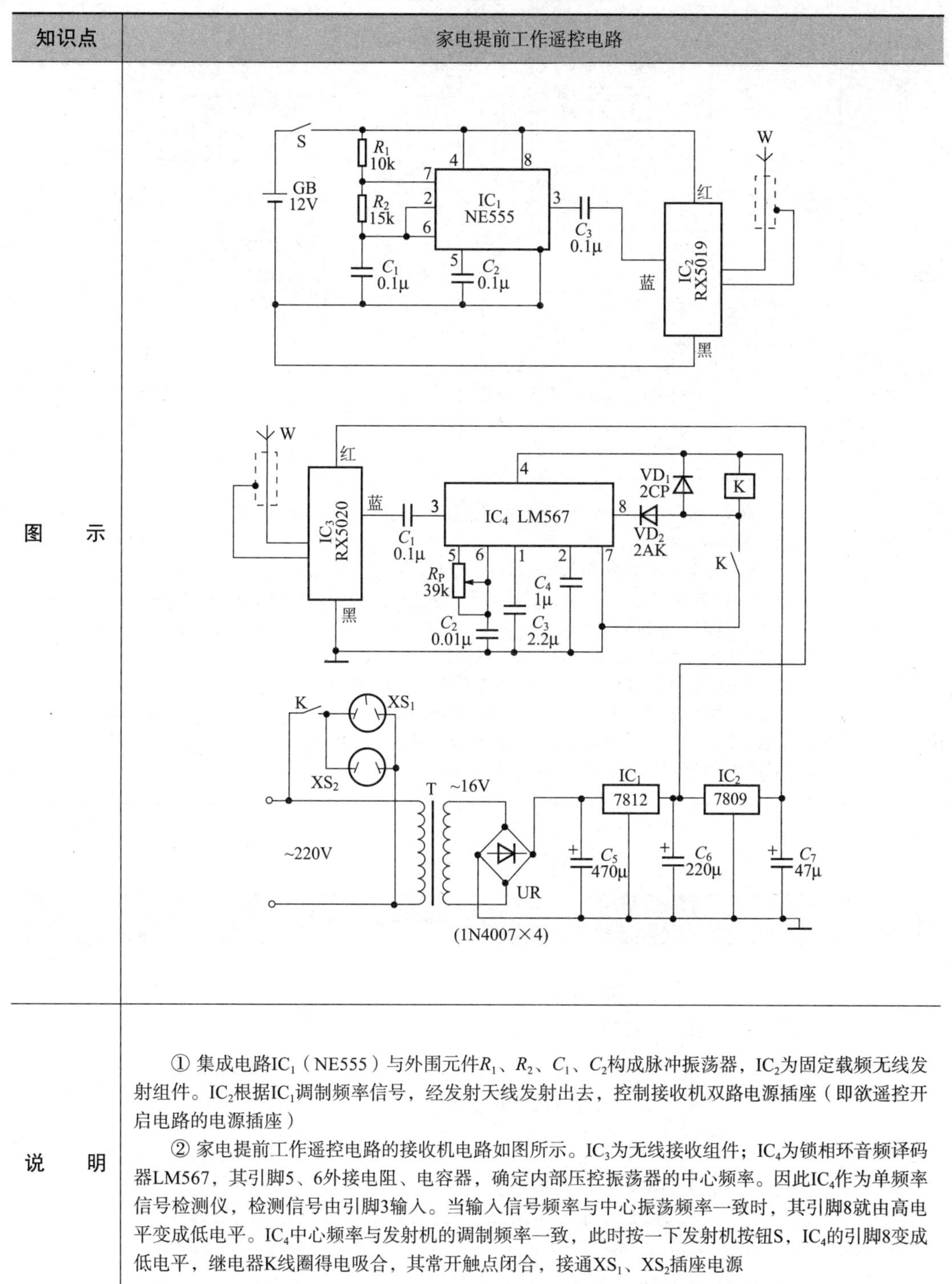
说　明	① 集成电路IC_1（NE555）与外围元件R_1、R_2、C_1、C_2构成脉冲振荡器，IC_2为固定载频无线发射组件。IC_2根据IC_1调制频率信号，经发射天线发射出去，控制接收机双路电源插座（即欲遥控开启电路的电源插座） ② 家电提前工作遥控电路的接收机电路如图所示。IC_3为无线接收组件；IC_4为锁相环音频译码器LM567，其引脚5、6外接电阻、电容器，确定内部压控振荡器的中心频率。因此IC_4作为单频率信号检测仪，检测信号由引脚3输入。当输入信号频率与中心振荡频率一致时，其引脚8就由高电平变成低电平。IC_4中心频率与发射机的调制频率一致，此时按一下发射机按钮S，IC_4的引脚8变成低电平，继电器K线圈得电吸合，其常开触点闭合，接通XS_1、XS_2插座电源

表9.4 家电遥控调速电路

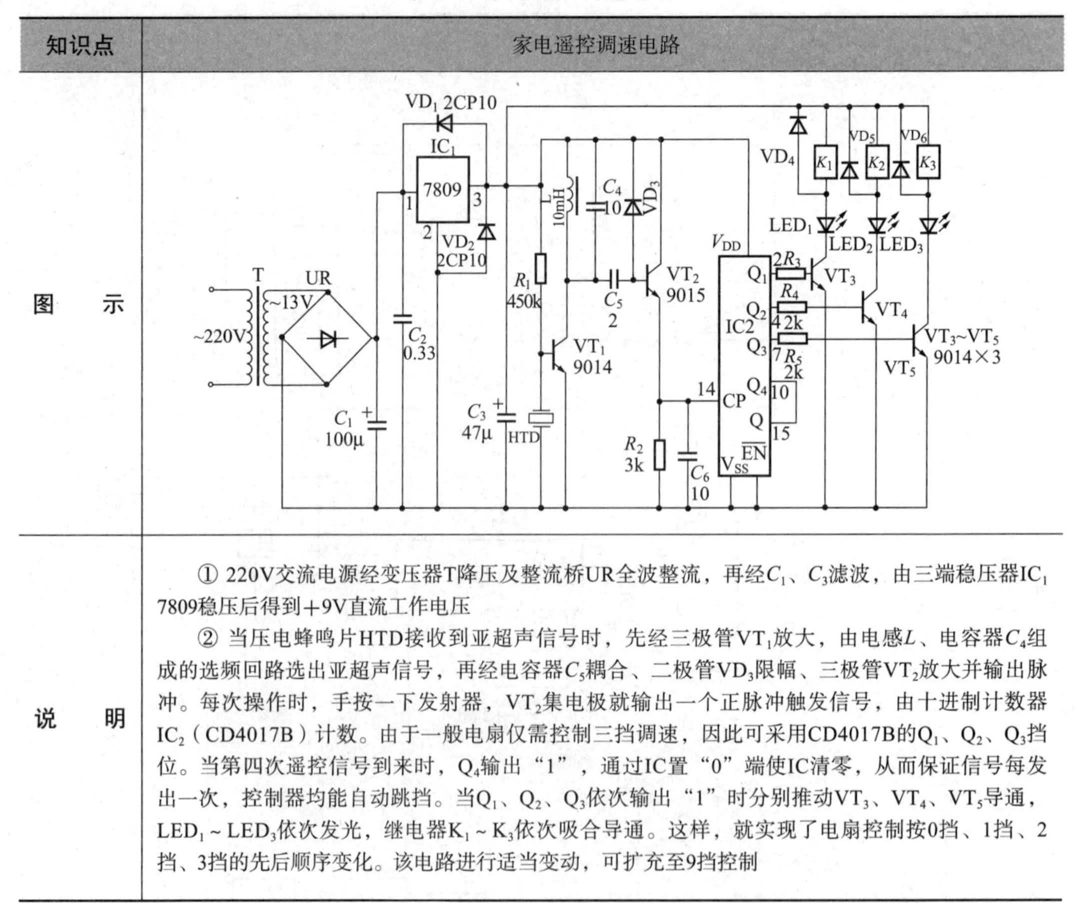

知识点	家电遥控调速电路
图　示	（见上图）
说　明	① 220V交流电源经变压器T降压及整流桥UR全波整流，再经C_1、C_3滤波，由三端稳压器IC_1 7809稳压后得到+9V直流工作电压 ② 当压电蜂鸣片HTD接收到亚超声信号时，先经三极管VT_1放大，由电感L、电容器C_4组成的选频回路选出亚超声信号，再经电容器C_5耦合、二极管VD_3限幅、三极管VT_2放大并输出脉冲。每次操作时，手按一下发射器，VT_2集电极就输出一个正脉冲触发信号，由十进制计数器IC_2（CD4017B）计数。由于一般电扇仅需控制三挡调速，因此可采用CD4017B的Q_1、Q_2、Q_3挡位。当第四次遥控信号到来时，Q_4输出“1”，通过IC置“0”端使IC清零，从而保证信号每发出一次，控制器均能自动跳挡。当Q_1、Q_2、Q_3依次输出“1”时分别推动VT_3、VT_4、VT_5导通，LED_1～LED_3依次发光，继电器K_1～K_3依次吸合导通。这样，就实现了电扇控制按0挡、1挡、2挡、3挡的先后顺序变化。该电路进行适当变动，可扩充至9挡控制

表9.5 火灾报警器电路

知识点	火灾报警器电路
图　示	S；GB 12V；R_1 220；R_2 10；C_1 33μ；A；VS 4.5V 2CW7B；气敏传感器；B；R_3 100；R_P 4.7k；VD 2CP10；VT 9013；R_4 4.3k；R_5 5.1k；C_2 22μ；IC；HA
说　明	① QM-N5型气敏传感器在未检测到烟雾时，其A、B两极间的导电率很低，呈高电阻状态，VT处于截止状态，IC（TWH8778）内部的电子开关不导通，HA不发声 ② 当发生火灾，气敏传感器检测到烟雾时，其A、B两极间的电阻值变小，VT因基极电位升高而导通，使IC的引脚5电压高于1.6V，IC内部的电子开关导通，HA通电工作，发出报警声

表9.6　湿度测量报警器电路

知识点	湿度测量报警器电路
图　示	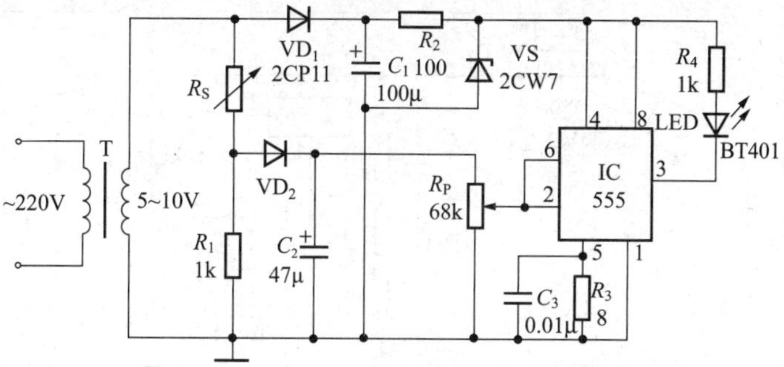
说　明	① 当湿度上升时，湿敏电阻R_S（塑料封装MS01-A片状湿敏电阻）阻值下降，电阻R_1上交流电压增大，经VD_2整流后在电位器R_P上产生的直流电压就升高。当湿度升高到限定值以上时，555时基电路的触发端引脚2和阈值端引脚6电压升高到电源电压的1/3，其输出端引脚3输出变为低电平，发光二极管LED发光报警，这时，应进行去湿 ② 当湿度低于一定值时，R_S阻值升高，则R_1上电压降低，555时基电路的引脚2、6电压低于电源电压的1/6时，输出端引脚3输出变成高电平，LED熄灭。通过调整555时基电路控制端引脚5的外接电阻R_3, 可改变555的输入电平阈值

表9.7　温度控制器电路

知识点	温度控制器电路
图　示	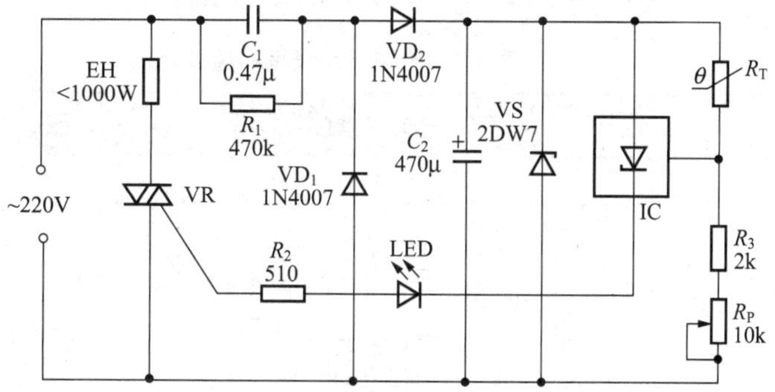
说　明	① 220V交流电压经C_1降压、VD_1和VD_2整流、C_2滤波及VS稳压后，一路作为IC（TL431型三端稳压集成电路）的输入直流电压；另一路经R_T、R_3和R_P分压后，为IC提供控制电压 ② 在被测温度低于R_P的设定温度时，NTC502型负温度系数热敏电阻器R_T的电阻值较大，IC的控制电压高于其开启电压，IC导通，使LED点亮，VS受触发而导通，电热器EH通电开始加热 ③ 随着温度的不断上升，R_T的电阻值逐渐减小，同时IC的控制电压也随之下降。当被测温度高于设定温度时，IC截止，使LED熄灭，VS关断，EH断电而停止加热。随后温度又开始缓慢下降，当被测温度低于设定温度时，IC又导通，EH又开始通电加热。如此循环，将被测温度控制在设定的范围内

表9.8　鸡舍自动光控、温控电路

知识点	鸡舍自动光控、温控电路
图　示	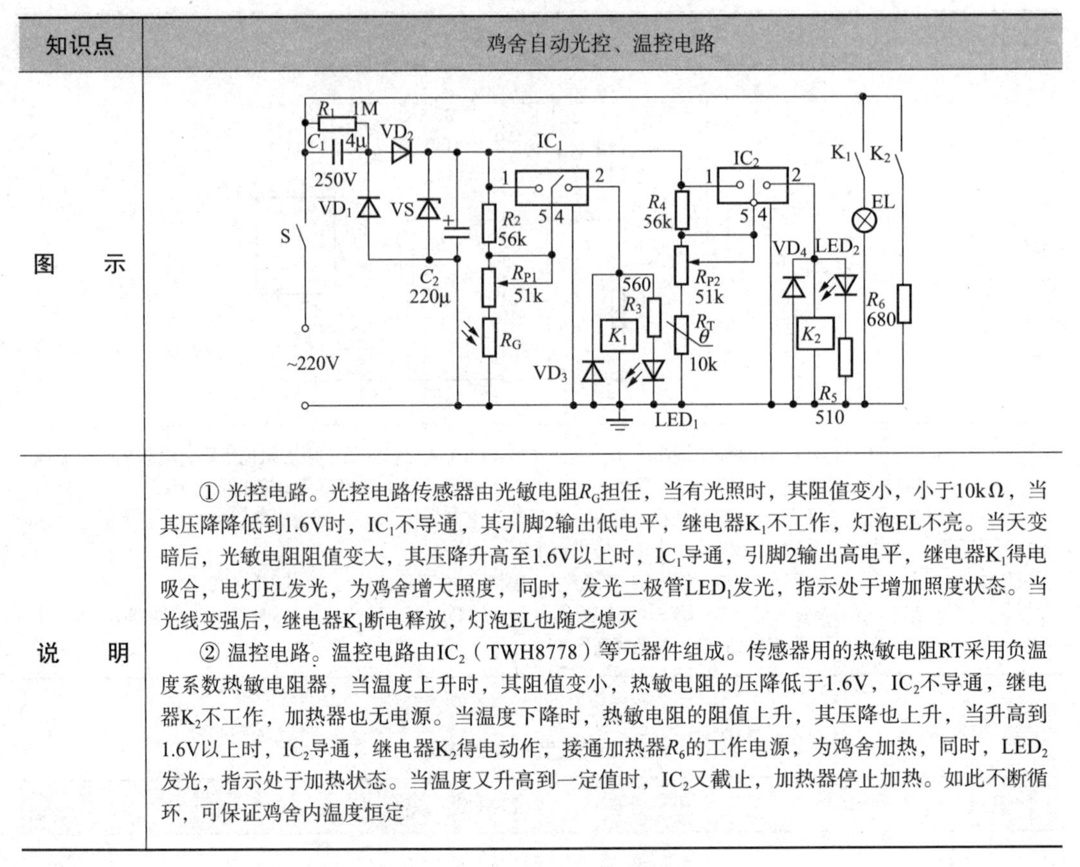
说　明	① 光控电路。光控电路传感器由光敏电阻R_G担任，当有光照时，其阻值变小，小于10kΩ，当其压降降低到1.6V时，IC_1不导通，其引脚2输出低电平，继电器K_1不工作，灯泡EL不亮。当天变暗后，光敏电阻阻值变大，其压降升高至1.6V以上时，IC_1导通，引脚2输出高电平，继电器K_1得电吸合，电灯EL发光，为鸡舍增大照度，同时，发光二极管LED_1发光，指示处于增加照度状态。当光线变强后，继电器K_1断电释放，灯泡EL也随之熄灭 ② 温控电路。温控电路由IC_2（TWH8778）等元器件组成。传感器用的热敏电阻RT采用负温度系数热敏电阻器，当温度上升时，其阻值变小，热敏电阻的压降低于1.6V，IC_2不导通，继电器K_2不工作，加热器也无电源。当温度下降时，热敏电阻的阻值上升，其压降也上升，当升高到1.6V以上时，IC_2导通，继电器K_2得电动作，接通加热器R_6的工作电源，为鸡舍加热，同时，LED_2发光，指示处于加热状态。当温度又升高到一定值时，IC_2又截止，加热器停止加热。如此不断循环，可保证鸡舍内温度恒定

表9.9　传输自动线堵料监视电路

知识点	传输自动线堵料监视电路
图　示	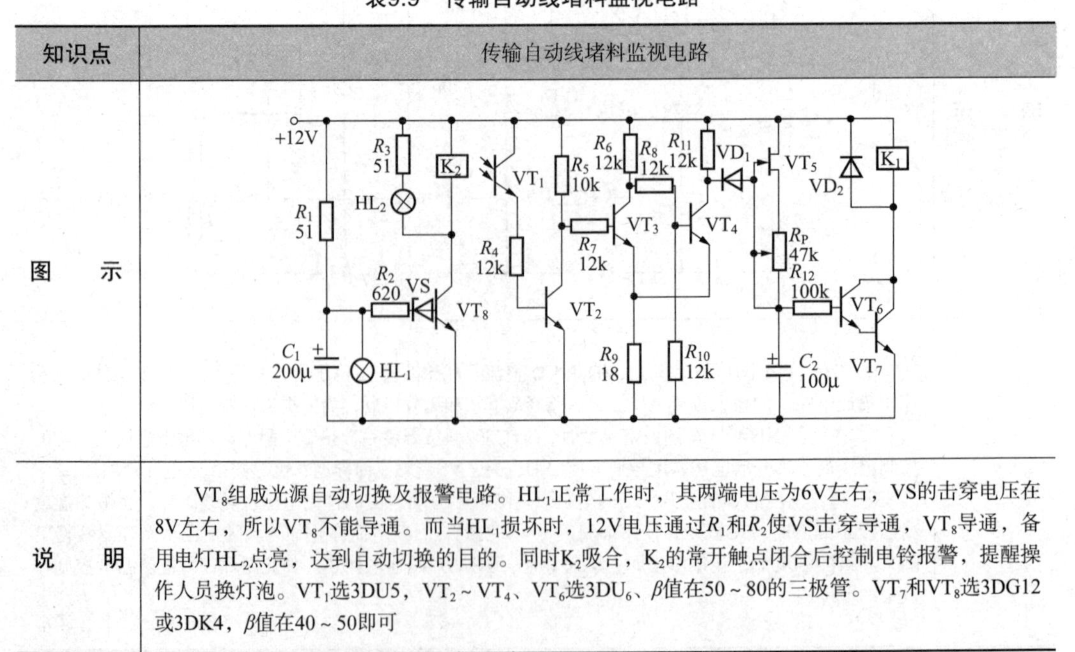
说　明	VT_8组成光源自动切换及报警电路。HL_1正常工作时，其两端电压为6V左右，VS的击穿电压在8V左右，所以VT_8不能导通。而当HL_1损坏时，12V电压通过R_1和R_2使VS击穿导通，VT_8导通，备用电灯HL_2点亮，达到自动切换的目的。同时K_2吸合，K_2的常开触点闭合后控制电铃报警，提醒操作人员换灯泡。VT_1选3DU5，VT_2～VT_4、VT_6选3DU6、β值在50～80的三极管。VT_7和VT_8选3DG12或3DK4，β值在40～50即可

表9.10　传输自动线断料监视电路

知识点	传输自动线断料监视电路
图　　示	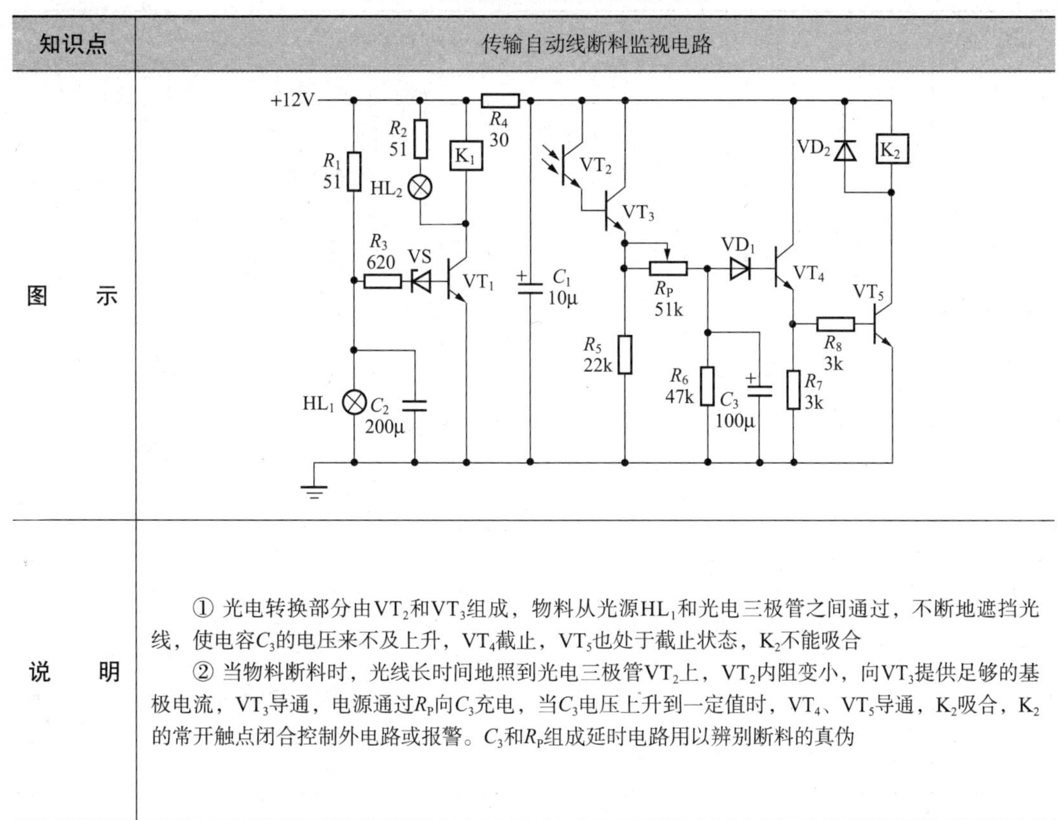
说　　明	① 光电转换部分由VT_2和VT_3组成，物料从光源HL_1和光电三极管之间通过，不断地遮挡光线，使电容C_3的电压来不及上升，VT_4截止，VT_5也处于截止状态，K_2不能吸合 ② 当物料断料时，光线长时间地照到光电三极管VT_2上，VT_2内阻变小，向VT_3提供足够的基极电流，VT_3导通，电源通过R_P向C_3充电，当C_3电压上升到一定值时，VT_4、VT_5导通，K_2吸合，K_2的常开触点闭合控制外电路或报警。C_3和R_P组成延时电路用以辨别断料的真伪

表9.11　玻璃瓶计数器电路

知识点	玻璃瓶计数器电路
图　　示	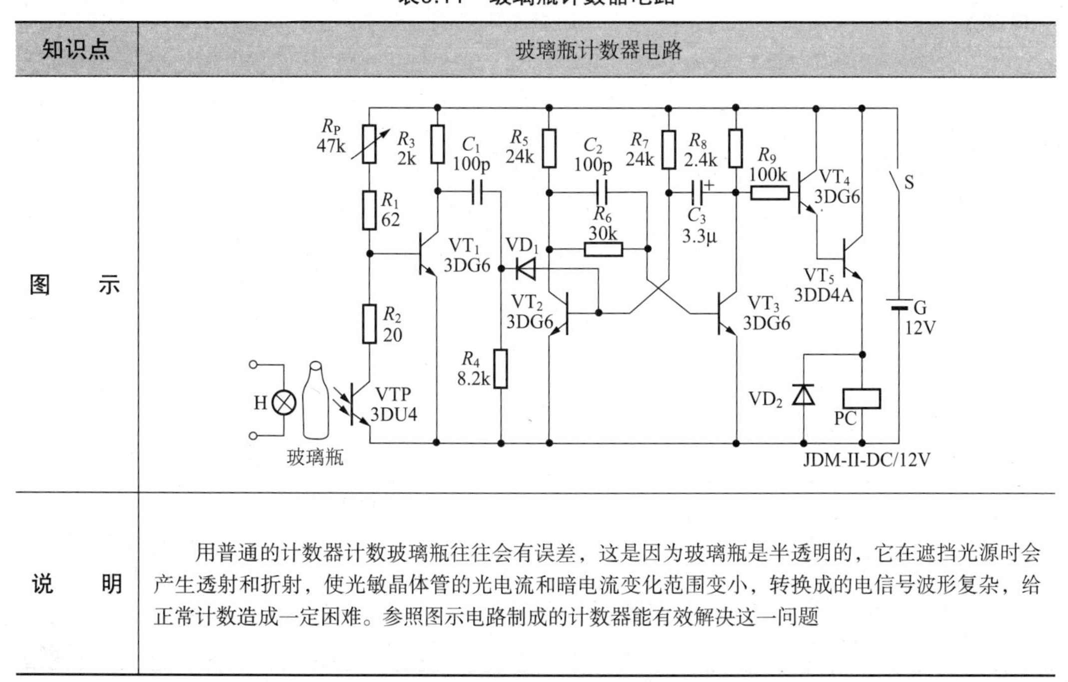
说　　明	用普通的计数器计数玻璃瓶往往会有误差，这是因为玻璃瓶是半透明的，它在遮挡光源时会产生透射和折射，使光敏晶体管的光电流和暗电流变化范围变小，转换成的电信号波形复杂，给正常计数造成一定困难。参照图示电路制成的计数器能有效解决这一问题

表9.12　具有断电保持数据功能的计时器电路

知识点	具有断电保持数据功能的计时器电路
图　示	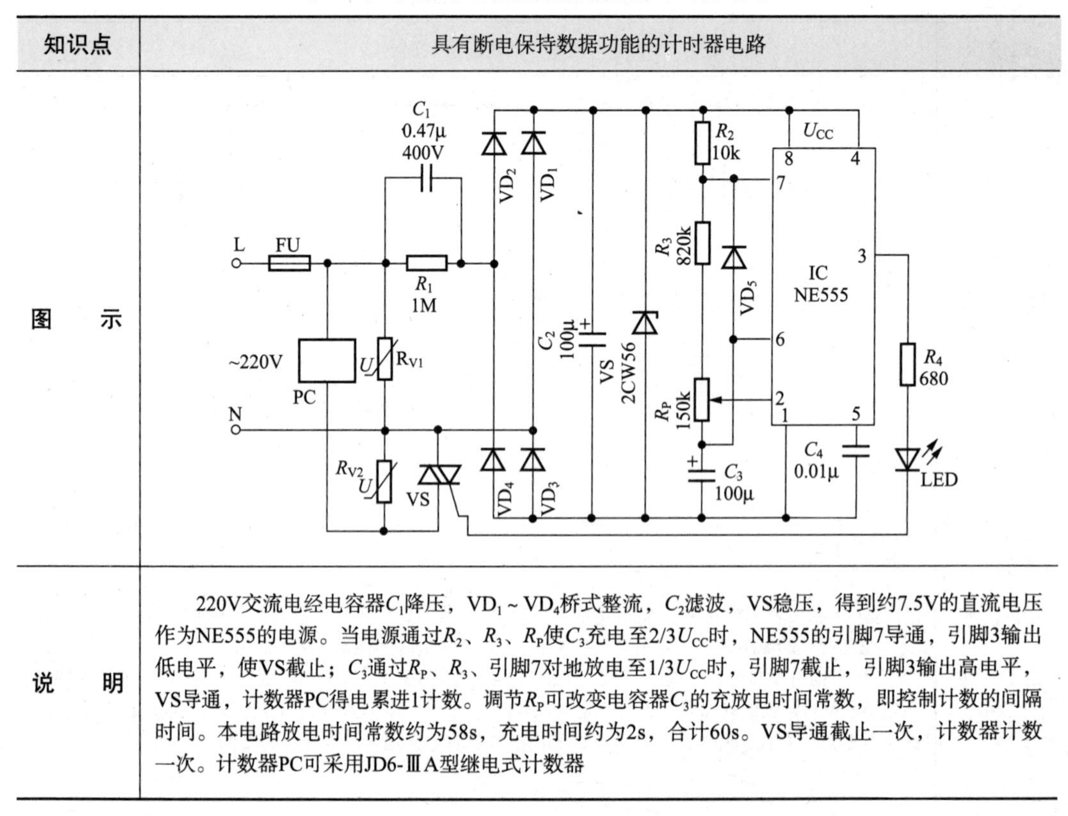
说　明	220V交流电经电容器C_1降压，$VD_1 \sim VD_4$桥式整流，C_2滤波，VS稳压，得到约7.5V的直流电压作为NE555的电源。当电源通过R_2、R_3、R_P使C_3充电至$2/3U_{CC}$时，NE555的引脚7导通，引脚3输出低电平，使VS截止；C_3通过R_P、R_3、引脚7对地放电至$1/3U_{CC}$时，引脚7截止，引脚3输出高电平，VS导通，计数器PC得电累进1计数。调节R_P可改变电容器C_3的充放电时间常数，即控制计数的间隔时间。本电路放电时间常数约为58s，充电时间约为2s，合计60s。VS导通截止一次，计数器计数一次。计数器PC可采用JD6-ⅢA型继电式计数器

表9.13　插座接线安全检测器电路

知识点	插座接线安全检测器电路
图　示	接地线 R_{3*} 130k R_{2*} 130k 零线 火线 LED_3 LED_2 BT201 红 (RD) BT201 绿(GN) LED_1 R_{1*} 130k BT201 绿(GN)
说　明	这是一种具有七种功能的插座内部接线安全检测器，它可以测试单相插座内部接线是否正确，并能显示插座内部是否有安全可靠的接地保护措施，可作为家用电器插头的安全用电指示器，还可用来专门检测插座的接线是否正确安全

表9.14　电池电压指示器

知识点	电池电压指示器
图　示	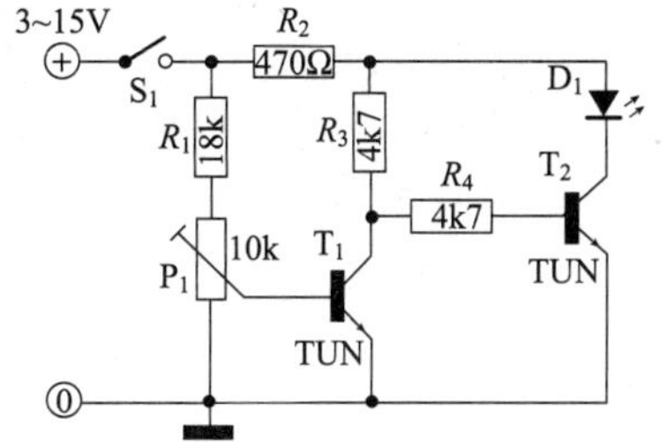
说　明	图示电路对已经损坏的电池没有任何作用，但是它能够及时提醒人们所使用的电池该换了或者应该充电了。该电路适用于3～15V电压范围，其门限电平由P_1调节，当电池电压低于设置的门限电平时，LED（D_1）发光，提醒需要更换电池或充电

表9.15　节能闪烁灯电路

知识点	节能闪烁灯电路
图　示	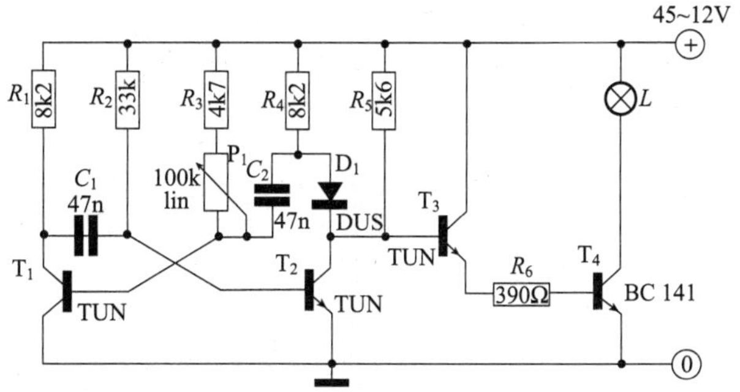
说　明	此电路用于自动亮度照明，T_1和T_2组成多谐振荡器，其输出的方波信号经T_3隔离后驱动开关三极管T_4导通与截止，从而控制灯泡发光与熄灭，如果方波信号的占空比为50%，则电路消耗功率将减小1/2，当然发光强度也将下降1/2。方波信号的占空比由P_1控制，改变方波信号的占空比可以调整灯泡的平均亮度。这个电路不仅可以用于控制火炬灯的亮度，同时可以作为仪表、收音机面板照明灯光控制电路。如果将P_1改为光敏电阻，则可以构成一个自动调光器，根据周围环境的亮度自动调整灯光亮度

表9.16　CMOS报警电路

<table>
<tr><th>知识点</th><th>CMOS报警电路</th></tr>
<tr><td>图　示</td><td>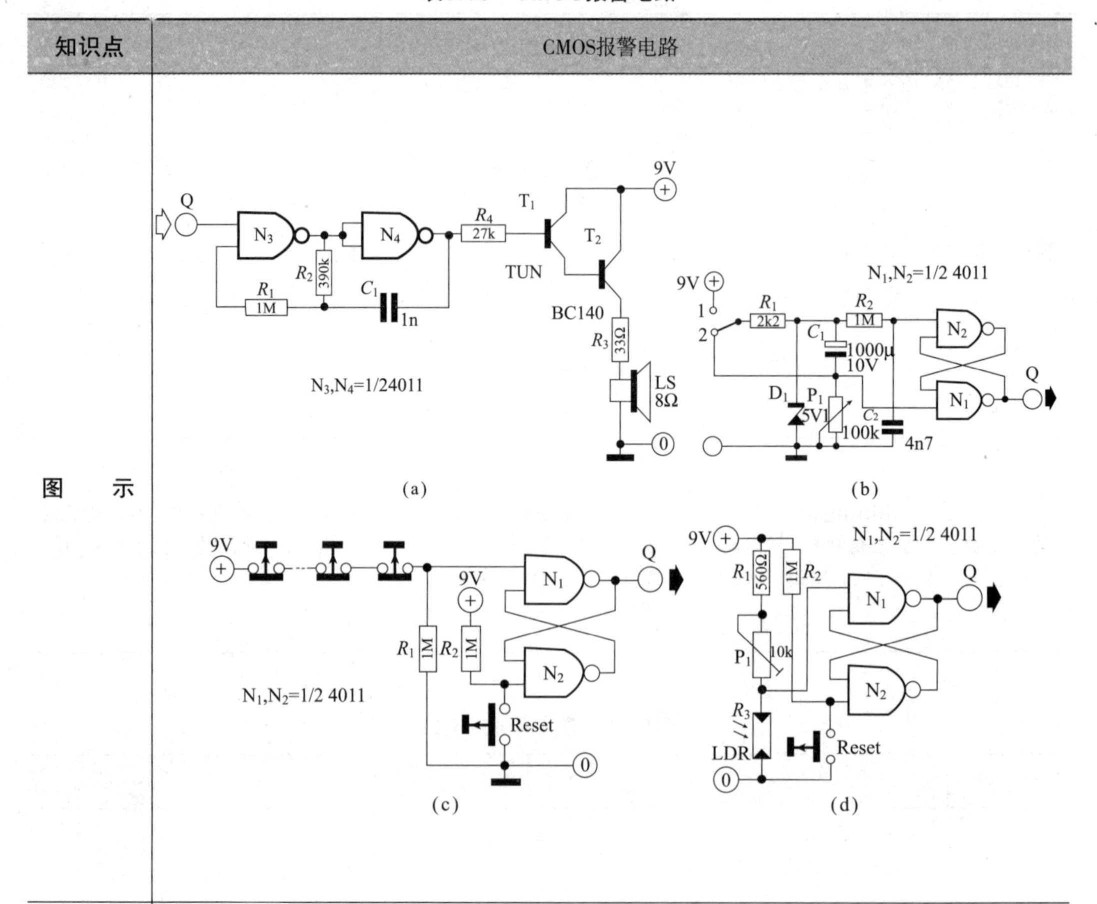
</td></tr>
<tr><td>说　明</td><td>① 图（a）所示电路为一基本报警电路，它由两个CMOS与非门电路组成的振荡器及相关元件组成，当输入Q为高电平时，振荡电路振荡，输出信号经T_1、T_2放大后驱动喇叭发声报警；当输入Q为低电平时，振荡电路停振，T_1、T_2截止
② 图（b）所示电路为一延时报警触发电路，延时范围为1s～1min，它由两个CMOS与非门电路组成的双稳态触发器及相关元件组成，当开关置于“1”时，由于电容器C_2的作用，N_2的输入端保持低电平，Q输出低电平，随着电源通过R_1向C_1充电，N_2的输入端电压逐渐降低，最后双稳态触发器反转，Q输出高电平触发报警电路，延时时间由P_1控制
③ 图（c）所示电路为一串联报警触发电路，它由两个CMOS与非门电路组成的双稳态触发器及相关元件组成，电路静态时由“Reset”按钮将其输出Q置为低电平；当串联的任意一个报警按钮按下后，双稳态触发器反转，Q输出高电平触发报警电路。将电阻R_1直接接到电源，报警开关可以采用常开开关并联接地
④ 图（d）所示电路为一光敏报警触发电路，它由两个CMOS与非门电路组成的双稳态触发器和由电阻与光敏电阻组成的分压器组成。电路静态时由“Reset”按钮将其输出Q置为低电平；当光线较弱时，光敏电阻的阻值较大，N_1的输入端为高电平，Q输出低电平不变；当光线较强时，光敏电阻的阻值较小，N_1的输入端为低电平，双稳态触发器反转，Q输出高电平触发报警电路</td></tr>
</table>

表9.17　光学锁

知识点	光学锁
图　示	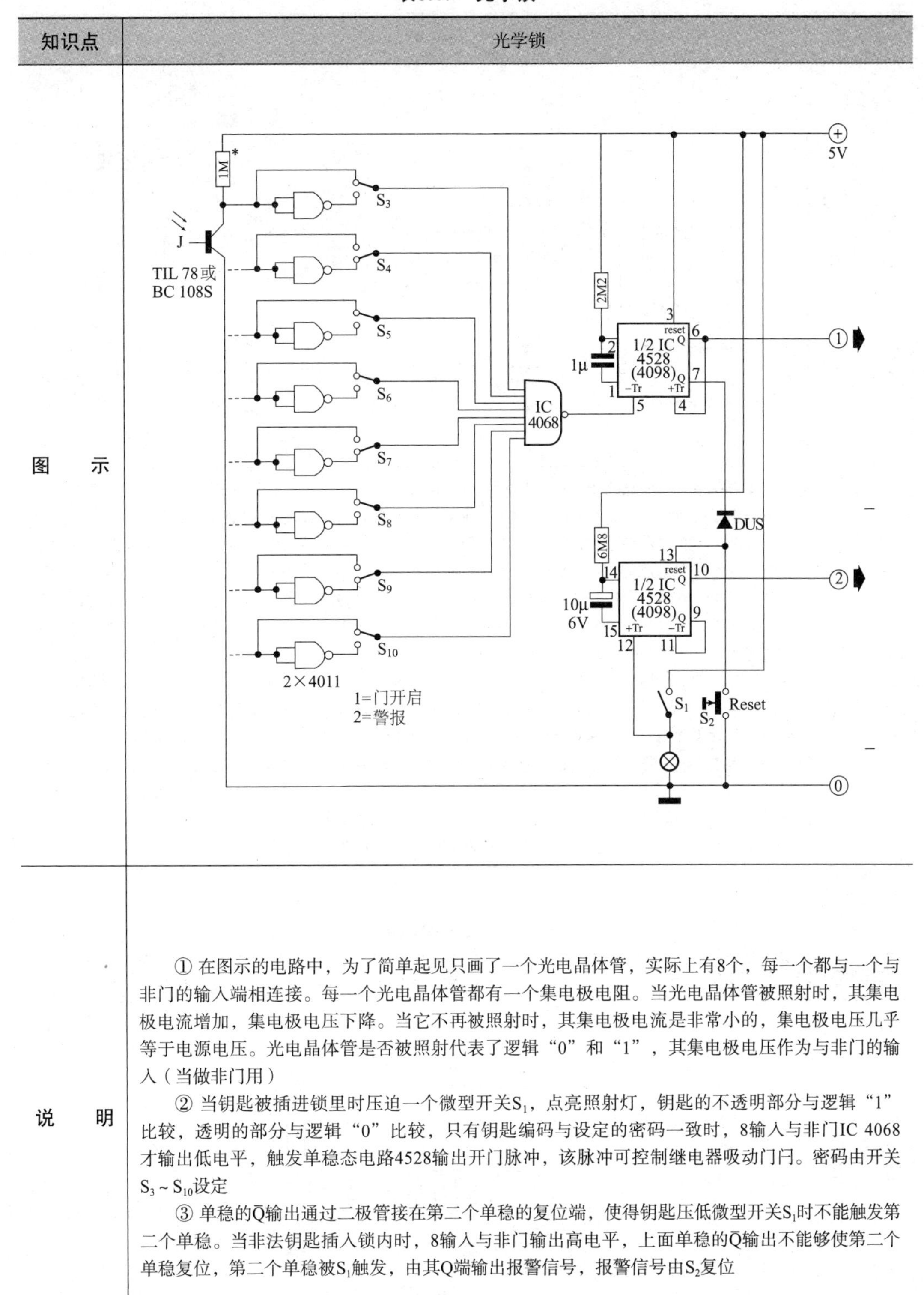
说　明	① 在图示的电路中，为了简单起见只画了一个光电晶体管，实际上有8个，每一个都与一个与非门的输入端相连接。每一个光电晶体管都有一个集电极电阻。当光电晶体管被照射时，其集电极电流增加，集电极电压下降。当它不再被照射时，其集电极电流是非常小的，集电极电压几乎等于电源电压。光电晶体管是否被照射代表了逻辑“0”和“1”，其集电极电压作为与非门的输入（当做非门用） ② 当钥匙被插进锁里时压迫一个微型开关S_1，点亮照射灯，钥匙的不透明部分与逻辑“1”比较，透明的部分与逻辑“0”比较，只有钥匙编码与设定的密码一致时，8输入与非门IC 4068才输出低电平，触发单稳态电路4528输出开门脉冲，该脉冲可控制继电器吸动门闩。密码由开关$S_3 \sim S_{10}$设定 ③ 单稳的$\bar{Q}$输出通过二极管接在第二个单稳的复位端，使得钥匙压低微型开关S_1时不能触发第二个单稳。当非法钥匙插入锁内时，8输入与非门输出高电平，上面单稳的$\bar{Q}$输出不能够使第二个单稳复位，第二个单稳被S_1触发，由其Q端输出报警信号，报警信号由S_2复位

表9.18　触摸开关电路

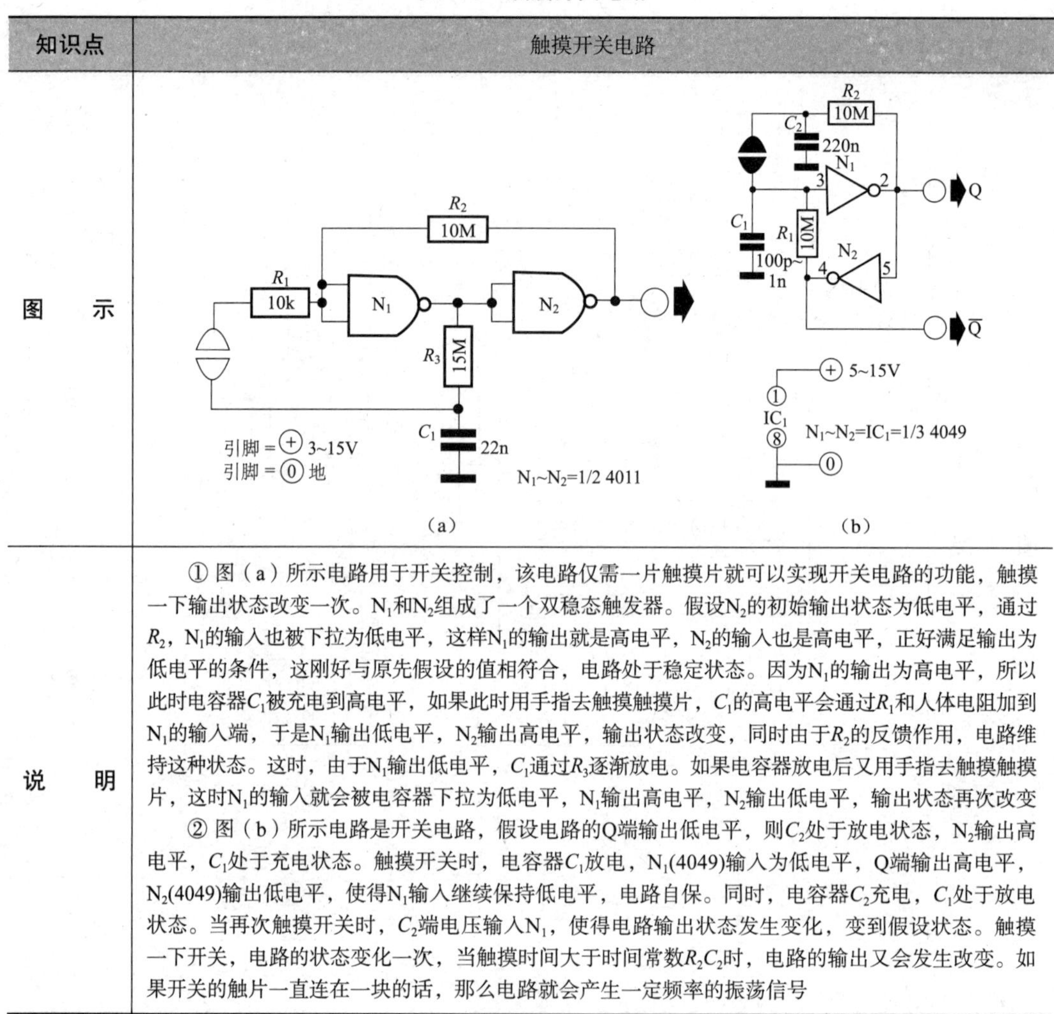

知识点	触摸开关电路
图　示	（a）　（b）
说　明	① 图（a）所示电路用于开关控制，该电路仅需一片触摸片就可以实现开关电路的功能，触摸一下输出状态改变一次。N_1和N_2组成了一个双稳态触发器。假设N_2的初始输出状态为低电平，通过R_2，N_1的输入也被下拉为低电平，这样N_1的输出就是高电平，N_2的输入也是高电平，正好满足输出为低电平的条件，这刚好与原先假设的值相符合，电路处于稳定状态。因为N_1的输出为高电平，所以此时电容器C_1被充电到高电平，如果此时用手指去触摸触摸片，C_1的高电平会通过R_1和人体电阻加到N_1的输入端，于是N_1输出低电平，N_2输出高电平，输出状态改变，同时由于R_2的反馈作用，电路维持这种状态。这时，由于N_1输出低电平，C_1通过R_3逐渐放电。如果电容器放电后又用手指去触摸触摸片，这时N_1的输入就会被电容器下拉为低电平，N_1输出高电平，N_2输出低电平，输出状态再次改变 ② 图（b）所示电路是开关电路，假设电路的Q端输出低电平，则C_2处于放电状态，N_2输出高电平，C_1处于充电状态。触摸开关时，电容器C_1放电，N_1(4049)输入为低电平，Q端输出高电平，N_2(4049)输出低电平，使得N_1输入继续保持低电平，电路自保。同时，电容器C_2充电，C_1处于放电状态。当再次触摸开关时，C_2端电压输入N_1，使得电路输出状态发生变化，变到假设状态。触摸一下开关，电路的状态变化一次，当触摸时间大于时间常数R_2C_2时，电路的输出又会发生改变。如果开关的触片一直连在一块的话，那么电路就会产生一定频率的振荡信号

表9.19　红外锁电路

知识点	红外锁电路
图　示	9V ⊕ ⑭ IC_1 ⑦ ⓪ 9V ⊕ D_1 LD 271 R_3 220Ω T_1 BC 140 R_1 27k N_1 N_2 N_3 C_1 1n R_2 47k P_1 47k N_1~N_3=3/4 IC_1=4011

续表9.19

说　　明	图示为红外发射机电路，N_1、N_2和N_3组成多频振荡器，通过晶体管T_1驱动红外发射二极管开关，开关频率可通过P_1调节

表9.20　红外接收和门闩控制电路

知识点	红外接收和门闩控制电路
图　　示	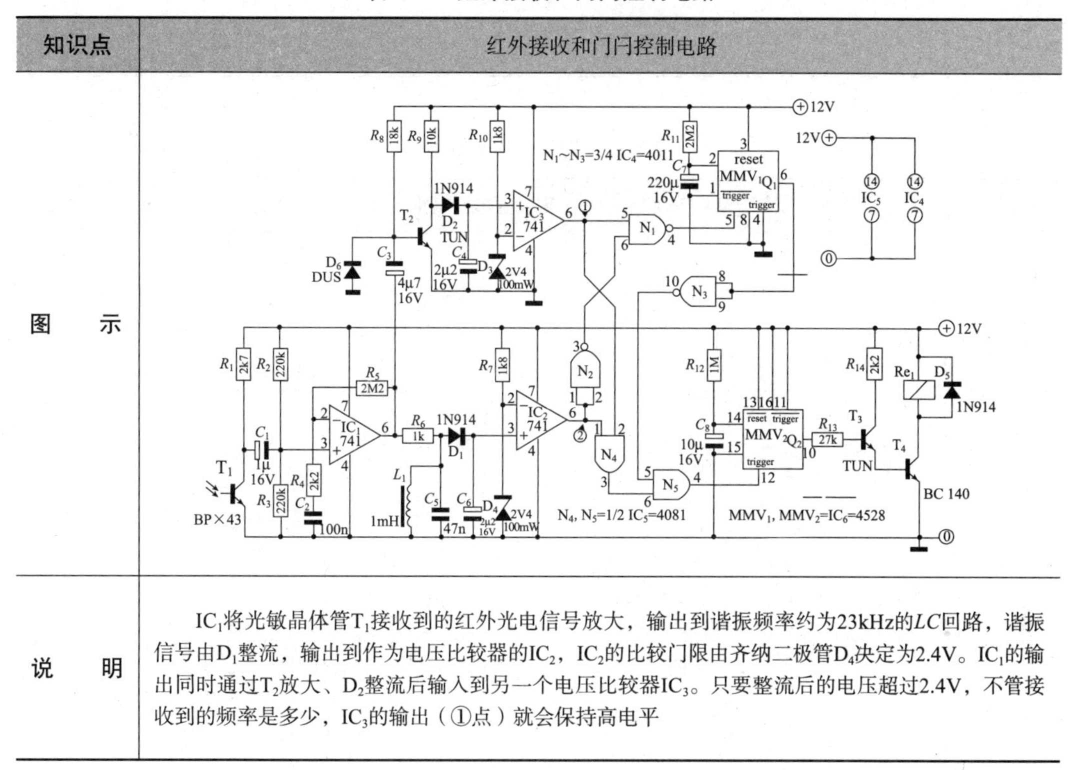
说　　明	IC_1将光敏晶体管T_1接收到的红外光电信号放大，输出到谐振频率约为23kHz的LC回路，谐振信号由D_1整流，输出到作为电压比较器的IC_2，IC_2的比较门限由齐纳二极管D_4决定为2.4V。IC_1的输出同时通过T_2放大、D_2整流后输入到另一个电压比较器IC_3。只要整流后的电压超过2.4V，不管接收到的频率是多少，IC_3的输出（①点）就会保持高电平

表9.21　单片IC警报器电路

知识点	单片IC警报器电路
图　　示	T1~T3,IC1=LM 389 12V (150mA) 8Ω 1W

续表9.21

说　明	该电路以IC_1(LM389)作为电路的核心元件。IC_1含有音频放大器，与LM386类似。三极管T_1和T_2组成一个多谐振荡器，其振荡频率为1～7Hz，可以由P_1调节。IC_1中的放大器构成一个频率在250～1500Hz范围变化的方波振荡器，多谐振荡器的输出信号经T_2控制方波振荡器，通过扬声器发出间歇的警报声，警报声音由电位器P_2设置

表9.22　智能闪烁灯电路

知识点	智能闪烁灯电路
图　示	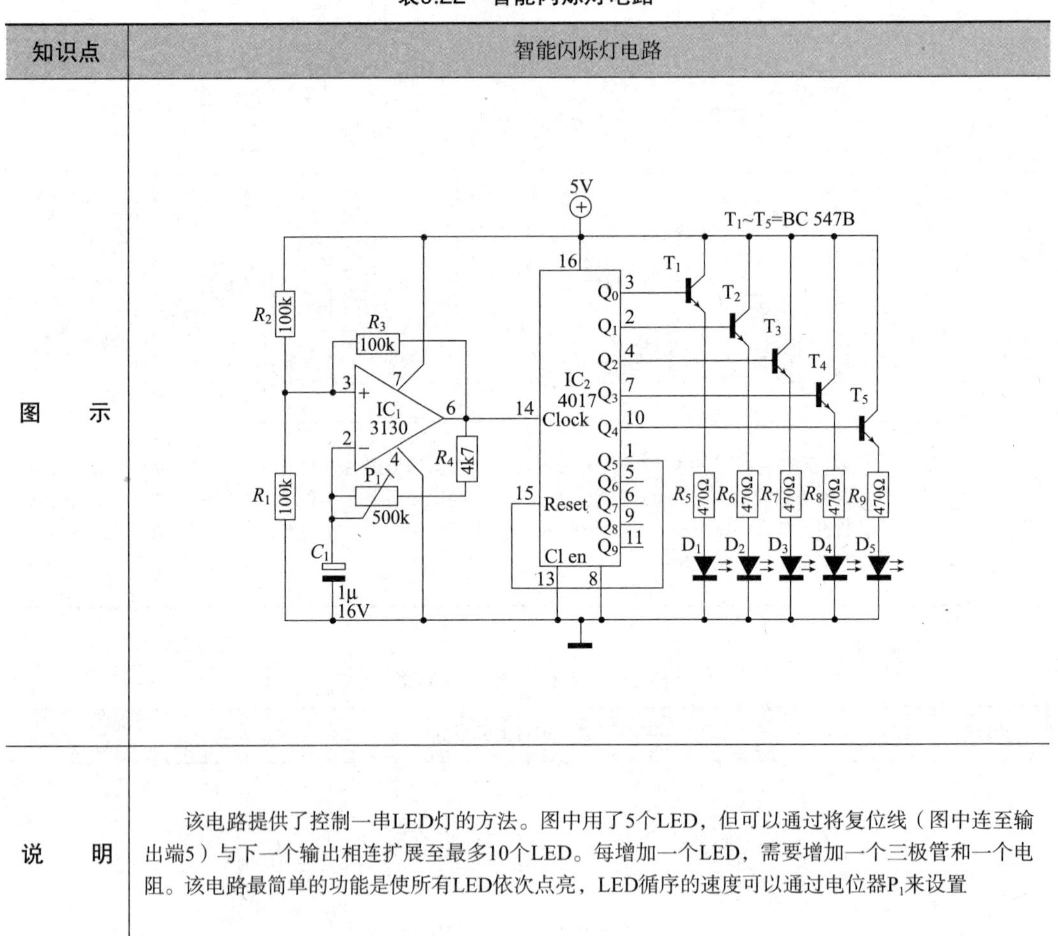
说　明	该电路提供了控制一串LED灯的方法。图中用了5个LED，但可以通过将复位线（图中连至输出端5）与下一个输出相连扩展至最多10个LED。每增加一个LED，需要增加一个三极管和一个电阻。该电路最简单的功能是使所有LED依次点亮，LED循序的速度可以通过电位器P_1来设置

表9.23 单键密码锁电路

知识点	单键密码锁电路
图示	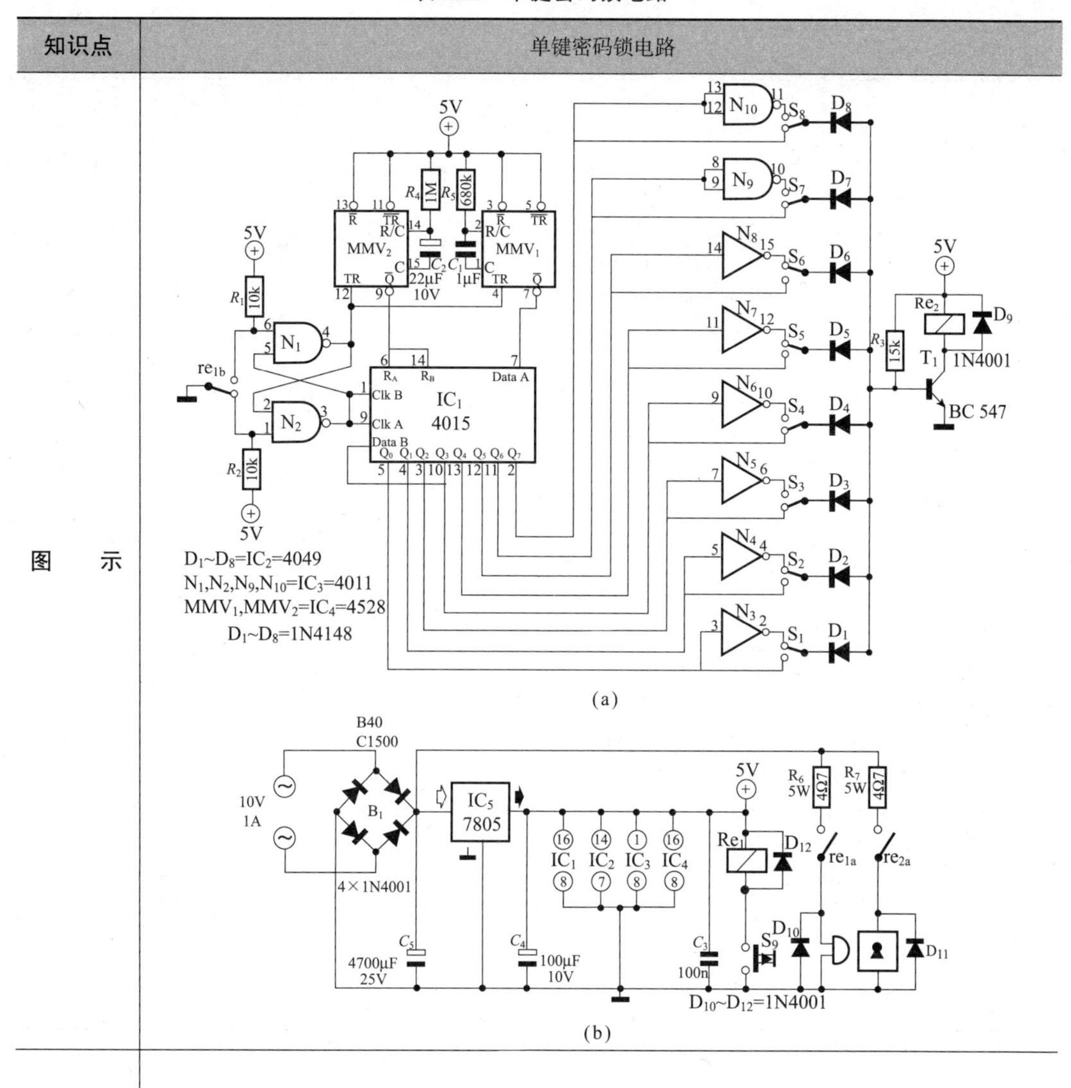 (a) (b)
说明	① 该电路只用一个门铃按钮就能输入电子锁密码，进而实现解锁。这些密码由一串像莫尔斯码一样的长短脉冲组成。电路的核心是8位的移位寄存器IC$_1$(4015)，寄存器的输出通过开关S_1～S_8，反相器N_3～N_{10}，二极管D_1～D_8与控制继电器Re$_2$工作的三极管T_1基极相连，只有所有二极管的阴极都为高电平时T_1才会导通。开关用于选择寄存器输出是同相输出还是反相输出，通过开关的状态来设定该电子锁的密码，图中密码设为00110011 ② 当按下门铃按钮S_9时，继电器Re$_1$吸合，Re$_{1a}$闭合，门铃开始发声，继电器的另一个触点Re$_{1b}$也闭合，触发双稳触发器N_1、N_2，N_1输出高电平，N_2输出低电平。N_1输出触发单稳电路MMV$_1$和MMV$_2$。当门铃按钮释放时，N_2输出变为高电平，其上升沿将MMV$_1$的输出置入IC$_1$数据寄存器。MMV$_1$的单稳时间很短，大约为0.5s，由R_5C_1决定，如果在这个时间内释放门铃按钮的话，置入寄存器的数据为“0”。如果按动按钮的时间超过MMV$_1$的单稳时间，则MMV$_1$的$\bar{Q}$输出变为高电平，这时置入寄存器的数据为“1”。这样按动按钮的时间长短决定输入数据的值。按动1次按钮，移位寄存器的数据增加1位，按动8次按钮，8位开锁码输入到移位寄存器。如果输入数据与密码一致，T_1导通，继电器Re$_2$吸合，开启门锁。单稳态电路MMV$_2$的作用是当两次按动按钮的时间间隔大于5s时，移位寄存器自动复位，要开锁必须重新输入密码，间隔时间由R_4C_2决定

表9.24　开关指示器电路

知识点	开关指示器电路
图　示	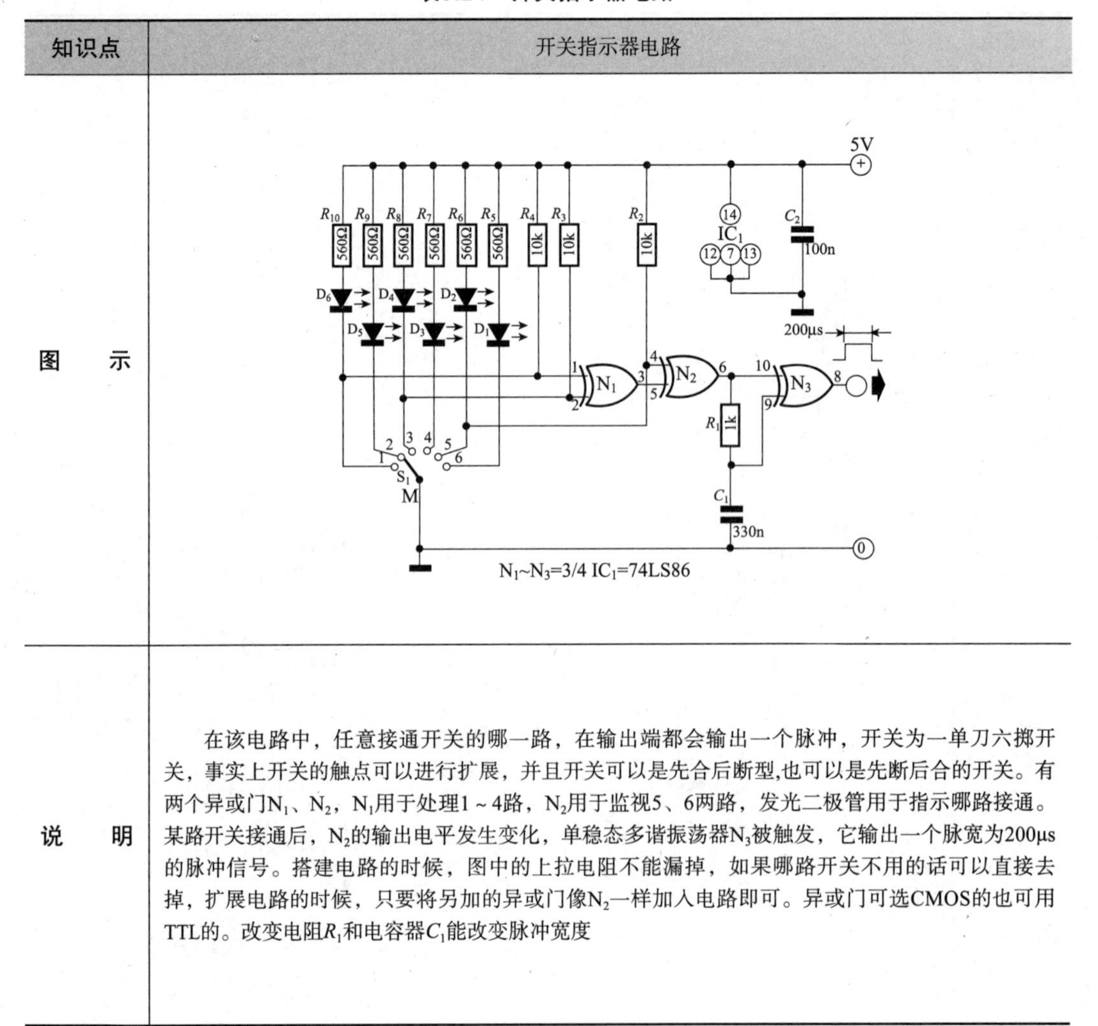
说　明	在该电路中，任意接通开关的哪一路，在输出端都会输出一个脉冲，开关为一单刀六掷开关，事实上开关的触点可以进行扩展，并且开关可以是先合后断型,也可以是先断后合的开关。有两个异或门N_1、N_2，N_1用于处理1～4路，N_2用于监视5、6两路，发光二极管用于指示哪路接通。某路开关接通后，N_2的输出电平发生变化，单稳态多谐振荡器N_3被触发，它输出一个脉宽为200μs的脉冲信号。搭建电路的时候，图中的上拉电阻不能漏掉，如果哪路开关不用的话可以直接去掉，扩展电路的时候，只要将另加的异或门像N_2一样加入电路即可。异或门可选CMOS的也可用TTL的。改变电阻R_1和电容器C_1能改变脉冲宽度

表9.25　相序指示器电路

知识点	相序指示器电路
图　示	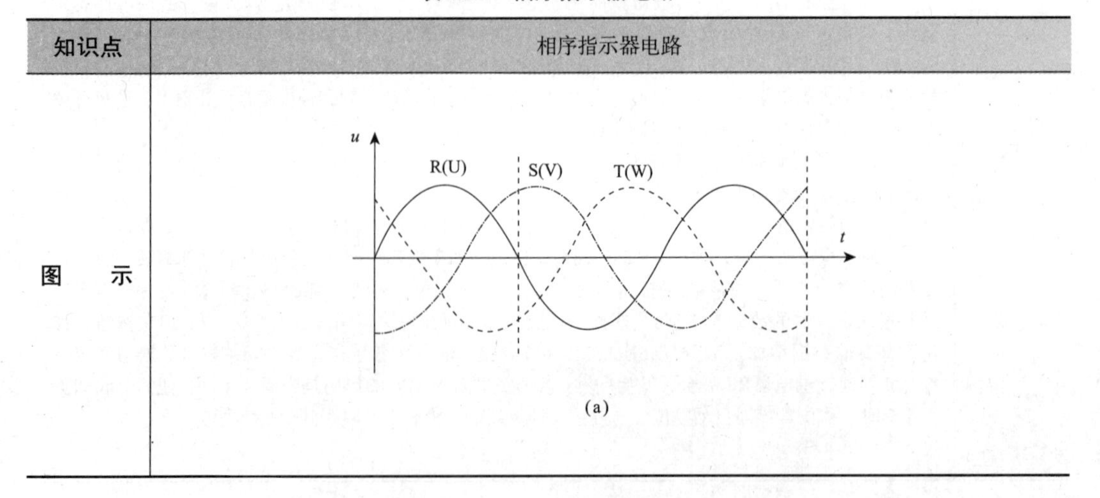 (a)

续表9.25

<table>
<tr><td>图　示</td><td>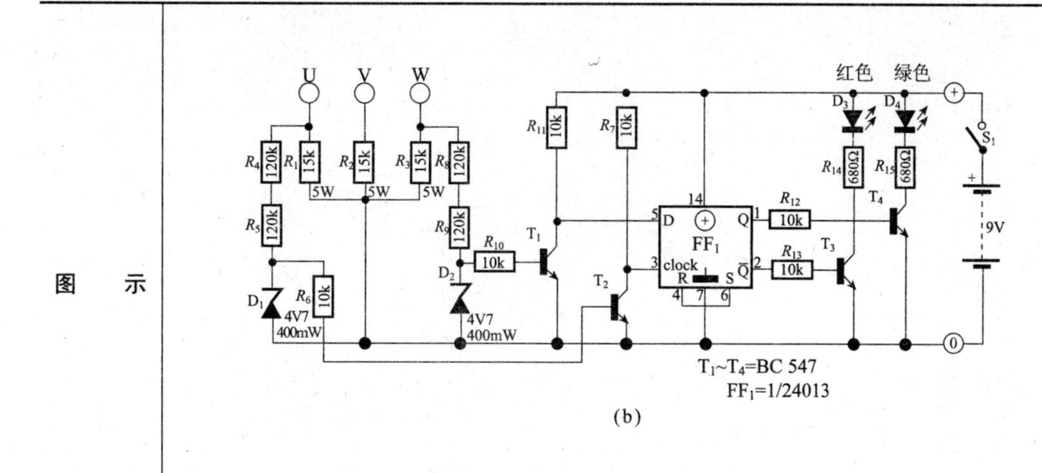

(b)</td></tr>
<tr><td>说　明</td><td>① 该电路可以指示三相交流电源各相电的相位顺序是否与事先定义的一致，在这里设定的相位顺序定义为顺时针(U、V、W)，与之相反的为逆时针，如果与设定的相位顺序一致，该电路中的绿色指示灯亮，否则红色的指示灯亮
② 在图(a)所示的信号波形图中，当其中一相电过零点时，其他两相电一相为正一相为负，根据这两相电的电压正负关系可确定相序
③ 电路中，V相电连接为中线，作为参考信号。当U相电反向过零点时，W相电的电压值输入到触发器FF_1的数据输入端，如果相位顺序为顺时针，W相电压值在这点为负，T_1截止，FF_1的数据输入端为高电平，U相电经T_2产生的时钟脉冲使FF_1的Q输出端输出高电平，T_4导通，绿色指示灯点亮；当相位为逆时针时，T_2导通，T_3导通，红色指示灯点亮。电路中齐纳二极管D_1和D_2对三极管起过载保护作用，防止反向电压过大，烧毁管子</td></tr>
</table>

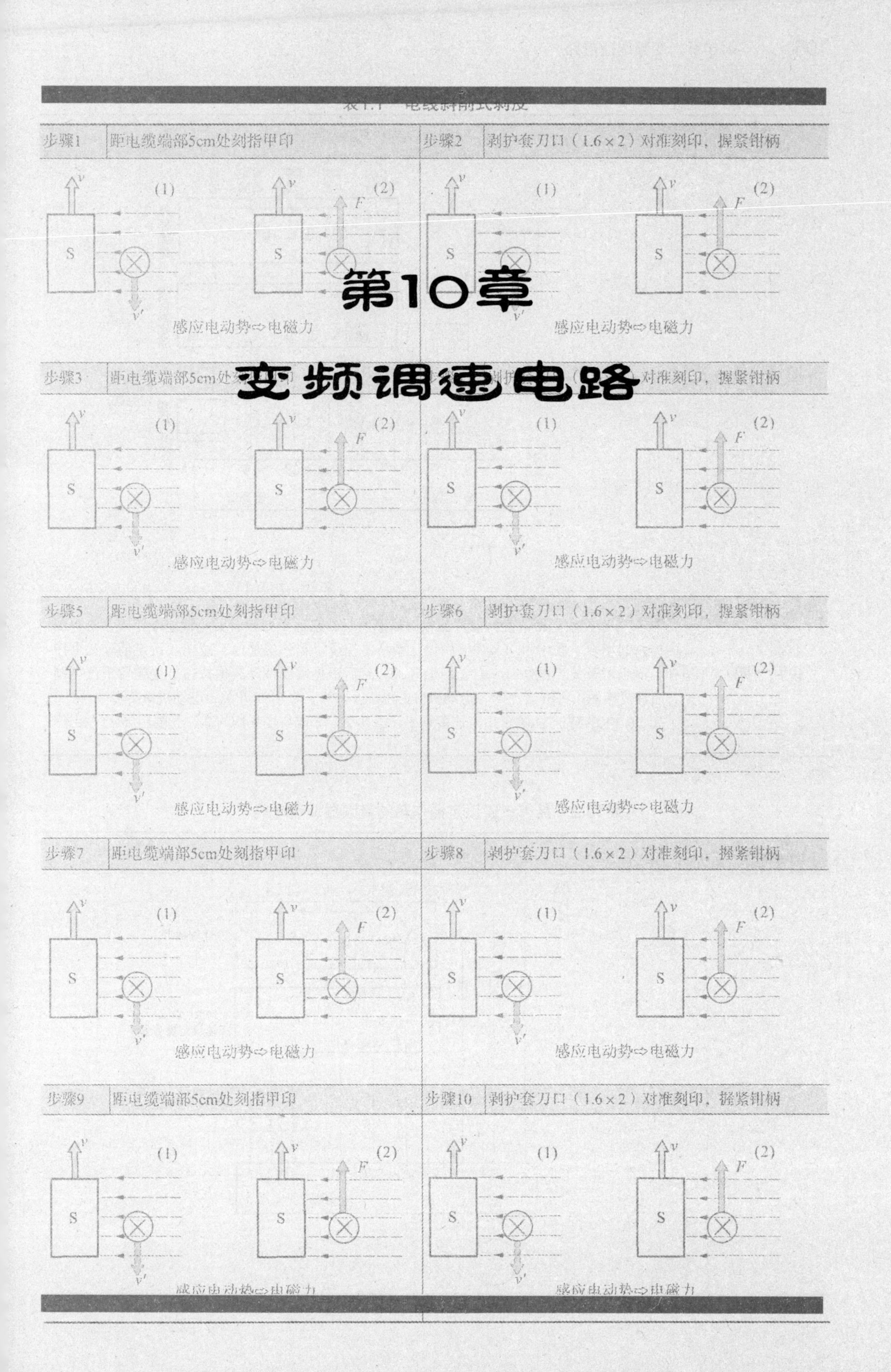

第10章 变频调速电路

表10.1　具有遥控设定箱的变频器调速电路

知识点	具有遥控设定箱的变频器调速电路
图　示	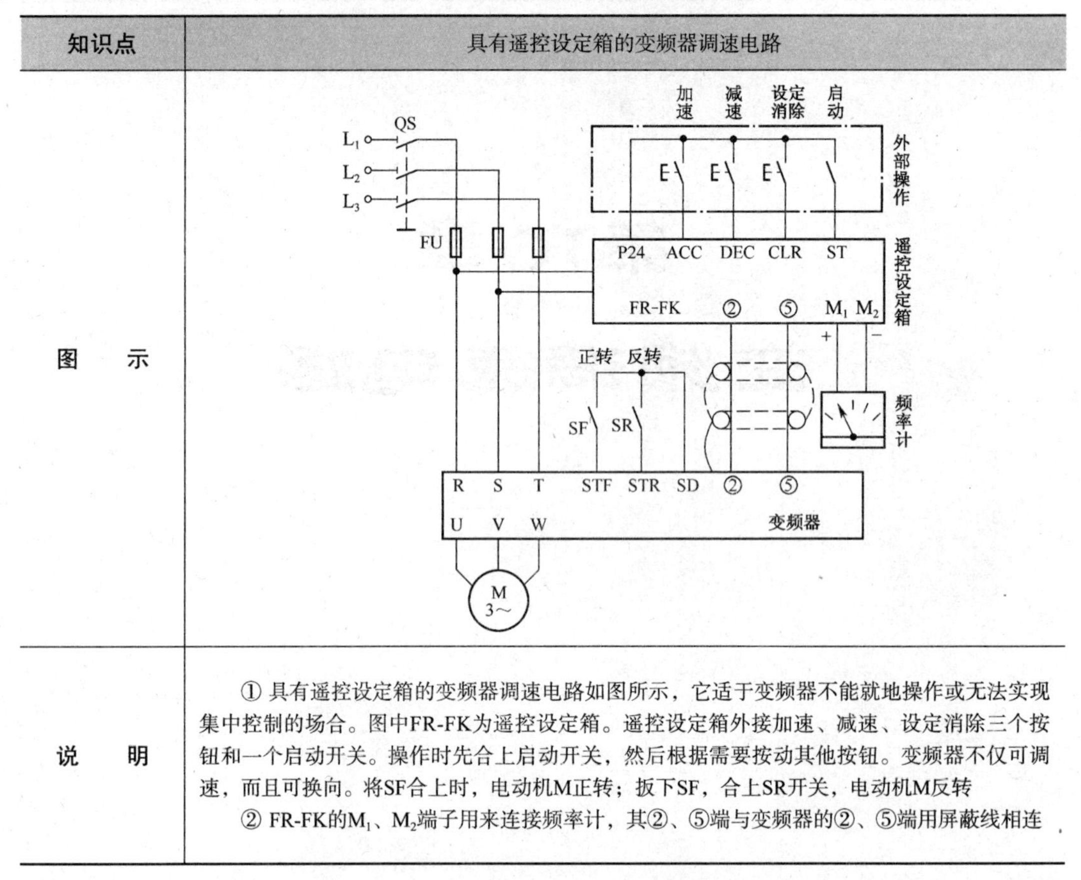
说　明	① 具有遥控设定箱的变频器调速电路如图所示，它适于变频器不能就地操作或无法实现集中控制的场合。图中FR-FK为遥控设定箱。遥控设定箱外接加速、减速、设定消除三个按钮和一个启动开关。操作时先合上启动开关，然后根据需要按动其他按钮。变频器不仅可调速，而且可换向。将SF合上时，电动机M正转；扳下SF，合上SR开关，电动机M反转 ② FR-FK的M_1、M_2端子用来连接频率计，其②、⑤端与变频器的②、⑤端用屏蔽线相连

表10.2　具有三速设定操作箱的变频器调速电路

知识点	具有三速设定操作箱的变频器调速电路
图　示	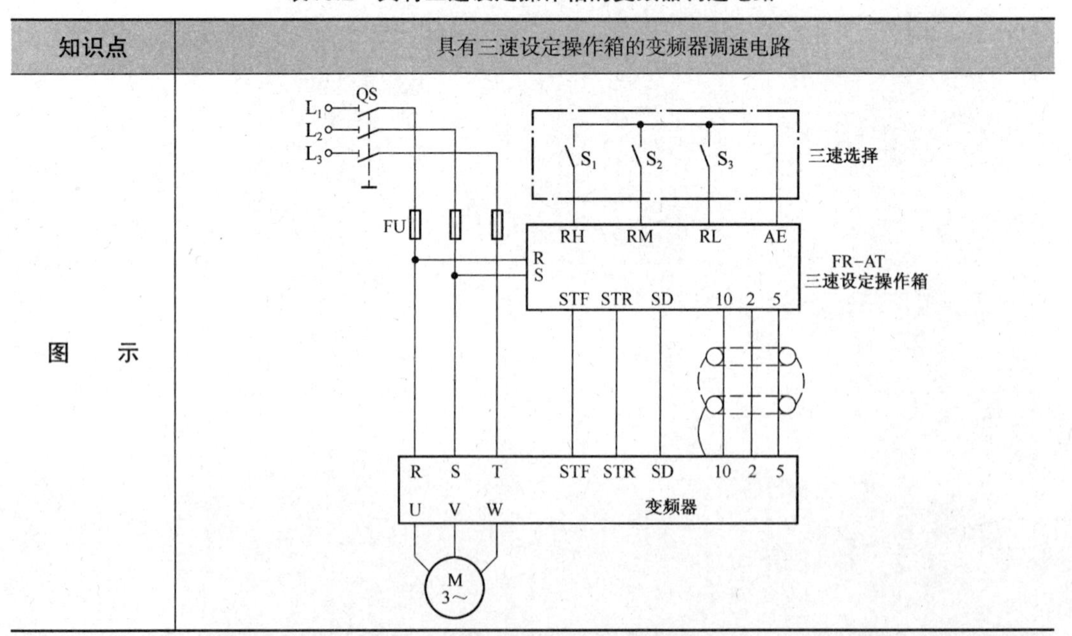

续表10.2

说　明	具有三速设定操作箱的变频器调速电路如图所示，它适合抛光、研磨、搅拌、脱水、离心、甩干、清洗等机械设备在需要多段速度的工序中采用。图中FR-AT为三速设定操作箱，它与变频器之间需用屏蔽线连接。通过S_1、S_2、S_3三个手动开关控制，可以实现三速选择

表10.3　VFD-007V23A变频器接线电路

<table>
<tr><th>知识点</th><th>VFD-007V23A变频器接线电路</th></tr>
<tr><td>图　示</td><td>
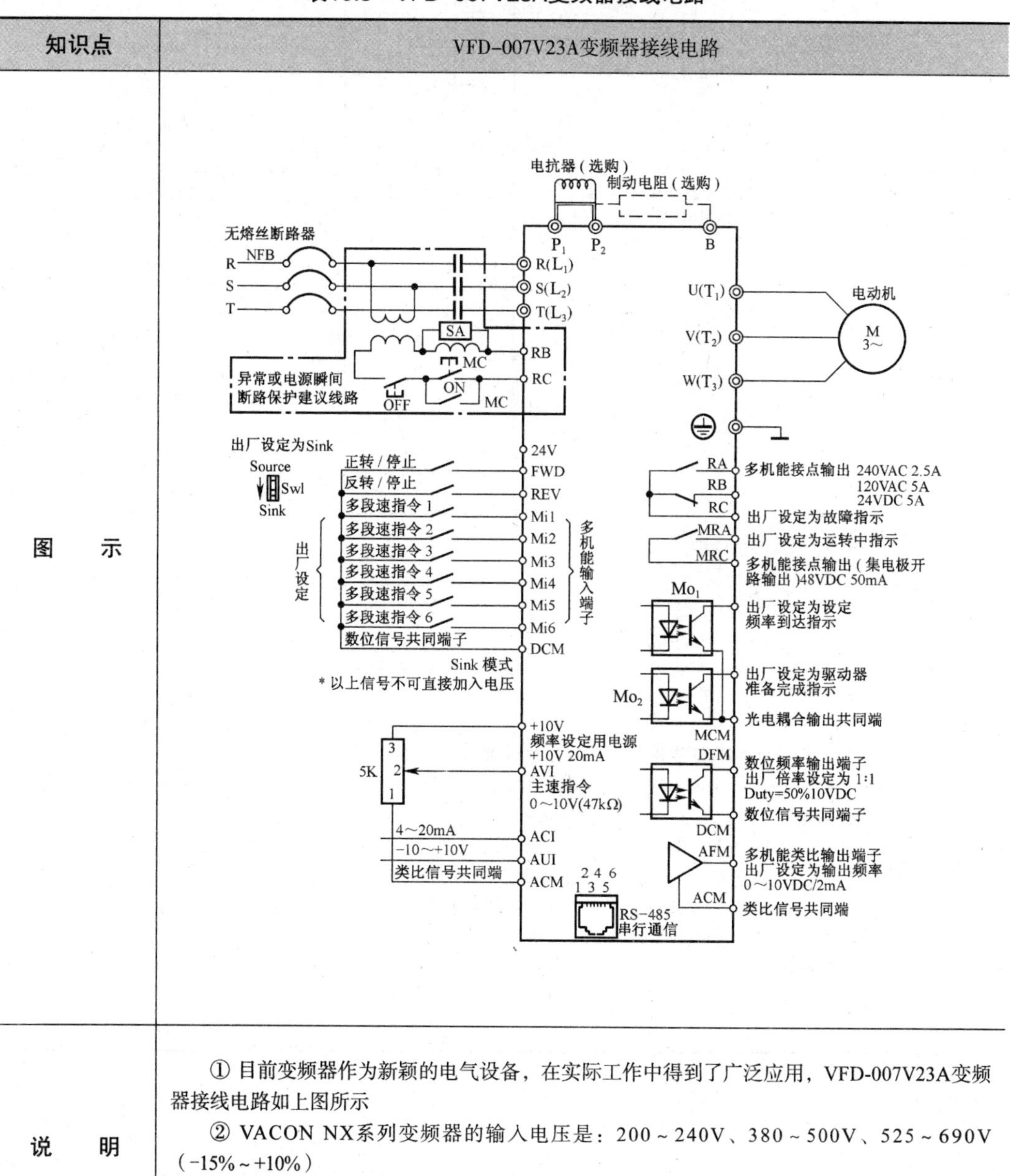

</td></tr>
<tr><td>说　明</td><td>① 目前变频器作为新颖的电气设备，在实际工作中得到了广泛应用，VFD-007V23A变频器接线电路如上图所示
② VACON NX系列变频器的输入电压是：200～240V、380～500V、525～690V（-15%～+10%）
③ 辅助电压：外部辅助电源可以给控制回路供电，可以给控制面板、内部驱动电路和现场总线供电，其参数为DC 24V，300mA</td></tr>
</table>

表10.4　电动机变频器的步进运行及点动运行电路

知识点	电动机变频器的步进运行及点动运行电路
图　示	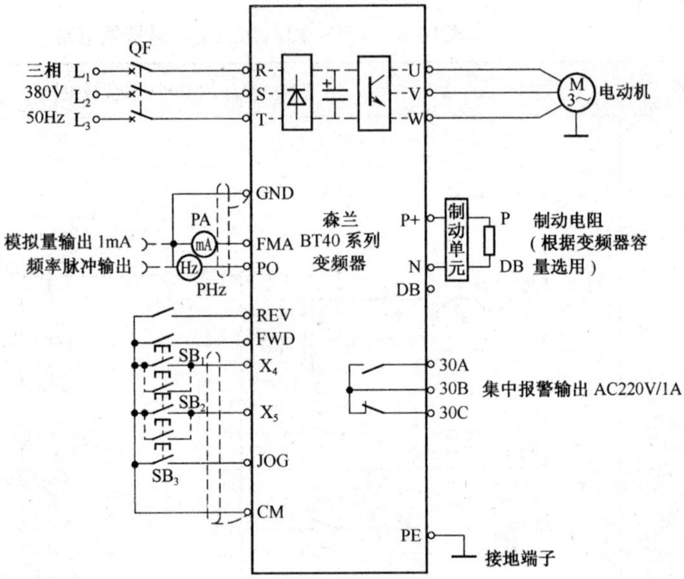
说　明	① 电动机变频器的步进运行及点动运行电路如图所示。此电路电动机在未运行时点动有效。运行/停止由REV、FWD端的状态（即开关）来控制。其中，REV、FWD表示运行/停止与运转方向，当它们同时闭合时无效 ② 转速上升/转速下降可通过并联开关来实现。在不同的地点控制同一台电动机运行，由X_4、X_5端的状态（开关SB_1、SB_2）确定，虚线即为设在不同地点的控制开关 ③ JOG端为点动输入端子。当变频器处于停止状态时，短接JOG端与公共端（CM）（即按下SB_3），再闭合FWD端与CM端之间连接的开关，或闭合REV端与CM端之间连接的开关，则会使电动机M实现点动正转或反转

表10.5　用单相电源变频器控制三相电动机电路

知识点	用单相电源变频器控制三相电动机电路
图　示	
说　明	变频器控制有很多好处，例如三相变频器通入单相电源，可以方便地为三相电动机提供三相变频电源，用单相电源变频器控制三相电动机电路如图所示

表10.6　用有正反转功能的变频器控制电动机正反转调速电路

知识点	用有正反转功能的变频器控制电动机正反转调速电路
图　示	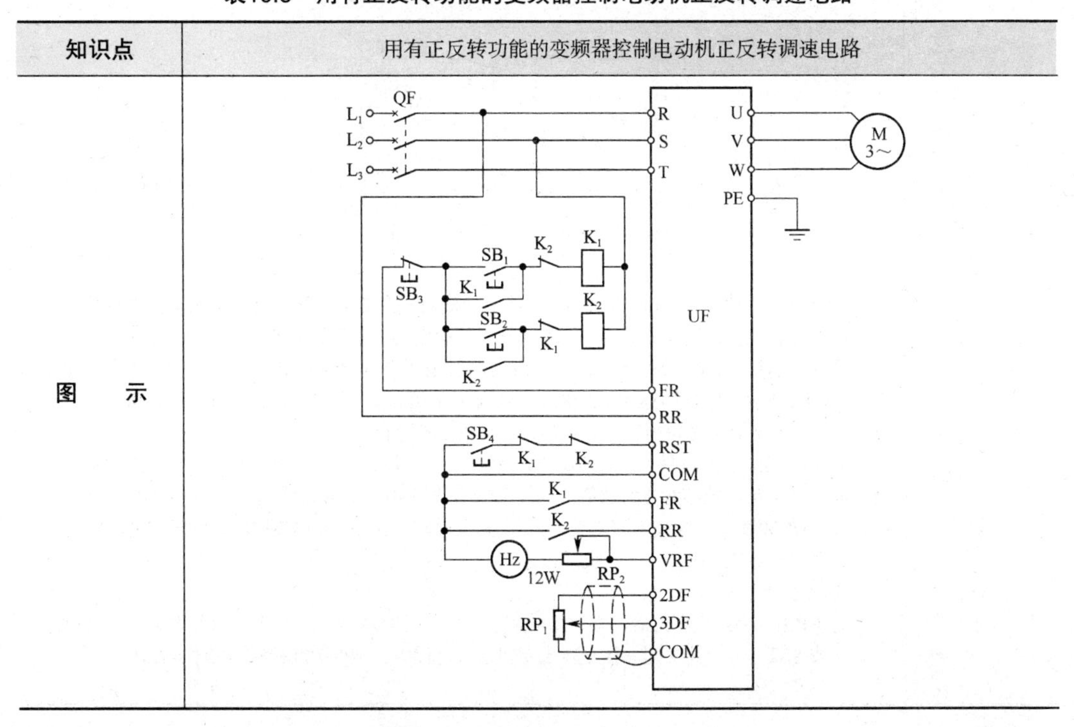

续表10.6

说　明	① 对于有正反转功能的变频器，可以采用继电器来构成正转、反转、外接信号。用有正反转功能的变频器控制电动机正反转调速线路如图所示 ② 正转时，按下按钮SB_1，继电器K_1得电吸合并自锁，其常开触点闭合，FR-COM连接，电动机正转运行；停止时，按下按钮SB_3，K_1断电释放，电动机停止运转 ③ 反转时，按下按钮SB_2，继电器K_2得电吸合并自锁，其常开触点闭合，RR-COM连接，电动机反转运行；停止时，按下按钮SB_3，K_2断电释放，电动机停止运转 ④ 事故停机或正常停机时，复位端子RST-COM断开，发出报警信号；按下复位按钮SB4，使RST-COM连接，报警解除

表10.7　用无正反转功能的变频器控制电动机正反转调速电路

知识点	用无正反转功能的变频器控制电动机正反转调速电路
图　示	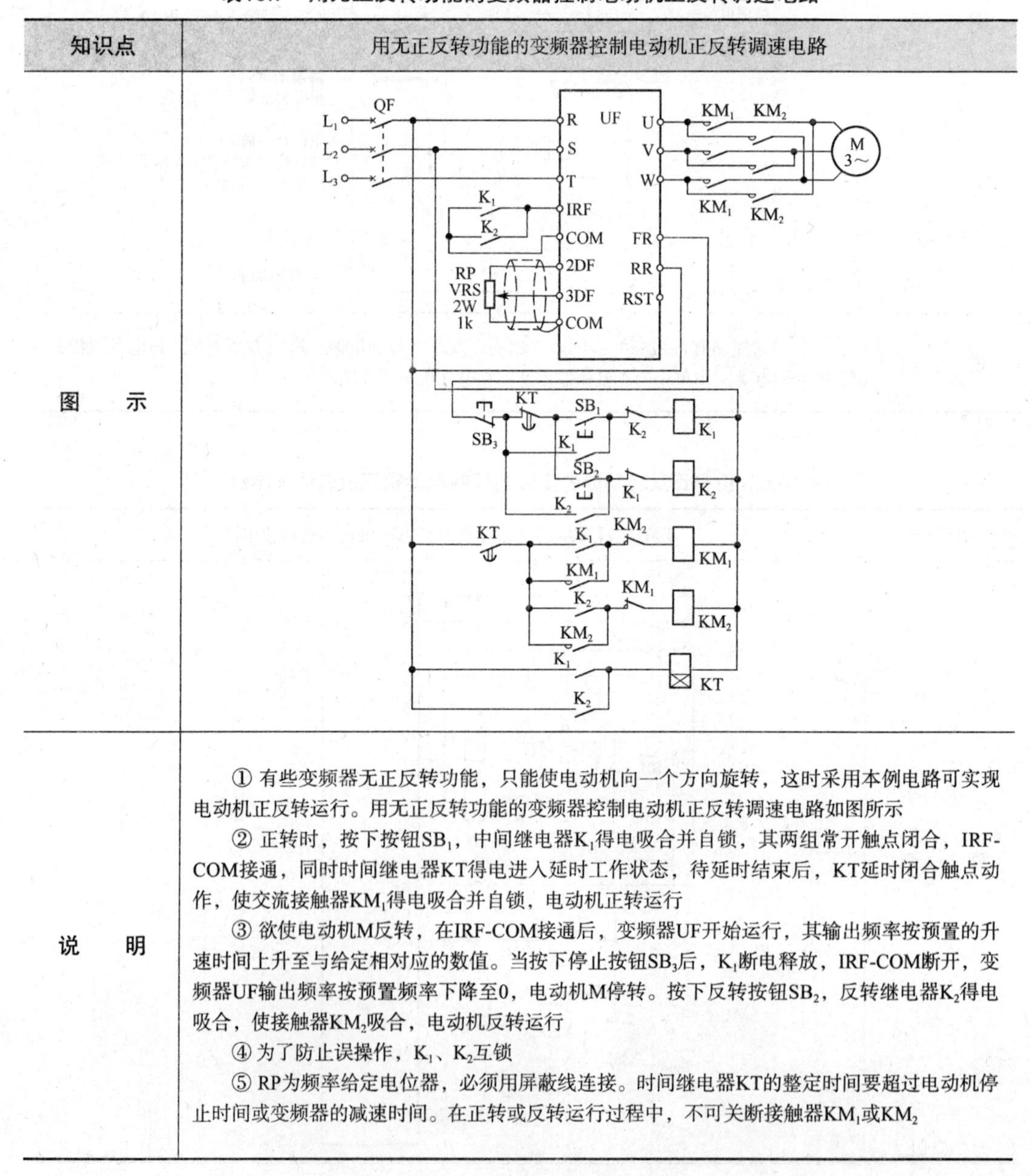
说　明	① 有些变频器无正反转功能，只能使电动机向一个方向旋转，这时采用本例电路可实现电动机正反转运行。用无正反转功能的变频器控制电动机正反转调速电路如图所示 ② 正转时，按下按钮SB_1，中间继电器K_1得电吸合并自锁，其两组常开触点闭合，IRF-COM接通，同时时间继电器KT得电进入延时工作状态，待延时结束后，KT延时闭合触点动作，使交流接触器KM_1得电吸合并自锁，电动机正转运行 ③ 欲使电动机M反转，在IRF-COM接通后，变频器UF开始运行，其输出频率按预置的升速时间上升至与给定相对应的数值。当按下停止按钮SB_3后，K_1断电释放，IRF-COM断开，变频器UF输出频率按预置频率下降至0，电动机M停转。按下反转按钮SB_2，反转继电器K_2得电吸合，使接触器KM_2吸合，电动机反转运行 ④ 为了防止误操作，K_1、K_2互锁 ⑤ RP为频率给定电位器，必须用屏蔽线连接。时间继电器KT的整定时间要超过电动机停止时间或变频器的减速时间。在正转或反转运行过程中，不可关断接触器KM_1或KM_2

第11章

电工计量仪表与测量仪表电路

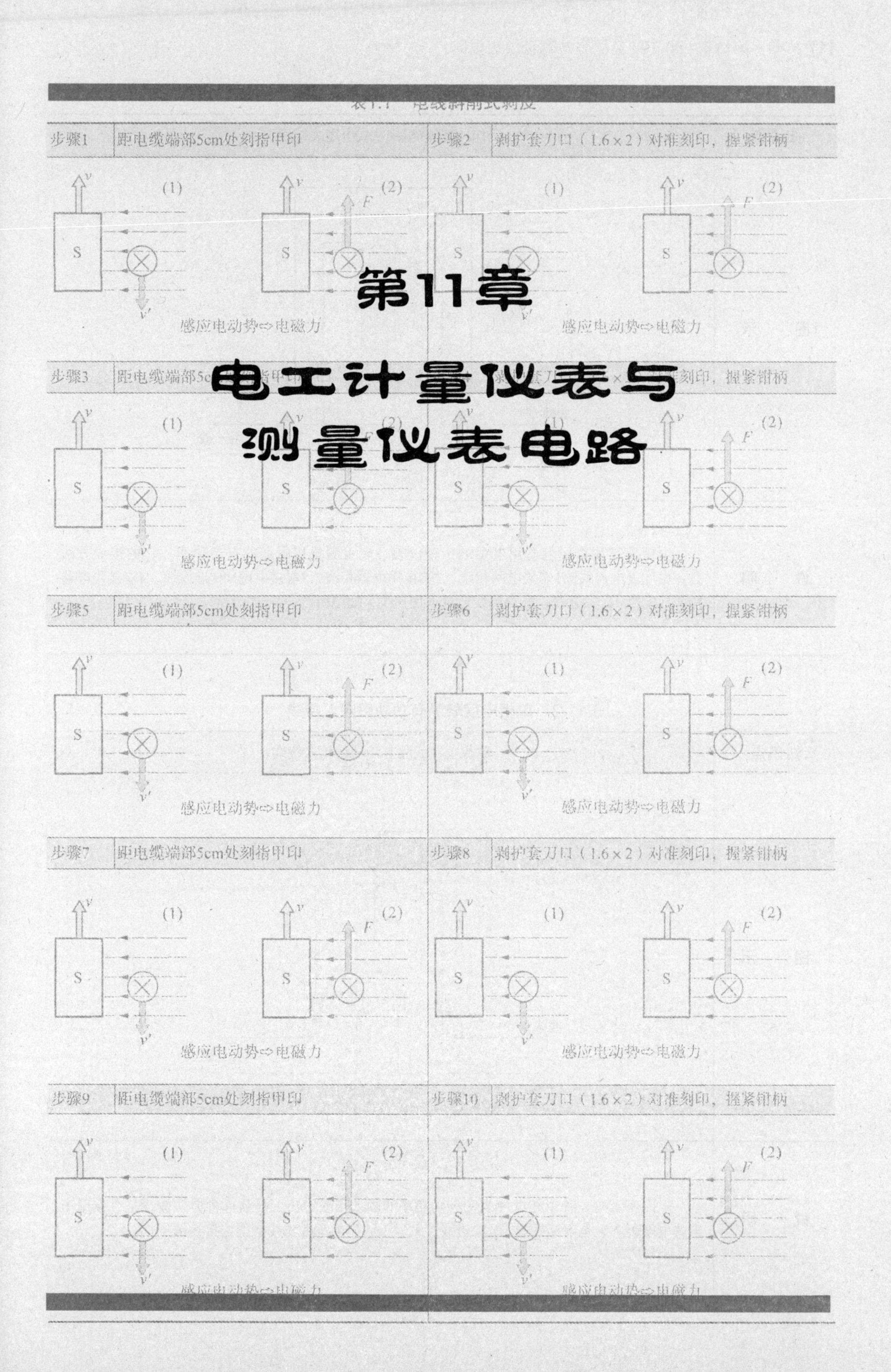

表11.1　DD17型单相跳入式电度表接线

知识点	DD17型单相跳入式电度表接线
图　示	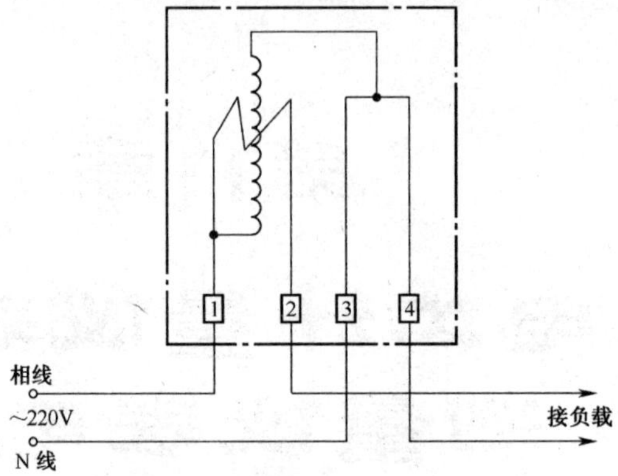 1 2 3 4 相线 ~220V N线 接负载
说　明	电度表是测量用电器用电量的一种仪表，它可测量用电器的有功功率。它的接线方法是：电度表电流线圈1端接电网相线，2端接用电器相线，3端接电网N线进入线，4端接用电器N线。总之，1、3进线，2、4出线后进入用户线，如图所示

表11.2　单相电度表测有功功率顺入接线

知识点	单相电度表测有功功率顺入接线
图　示	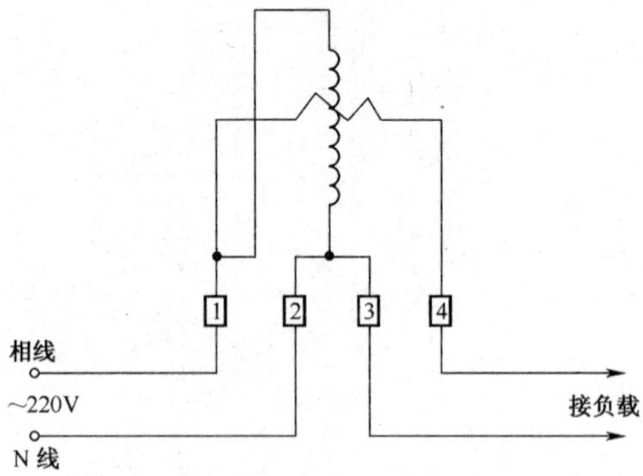 1 2 3 4 相线 ~220V N线 接负载
说　明	上图所示是一种单相电度表测有功功率的顺入接线方法。目前这种方法较少见，多用于老式电度表。它是由接线端子1、2进线，3、4出线，电源的相线必须接接线端子1上

表11.3 DT8型三相四线制电度表接线

知识点	DT8型三相四线制电度表接线
图　示	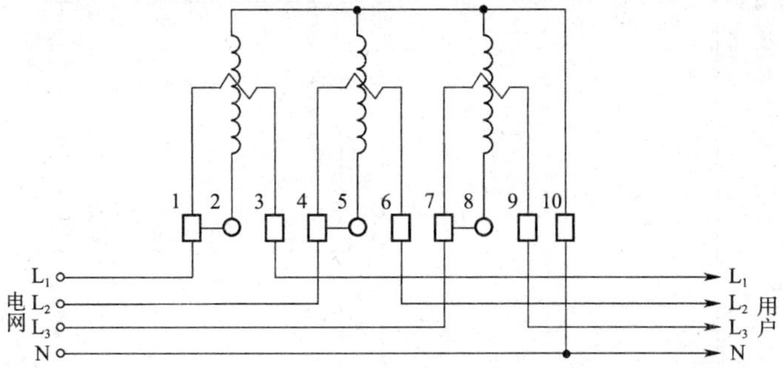 （a）DT8型40~80A直接接入式三相四线制有功功率电度表接线 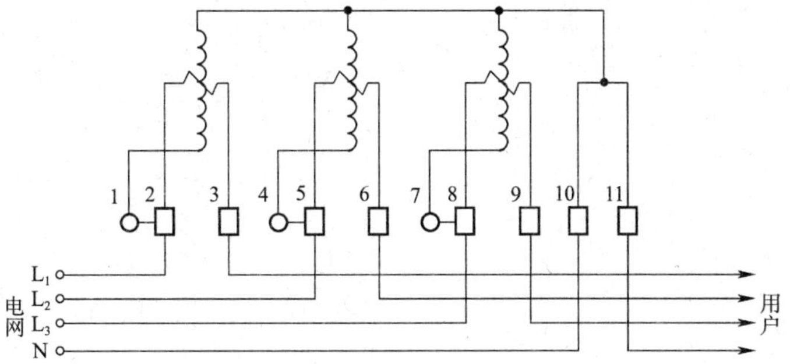 （b）DT8型5~10A、25A三相四线制有功功率电度表接线 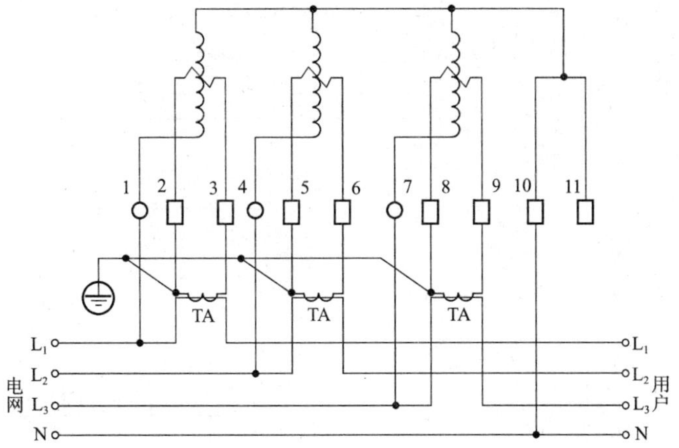 （c）DT8型5A电流互感式三相四线制有功功率电度表接线
说　明	① 图（a）所示是DT8型40～80A直接接入式三相四线制有功功率电度表接线线路。三相四线三元件电度表实际上是3个单相电度表的组合，它有3个电流线圈、3个电压线圈和10个接线端子 ② 图（b）所示为DT8型5～10A、25A三相四线制有功功率电度表接线，它有11个接线端子。接线时，应按照相序及端钮上所标的线号接线，接线端子标号1、4、7、10为进线，3、6、9、11为出线。所接负载应在额定负载的5%～150% ③ 图（c）所示是DT8型5A电流互感式三相四线制有功功率电度表接线，电度表应按相序接入。电度表经电流互感器接入后，计数器的读数需乘以互感器感应比才等于实际电度数。例如，电流互感器的感应比为200/5A，那么电度表读数再乘以互感器的感应比才是实际用电度数

表11.4 DS8型系列电度表接线

知识点	DS8型系列电度表接线
图示	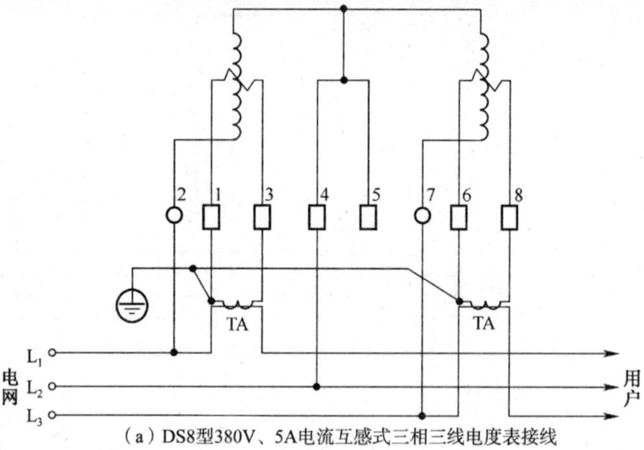 （a）DS8型380V、5A电流互感式三相三线电度表接线 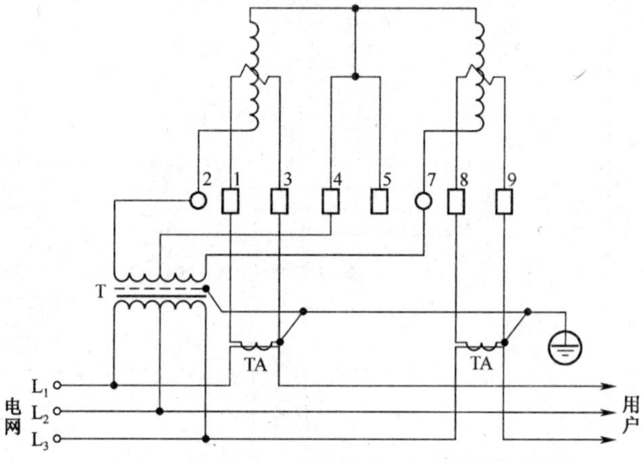（b）DS8型100V、5A万用互感式三相三线制电度表接线 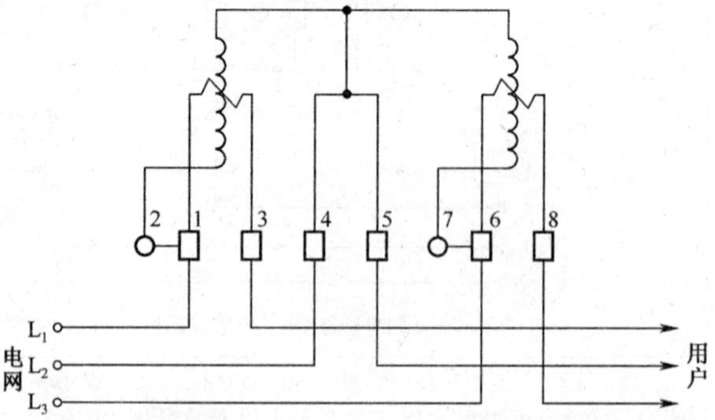（c）DS8型380V、5~10A、25A直接接入式三相三线电度表接线
说明	① 图（a）所示为DS8型380V、5A电流互感式三相三线电度表接线。电度表读数再乘以互感器的感应比率才为实际用电度数 ② 图（b）所示是DS8型100V、5A万用互感式三相三线制电度表接线。应用这种电度表时，应注意电度表读数乘以电压互感器的感应电压比和电流互感器的感应比才是实际电度数 ③ 图（c）所示为DS8型380V、5～10A、25A直接接入式三相三线电度表接线。这种电度表接线时应按三相交流电源的正相序接线，1、4、6进线，3、5、8出线

表11.5　DX8型三相三线无功功率电度表接线

知识点	DX8型三相三线无功功率电度表接线
图　示	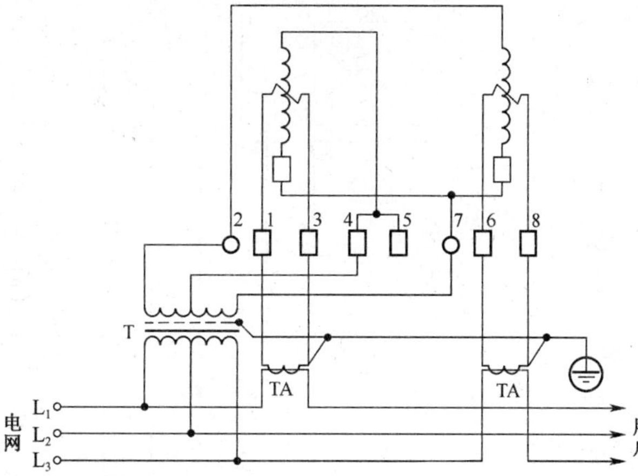 （a）DX8型100V、5A万用互感式三相三线60° 无功功率电度表接线 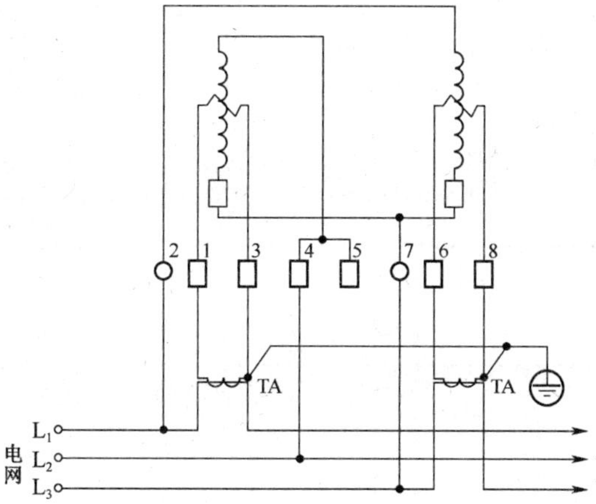 （b）DX8型380V、5A电流互感式无功功率电度表接线
说　明	① 图（a）所示为DX8型100V、5A万用互感式三相三线60° 无功功率电度表接线。它用于交流50Hz三相制电路中测无功功率。接线时同样按三相交流电的正相序连接。其电度表读数乘以电流互感器的倍率和电压互感器的电压比才是实际的无功功率数 ② 图（b）所示为DX8型380V、5A电流互感式无功功率电度表的接线。其中，互感器线圈一端应可靠接地。无功功率电度表的读数乘以电流互感器的倍率才是实际的无功功率数

表11.6　单相电度表测三相用电器的有功功率接线

知识点	单相电度表测三相用电器的有功功率接线
图　示	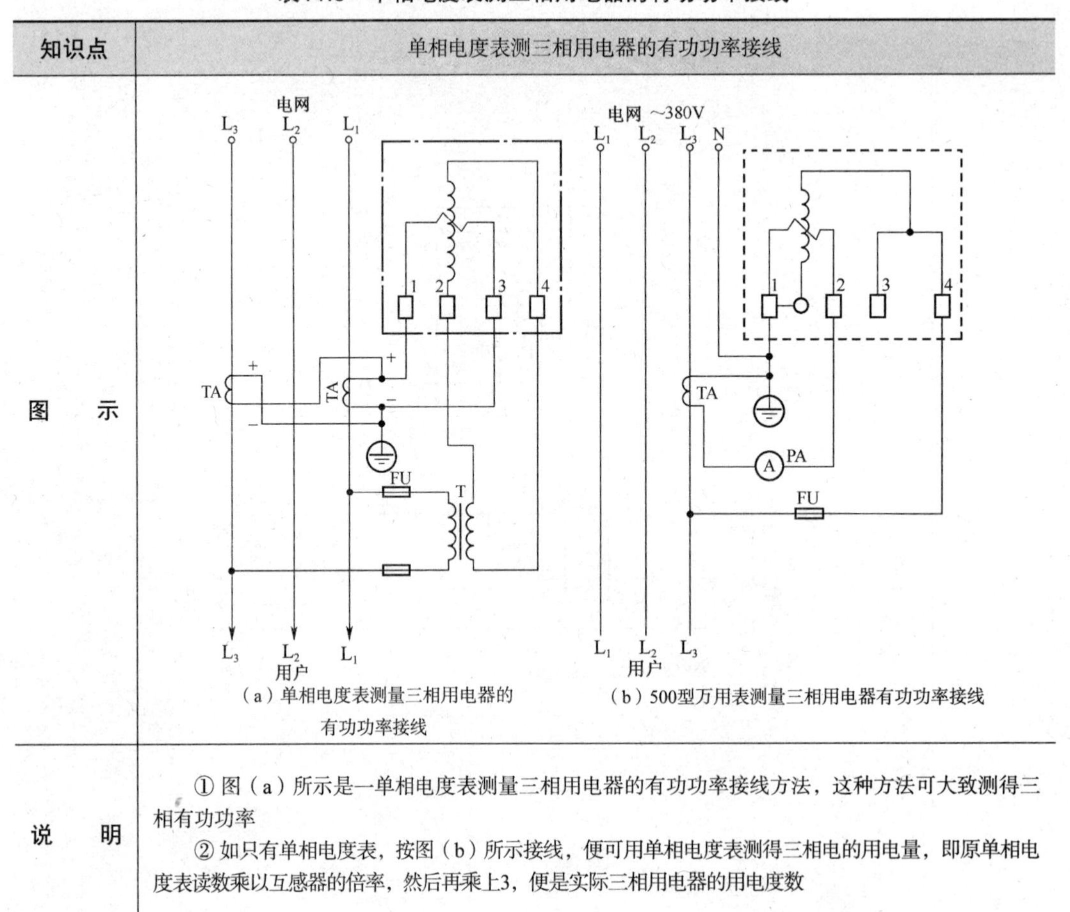 （a）单相电度表测量三相用电器的有功功率接线　（b）500型万用表测量三相用电器有功功率接线
说　明	① 图（a）所示是一单相电度表测量三相用电器的有功功率接线方法，这种方法可大致测得三相有功功率 ② 如只有单相电度表，按图（b）所示接线，便可用单相电度表测得三相电的用电量，即原单相电度表读数乘以互感器的倍率，然后再乘上3，便是实际三相用电器的用电度数

表11.7　三相有功功率电度表接线

知识点	三相有功功率电度表接线
图　示	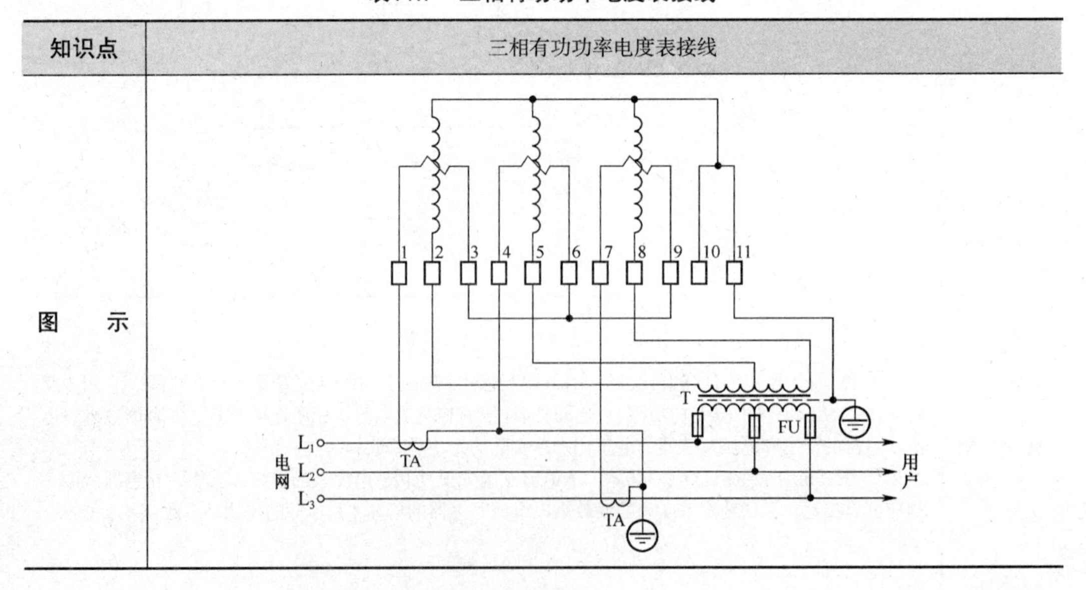

续表11.7

说　明	图示是一种三相有功功率电度表的接线方法，它的外部配接有电流互感器和三相交流变压器

表11.8　三相无功正弦电度表接线

知识点	三相无功正弦电度表接线
图　示	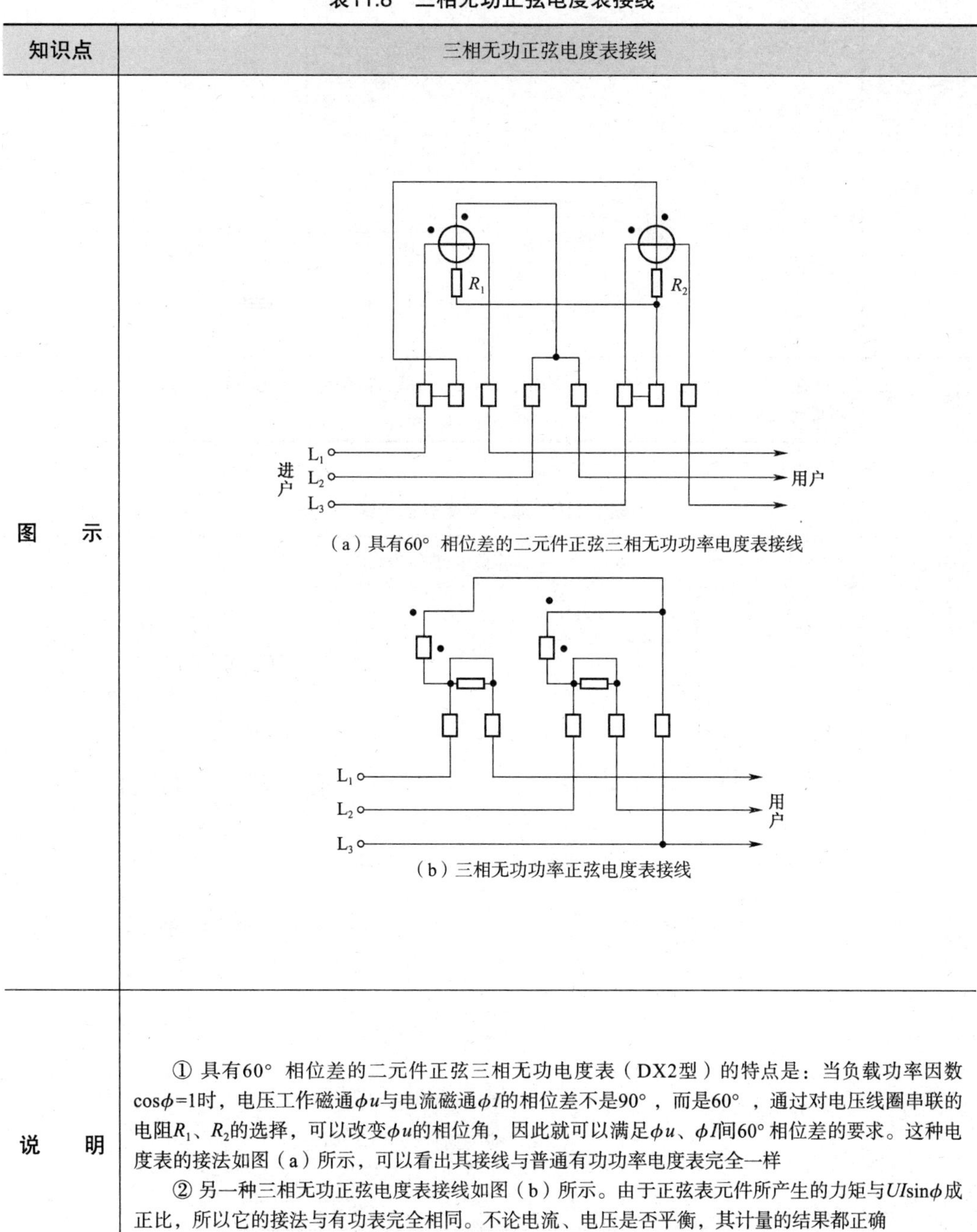（a）具有60° 相位差的二元件正弦三相无功功率电度表接线 （b）三相无功功率正弦电度表接线
说　明	① 具有60° 相位差的二元件正弦三相无功电度表（DX2型）的特点是：当负载功率因数$\cos\phi$=1时，电压工作磁通ϕu与电流磁通ϕI的相位差不是90°，而是60°，通过对电压线圈串联的电阻R_1、R_2的选择，可以改变ϕu的相位角，因此就可以满足ϕu、ϕI间60° 相位差的要求。这种电度表的接法如图（a）所示，可以看出其接线与普通有功功率电度表完全一样 ② 另一种三相无功正弦电度表接线如图（b）所示。由于正弦表元件所产生的力矩与$UI\sin\phi$成正比，所以它的接法与有功表完全相同。不论电流、电压是否平衡，其计量的结果都正确

表11.9 用一个单相电度表测量三相无功电能接线

知识点	用一个单相电度表测量三相无功电能接线
图 示	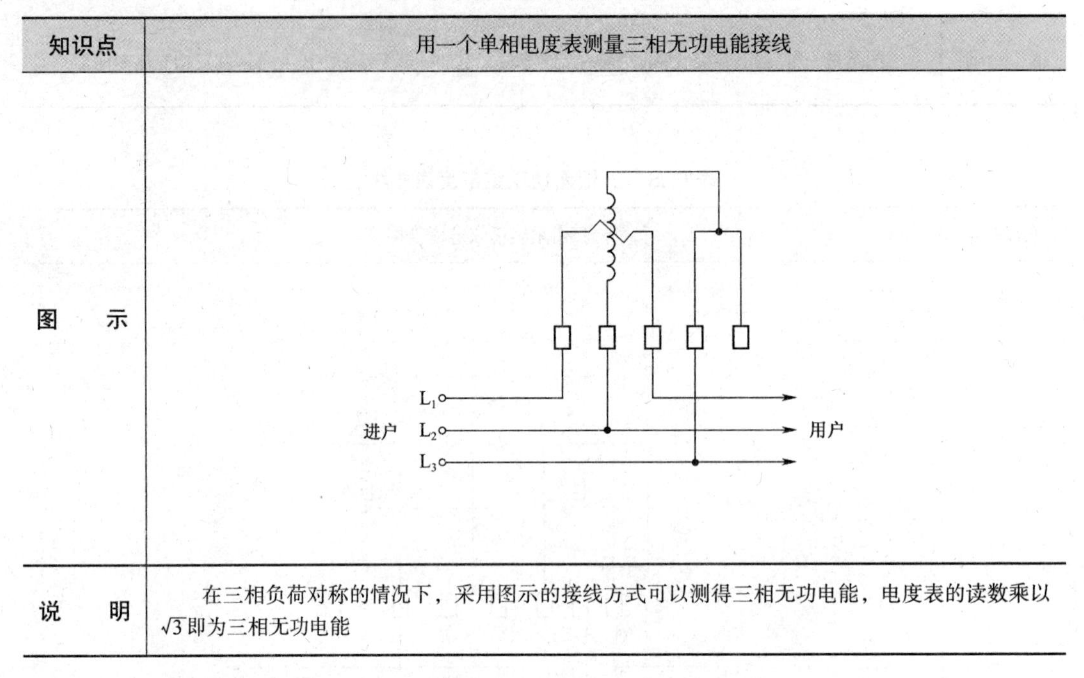
说 明	在三相负荷对称的情况下，采用图示的接线方式可以测得三相无功电能，电度表的读数乘以$\sqrt{3}$即为三相无功电能

表11.10 直流电度表的接线

知识点	直流电度表的接线
图 示	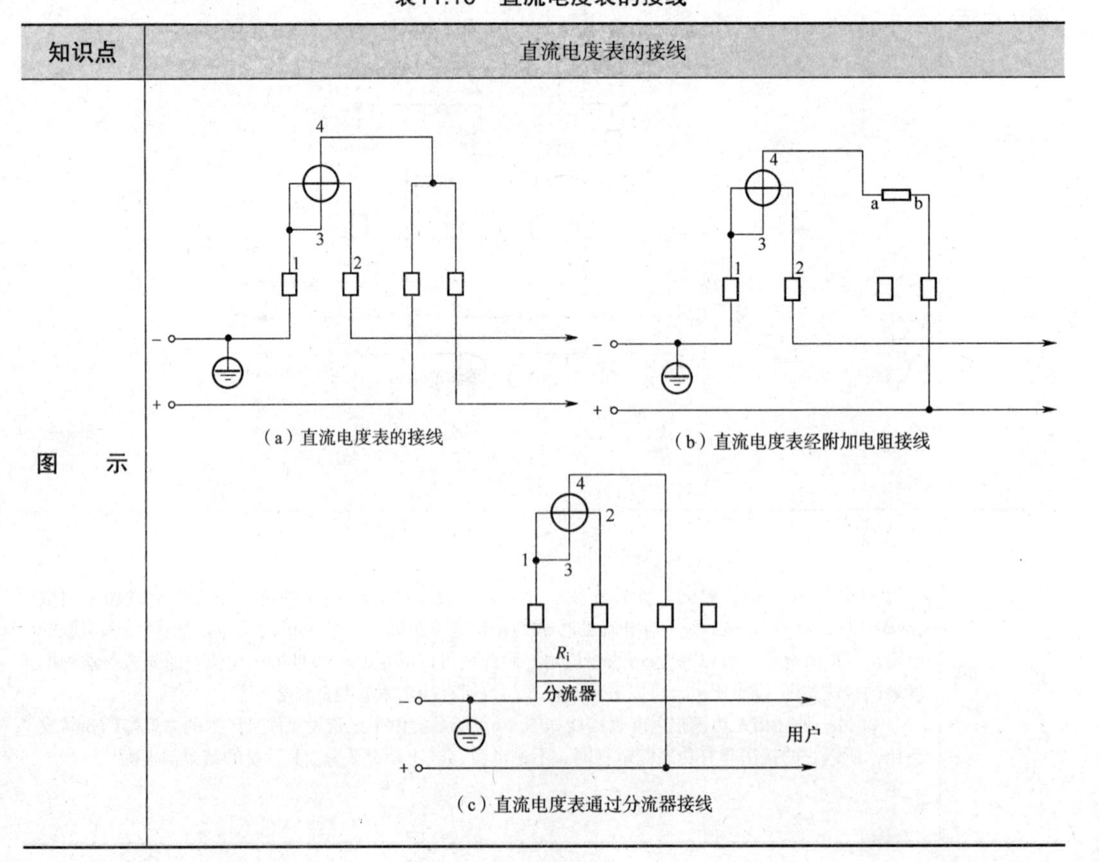(a) 直流电度表的接线 (b) 直流电度表经附加电阻接线 (c) 直流电度表通过分流器接线

续表11.10

说　明	① 一般的直流电路的电能可用直流电度表测得，常用的直流电度表接线方法如图（a）所示。它有一组电压线圈和一组电流线圈，分别接于被测电路中 ② 图（b）所示是一直流电度表经附加电阻接线方法。这种方法的主要作用是可使所测的直流电压与电度表上的电压线圈要求相符合 ③ 图（c）所示是直流电度表通过分流器接线线路，因直流线路中有时工作电流较大，不能直接接入电度表，这样就必须加一个分流器，然后再接入电路中

表11.11　直流电流表、直流电压表常用接线

知识点	直流电流表、直流电压表常用接线
图　示	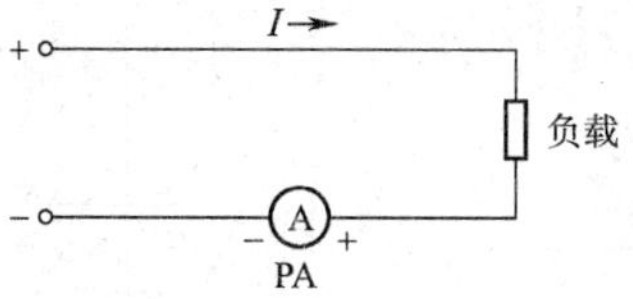 I + − 负载 PA（a）直流电流表的直接接入法 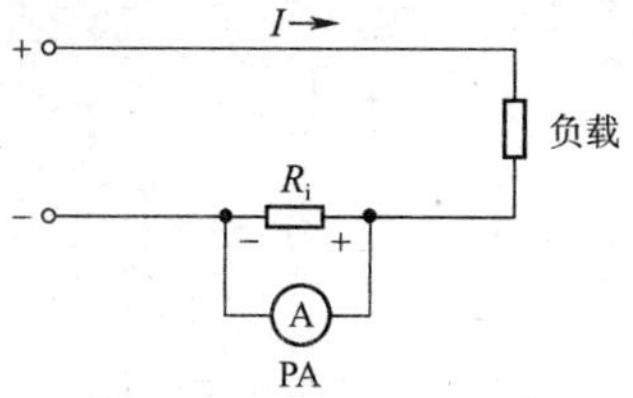 I + − 负载 R_i PA（b）带外附分流器的直流电流表接入法 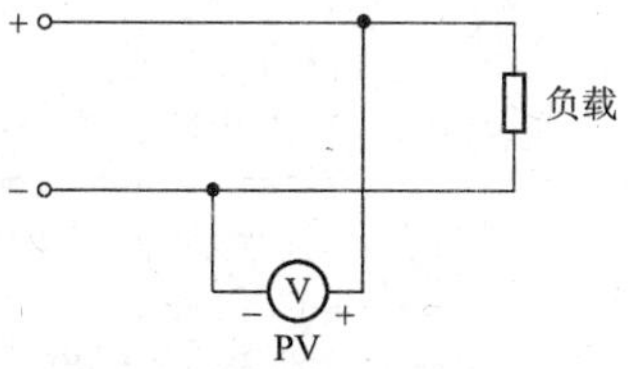 + − 负载 PV（c）直流电压表的常用接线方法一 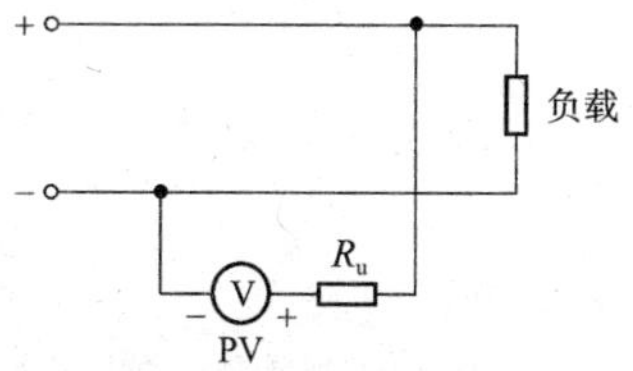 + − 负载 R_u PV（d）直流电压表的常用接线方法二
说　明	① 直流电流表的正极应与电源的正极接线端子相连。电流表的量限应为被测电流的1.5～2倍。图（a）所示为直流电流表的直接接入法，图（b）所示为带外附分流器的直流电流表接入法 ② 图（c）、（d）所示为直流电压表的常用接线方法，一般电压表用来测量电气设备线路中的电压。测量时可将电压表直接接入电路。按图（c）接线时应注意电压表上的正负极与线路中的电压正负极相对应。如果电压表测量机构的内阻R不够大，测量电压又较高时，就需增加一个串联电阻R_u来降低电压表测量机构的电压，这个电路中的电阻也称倍压器，如图（d）所示

表11.12　交流电流表的接线

知识点	交流电流表的接线
图　示	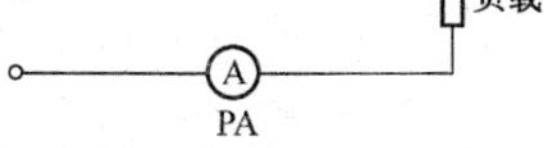 ～ 负载 PA（a）交流电流表的接线方法一 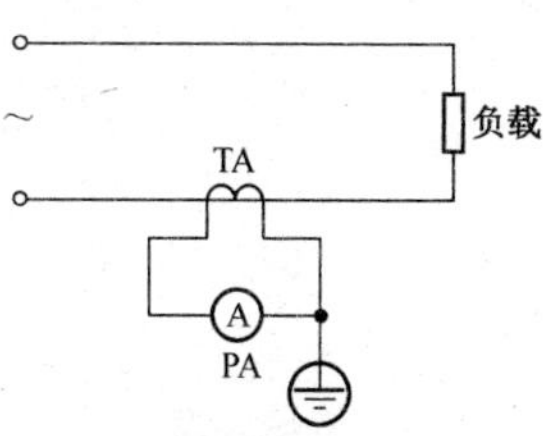 ～ 负载 TA PA（b）交流电流表的接线方法二

续表11.12

说 明	① 电磁式仪表过载能力强，量限大，如果测量范围在量程容限内可按图（a）所示方法直接接入被测电路。如果需要扩大量限或必须降低通过仪表的电流时，可选用和电流表变比一致的电流互感器来扩大量程，如图（b）所示 ② 在使用交流互感器时，不允许交流互感器二次侧开路，否则会产生高压，对人以及电气设备造成很大危害

表11.13 两种三块电流表接入三相电源的方法

知识点	两种三块电流表接入三相电源的方法
图 示	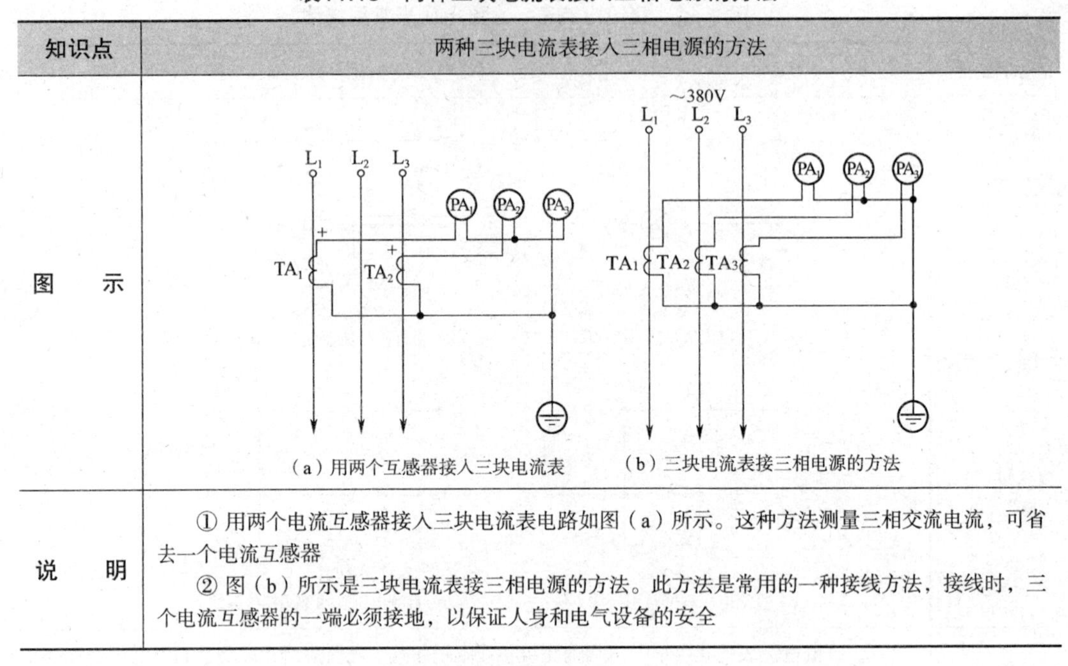 （a）用两个互感器接入三块电流表　（b）三块电流表接三相电源的方法
说 明	① 用两个电流互感器接入三块电流表电路如图（a）所示。这种方法测量三相交流电流，可省去一个电流互感器 ② 图（b）所示是三块电流表接三相电源的方法。此方法是常用的一种接线方法，接线时，三个电流互感器的一端必须接地，以保证人身和电气设备的安全

表11.14 功率、功率因数、频率的测量电路

知识点	功率、功率因数、频率的测量电路
图 示	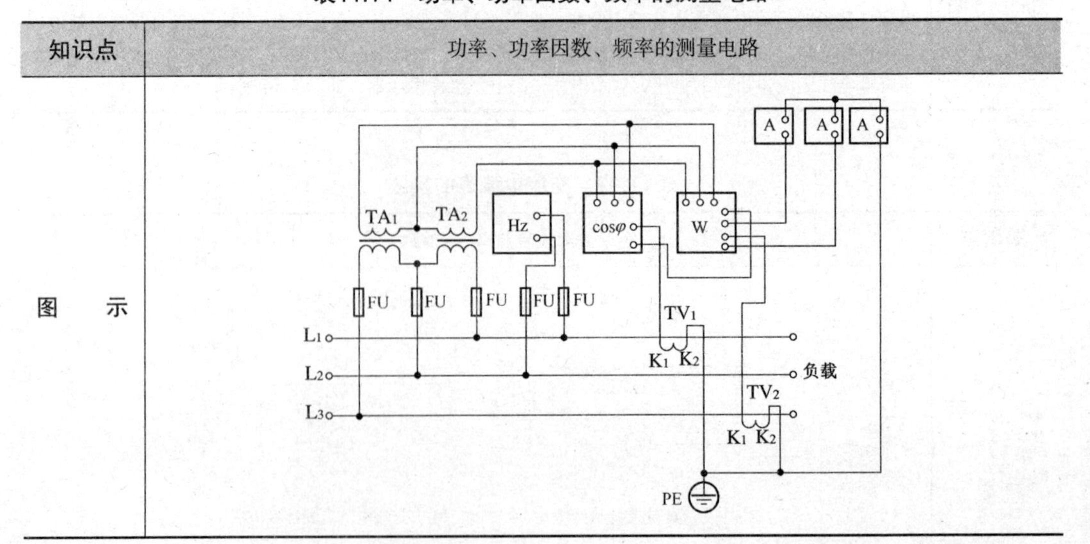

续表11.14

说　明	在中小型发电机控制屏上，常采用功率表W、功率因数表cosϕ、频率表Hz来表示功率、功率因数和频率，三块电流表经两块电流互感器TA和两个电压互感器TV的联合接线线路如图所示

表11.15　JDJ型电压互感器接线

知识点	JDJ型电压互感器接线
图　示	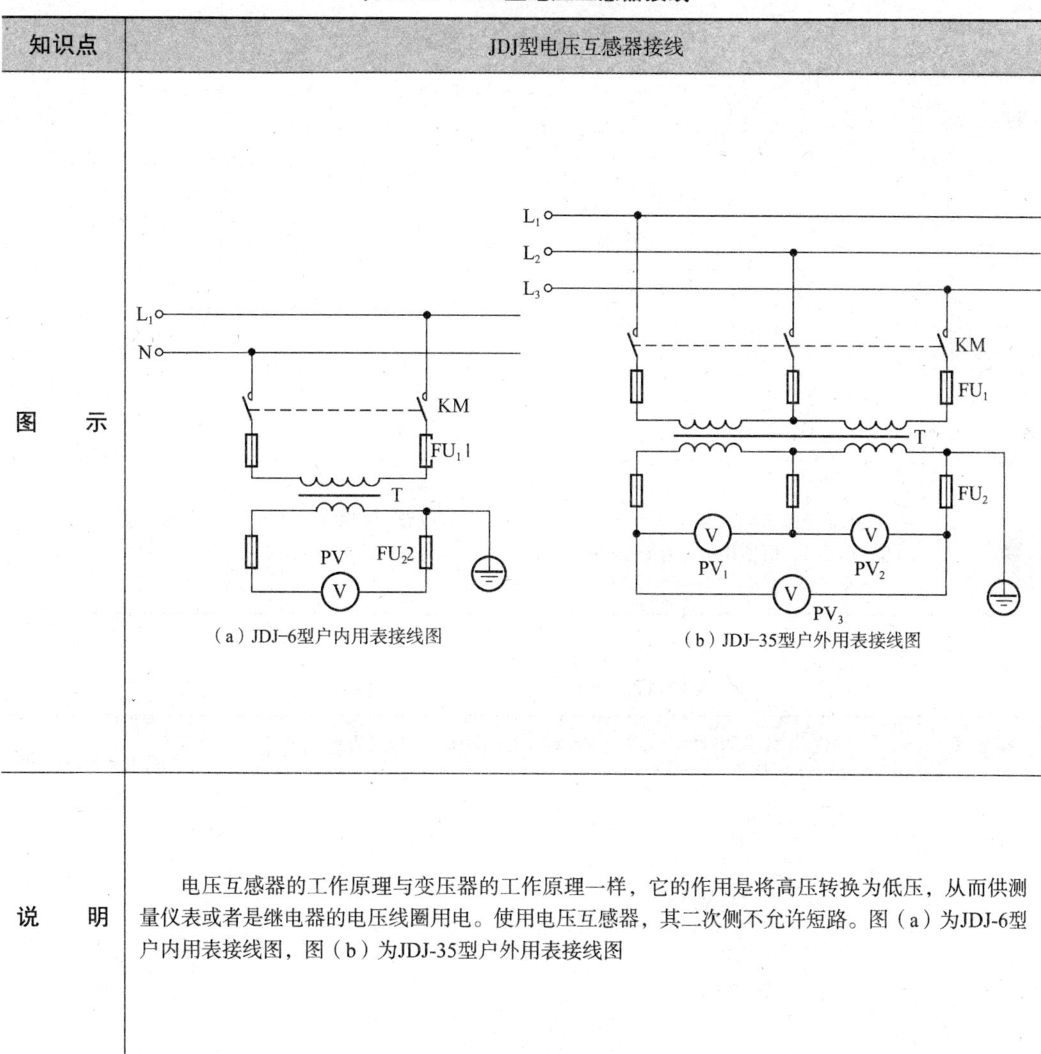（a）JDJ–6型户内用表接线图　（b）JDJ–35型户外用表接线图
说　明	电压互感器的工作原理与变压器的工作原理一样，它的作用是将高压转换为低压，从而供测量仪表或者是继电器的电压线圈用电。使用电压互感器，其二次侧不允许短路。图（a）为JDJ-6型户内用表接线图，图（b）为JDJ-35型户外用表接线图

表11.16　交流与直流两用电压表的接线

知识点	交流与直流两用电压表的接线
图　　示	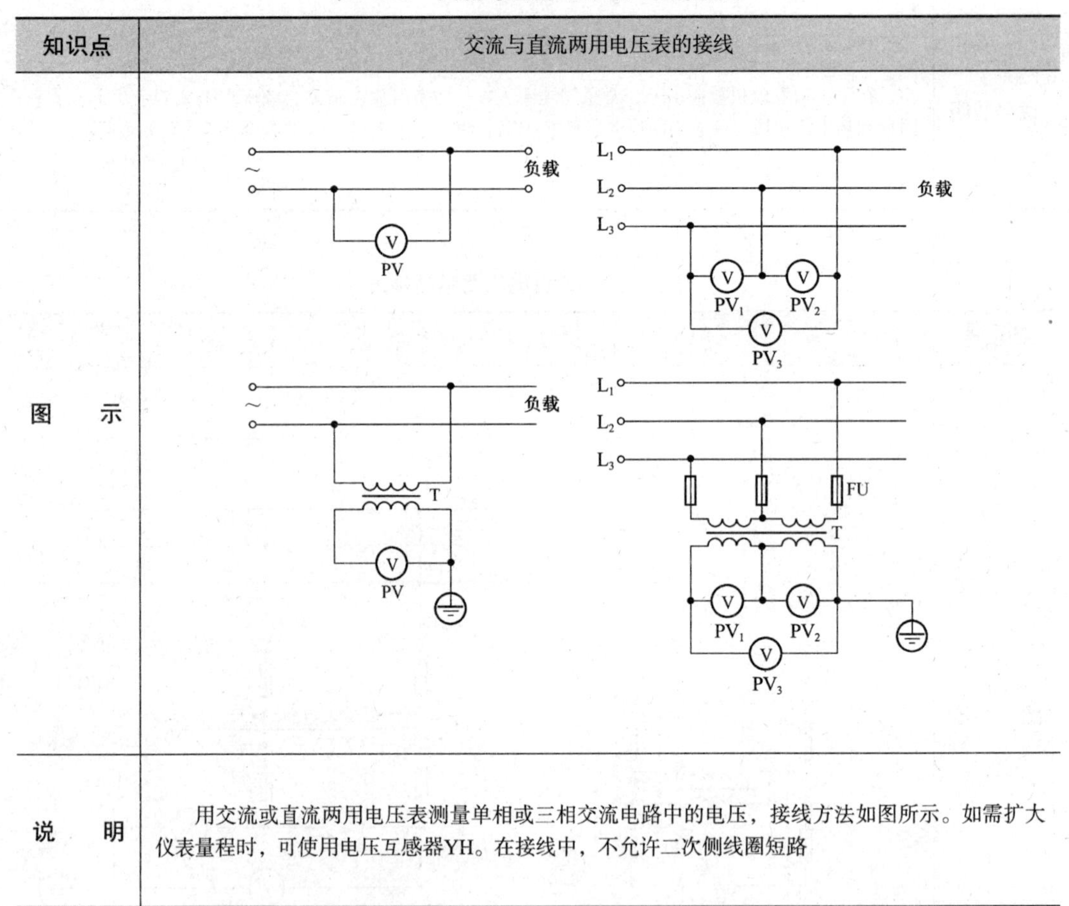
说　　明	用交流或直流两用电压表测量单相或三相交流电路中的电压，接线方法如图所示。如需扩大仪表量程时，可使用电压互感器YH。在接线中，不允许二次侧线圈短路

表11.17　五种常用自动控制仪表接线

知识点	五种常用自动控制仪表接线
图　　示	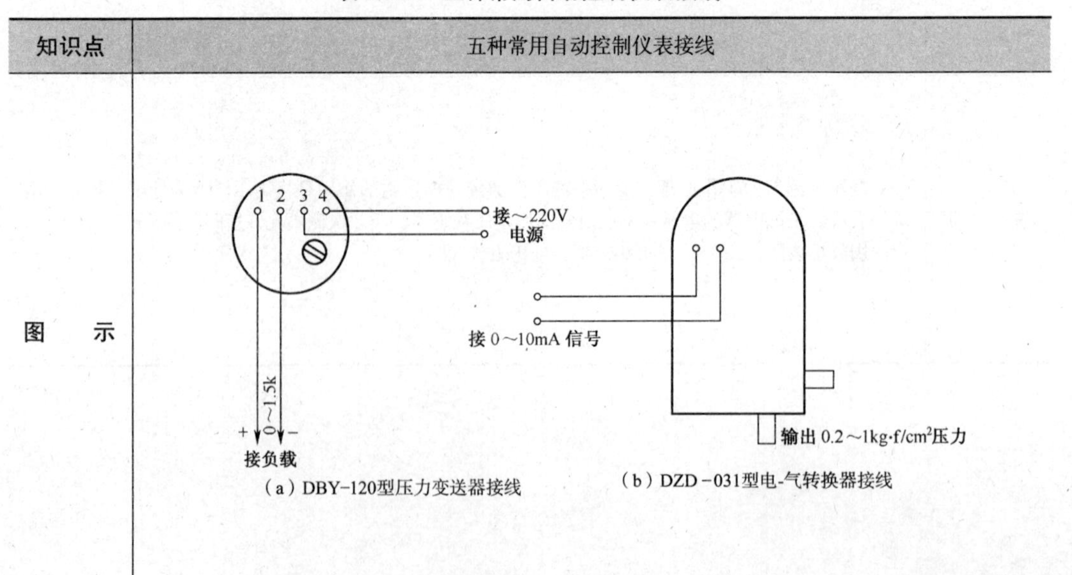（a）DBY-120型压力变送器接线 （b）DZD－031型电-气转换器接线

续表11.17

图　示

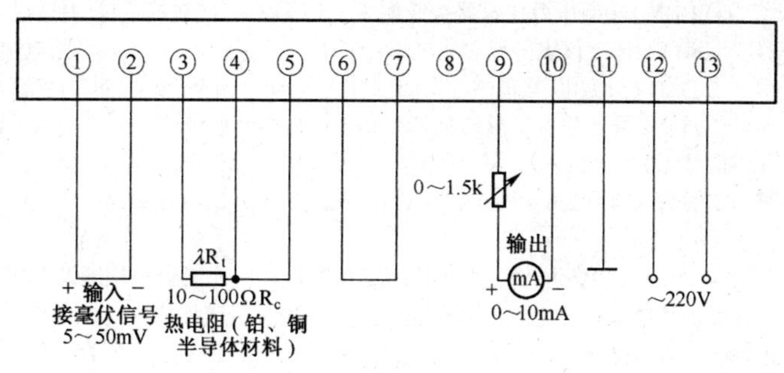

（c）DBW-130型温度变送器接线

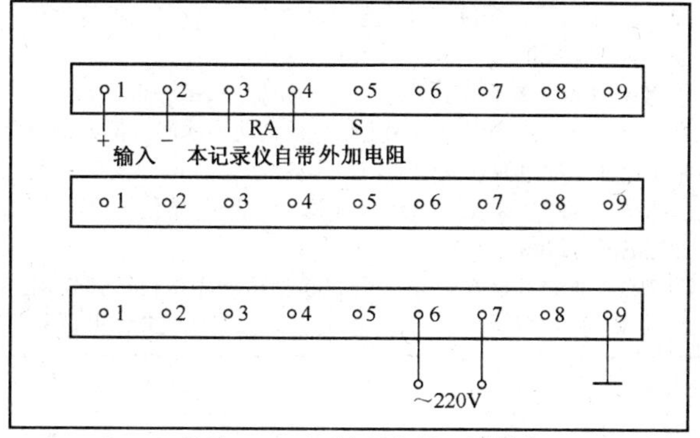

（d）XWD100型电子自动记录仪接线

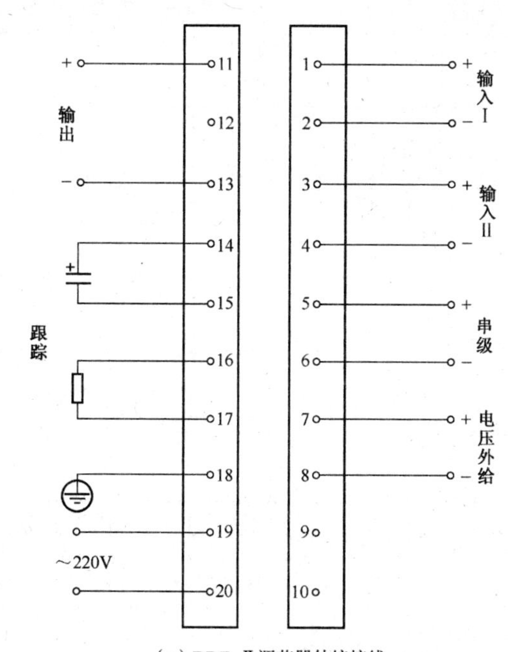

（e）DDZ-Ⅱ调节器外接接线

续表11.17

说　明	① DBY-120型压力变送器接线如图（a）所示。接线端子1、2接该压力变送器的负载（如调节器、指示灯、记录仪表等或负载电阻1.5kΩ），接线端子3、4接工频电源220V ② DZD-031型电-气转换器为DDZ-Ⅱ型电动单元组合式检测、调节仪表中的一个转换单元，它在自动调节系统中作为信号转换器用，它能将连续的电信号0～10mA（DC）相应地转换为连续的气压信号（0.2～1kg•f/cm^2），传送到气动二次仪表、调节器或气动执行机构进行记录、指示和调节。它的输入信号为0～10mA（DC），输出信号0.2～1kg•f/cm^2，输入电阻≤2.2kΩ，其接线线路如图（b）所示 ③ DBW-130型温度变送器是DDZ系列电动单元组合式检测调节仪表中的一个变送单元。它与各类的热电偶、热电阻配合使用，可将温度信号转换成0～10mA统一电流信号，同时它又是一个低电平直流毫伏转换器，可与具有毫伏输出的各种变送器配合，使之具有0～10mA统一信号输出，由此可组成对温度等参数的自动调节系统。DBW-130型温度变送器有两种形式，一种是墙挂式，另一种是现场安装式，它的接线方法如图（c）所示。它可接入热电偶及热电阻，量程为10～100Ω；也可接入毫伏输入信号，量程为5～50mA。所接的负载电阻为0～1.5kΩ，供电电压为交流电220V，消耗电功率约5V•A ④ XWD100型电子自动记录仪是自动化仪表的一个单元。它可将输入的0～10mA电流信号的变化自动记录下来，得到以时间为坐标的变化曲线图。例如，需要记录温度曲线时，测量温度的热电阻阻值变化通过温度变送器输出，变成0～10mA的电流信号送入记录仪中，便可记录出温度变化的曲线，具体外接接线如图（d）所示。RA为本记录仪自带的外加电阻，配接变送器为MA，外加交流电压为220V ⑤ DDZ-Ⅱ调节器在自动仪表中起直接操作执行机构作用。DDZ-Ⅱ调节器输入0～10mA（DC），输出0～10mA（DC），电源电压为220V，DDZ-Ⅱ调节器外接接线如图（e）所示

表11.18　ZSK–4型自动计数器控制电路

知识点	ZSK–4型自动计数器控制电路
图　示	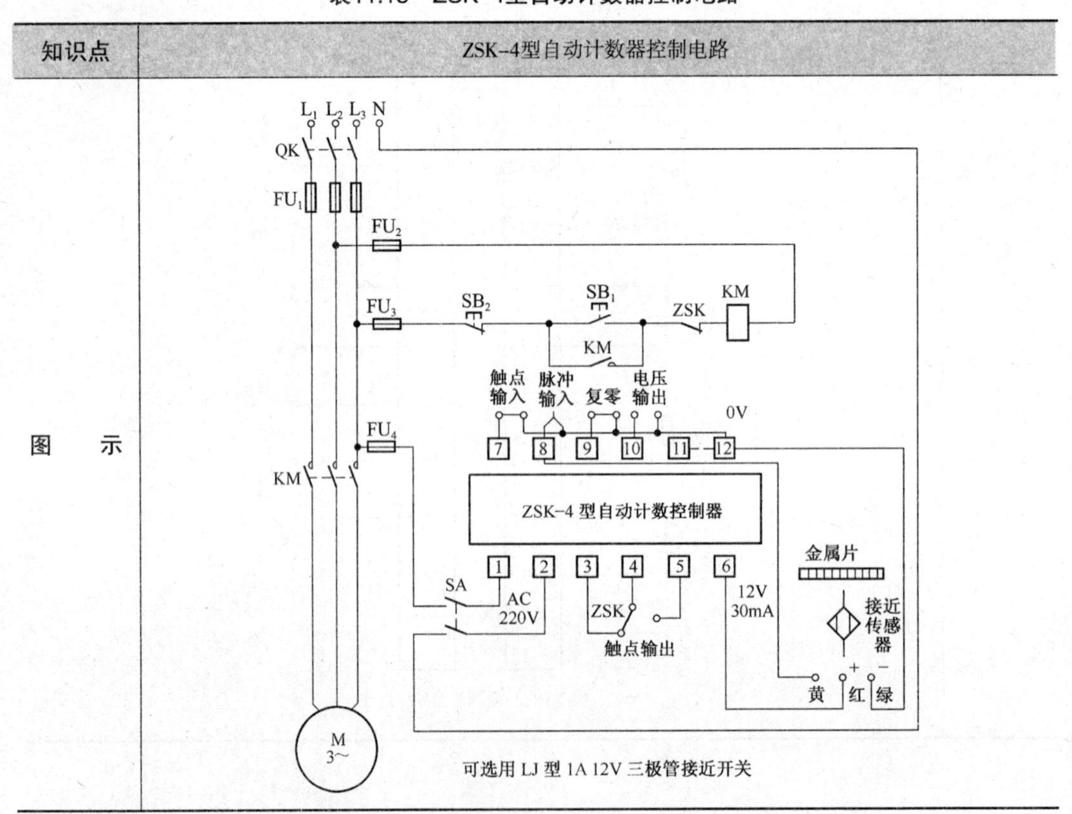可选用 LJ 型 1A 12V 三极管接近开关

续表11.18

说　明	① ZSK-4型自动计数器控制电路如图所示，该计数器可对生产流程中的产品进行计数、监控、显示 ② ZSK-4型自动计数器设有4位预置。它既可以进行连续计数，又可用数码开关预先设定一个数字，当计数到达预先设定值时，该计数器就输出控制信号，通过传感器执行控制 ③ 合上电源开关QK和计数器电源控制开关SA，并将计数器数码开关拨到所需要的数字。按下启动按钮SB_1，接触器KM吸合并自锁，电动机运转。这时，活动机械带动金属片对接近传感器进行连续感应，使计数器自动计数。当计数器计数达到预定值时，输出控制信号，并使计数器内的继电器常闭触点ZSK自动断开，切断控制回路，使接触器KM释放，电动机停止运转，并在计数器上显示预定的数字。当需要第二次计数时，必须按一下计数器上的复零按钮，方能计数

表11.19　DH-14J预置数数显计数继电器接线

知识点	DH-14J预置数数显计数继电器接线
图　示	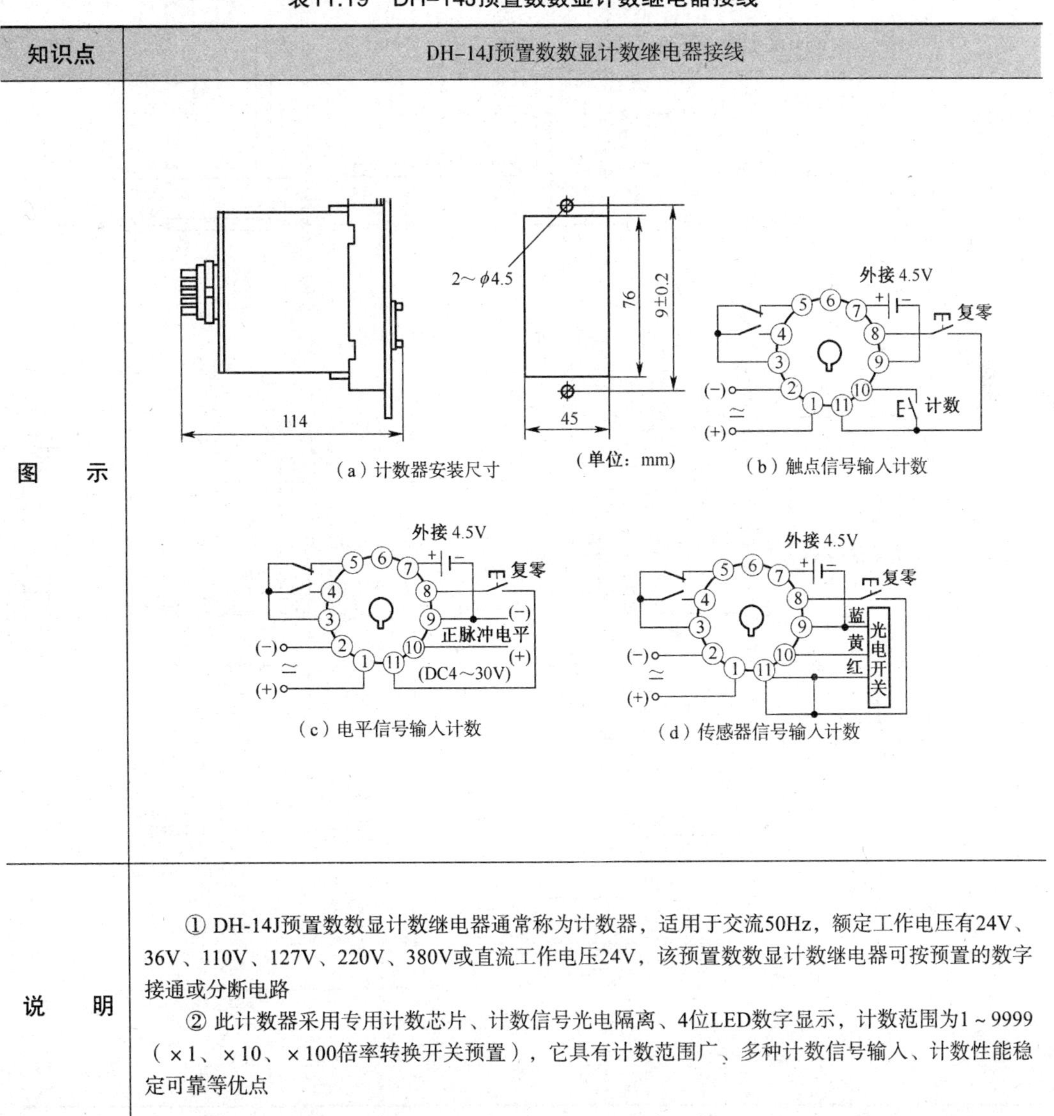（a）计数器安装尺寸　（b）触点信号输入计数 （c）电平信号输入计数　（d）传感器信号输入计数
说　明	① DH-14J预置数数显计数继电器通常称为计数器，适用于交流50Hz，额定工作电压有24V、36V、110V、127V、220V、380V或直流工作电压24V，该预置数数显计数继电器可按预置的数字接通或分断电路 ② 此计数器采用专用计数芯片、计数信号光电隔离、4位LED数字显示，计数范围为1～9999（×1、×10、×100倍率转换开关预置），它具有计数范围广、多种计数信号输入、计数性能稳定可靠等优点

表11.20　电工常用万用表电路

知识点	电工常用万用表电路
图　示	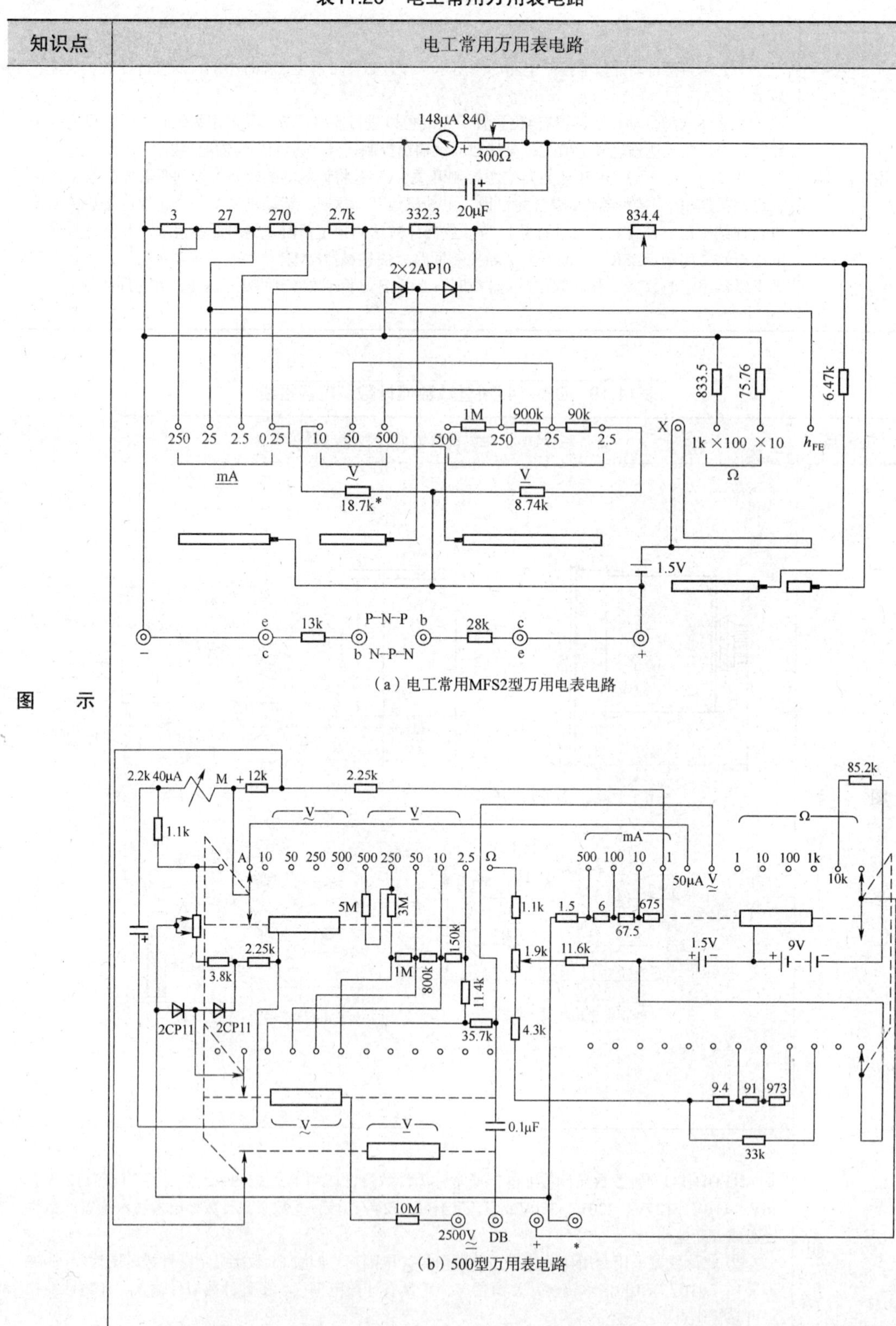

（a）电工常用MFS2型万用电表电路

（b）500型万用表电路

续表11.20

说　明	① 万用表是电工常用的测量仪表，其内部由直流电流表、电容、电阻、二极管、开关、电池等组成。图（a）所示是一种典型的袖珍式万用表电路。它有直流电流测量挡、交直流电压测量挡、直流电阻测量挡、三极管h_{FE}测定挡。h_{FE}测量方法如下：把开关转到R×1k挡上，将测试杆短路，调好欧姆零位，再把开关转到h_{FE}挡，把三极管e、b、c三极插入万用表相对应的e、b、c插孔内，在h_{FE}刻度线上可读出h_{FE}的值来 ② 500型万用表又称繁用表，是一种多用途的便携式测量仪表，它具有测量范围广、使用方便、易携带等优点，是电工必备的测量工具。图（b）所示是500型万用表实际电气线路图，供电工人员维修万用表参考

表11.21　电工常用兆欧表电路

知识点	电工常用兆欧表电路
图　示	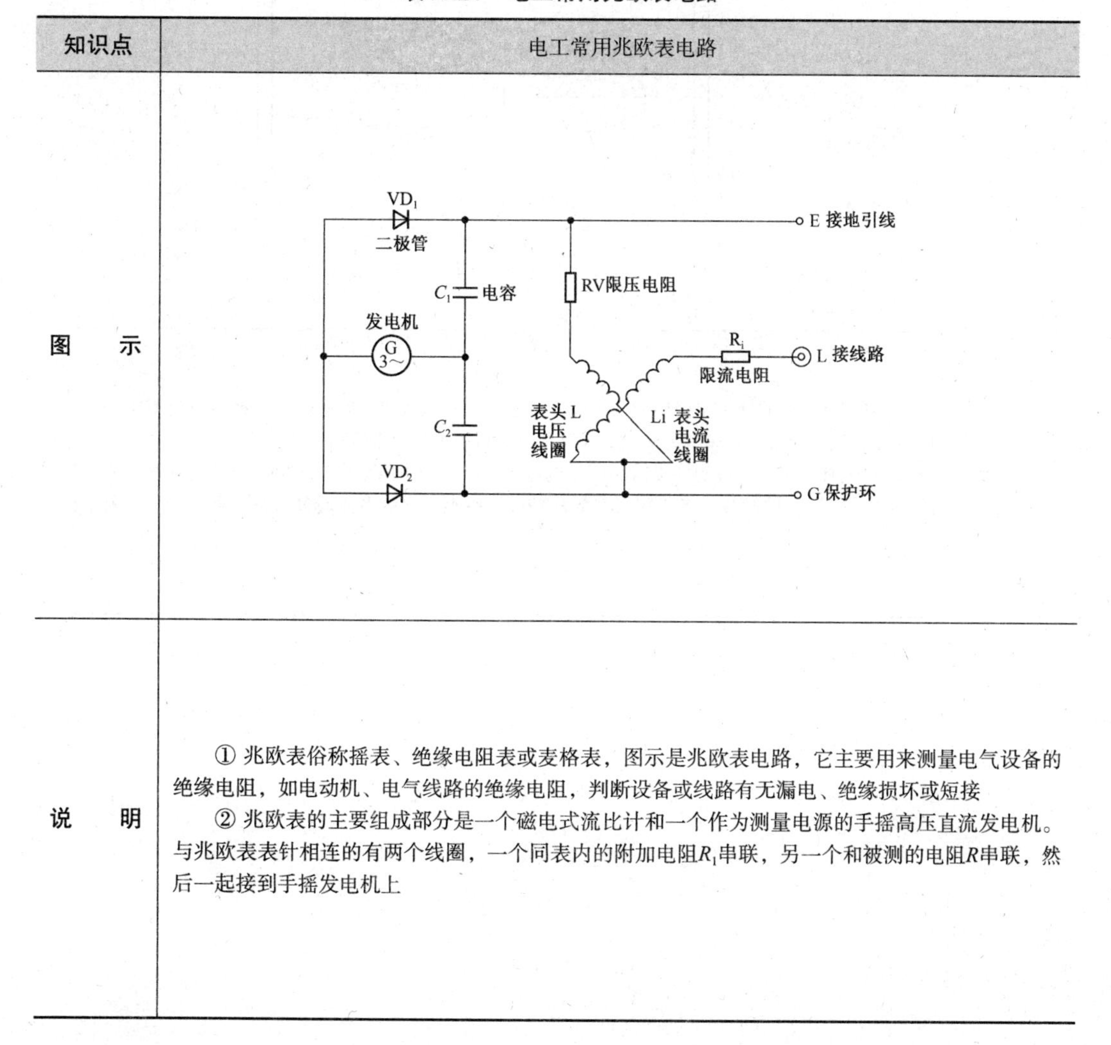
说　明	① 兆欧表俗称摇表、绝缘电阻表或麦格表，图示是兆欧表电路，它主要用来测量电气设备的绝缘电阻，如电动机、电气线路的绝缘电阻，判断设备或线路有无漏电、绝缘损坏或短接 ② 兆欧表的主要组成部分是一个磁电式流比计和一个作为测量电源的手摇高压直流发电机。与兆欧表表针相连的有两个线圈，一个同表内的附加电阻R_1串联，另一个和被测的电阻R串联，然后一起接到手摇发电机上

表11.22　MG26/27型袖珍多用钳形表电路

<table>
<tr><th>知识点</th><th>MG26/27型袖珍多用钳形表电路</th></tr>
<tr><td>图　示</td><td>
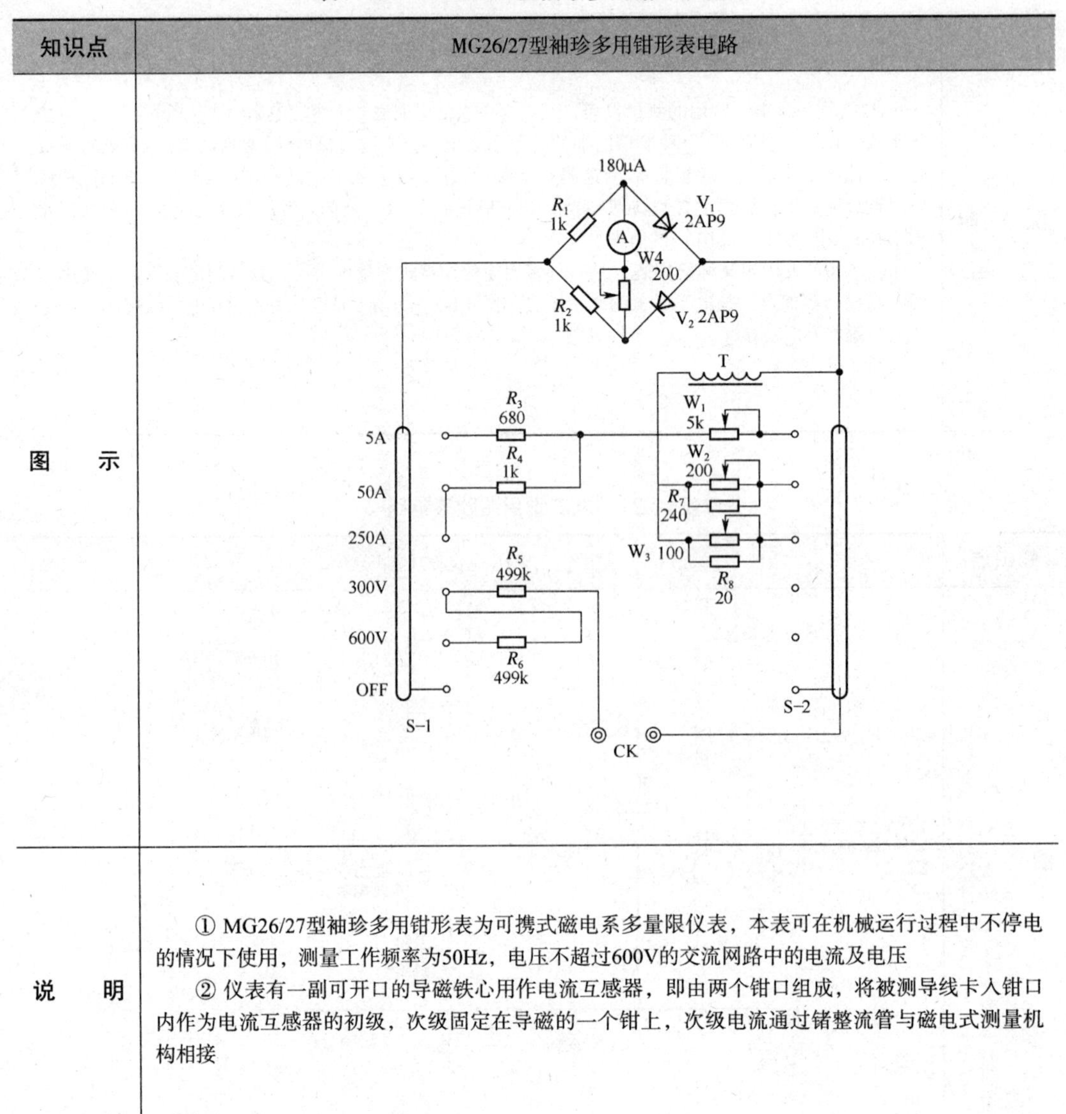

</td></tr>
<tr><td>说　明</td><td>① MG26/27型袖珍多用钳形表为可携式磁电系多量限仪表，本表可在机械运行过程中不停电的情况下使用，测量工作频率为50Hz，电压不超过600V的交流网路中的电流及电压
② 仪表有一副可开口的导磁铁心用作电流互感器，即由两个钳口组成，将被测导线卡入钳口内作为电流互感器的初级，次级固定在导磁的一个钳上，次级电流通过锗整流管与磁电式测量机构相接</td></tr>
</table>

表11.23　电工常用MG31-2型交流钳形电流表电路

知识点	电工常用MG26/27型交流钳形电流表电路
图　　示	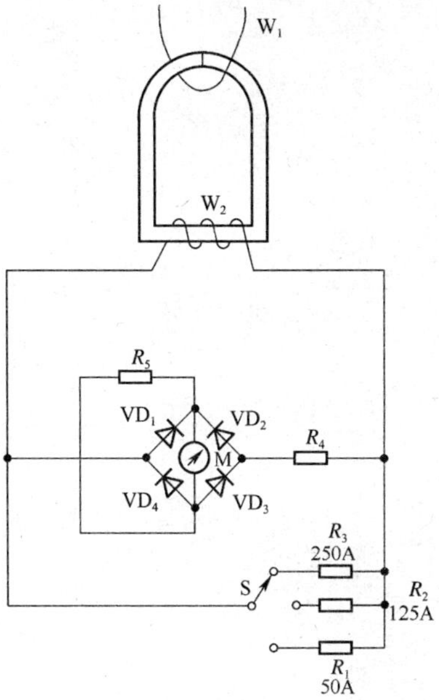 W1 W2 R5 VD1 VD2 R4 M VD4 VD3 R3 250A S R2 125A R1 50A
说　　明	① 测量电动机电流时，常用的一种仪表称为钳形电流表。因为用万用表测量电路中的电流时，需断开电路将万用表串联在线路中，一般只能测量较小的电流，而钳形电流表则可在不断开电源的情况下，直接测量电路中的大电流 ② MG31-2型交流钳形电流表是一种互感整流式仪表。被测量的负载导线为一次线圈，在钳形电流表铁心上固定的线圈为二次线圈，二次电流经过分流、整流，由指示仪表M显示。M的刻度盘按一次电流的数值显示。电流互感器的电流比为$I_1/I_2=W_2/W_1$

第12章 信号指示电路

表12.1　三相电源相序指示电路

知识点	三相电源相序指示电路
图　　示	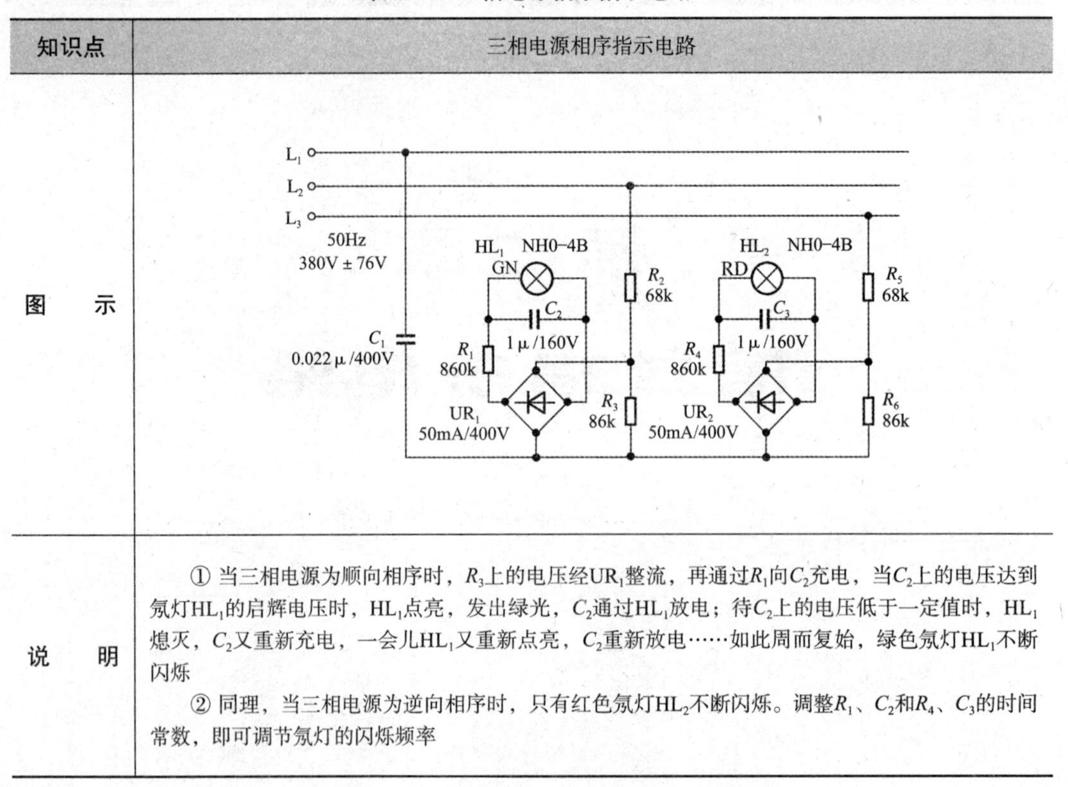
说　　明	① 当三相电源为顺向相序时，R_3上的电压经UR_1整流，再通过R_1向C_2充电，当C_2上的电压达到氖灯HL_1的启辉电压时，HL_1点亮，发出绿光，C_2通过HL_1放电；待C_2上的电压低于一定值时，HL_1熄灭，C_2又重新充电，一会儿HL_1又重新点亮，C_2重新放电……如此周而复始，绿色氖灯HL_1不断闪烁 ② 同理，当三相电源为逆向相序时，只有红色氖灯HL_2不断闪烁。调整R_1、C_2和R_4、C_3的时间常数，即可调节氖灯的闪烁频率

表12.2　三相电源缺相警报电路

知识点	三相电源缺相警报电路
图　　示	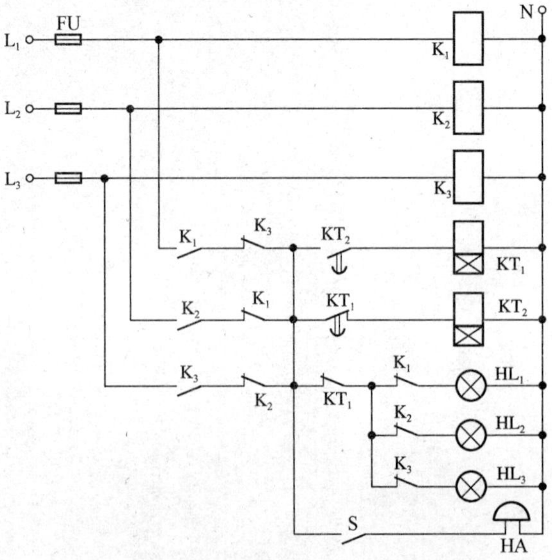

续表12.2

说 明	合上开关S，在正常供电时，继电器K_1、K_2、K_3都吸合，其各自的三组常闭触点都断开，常开触点都闭合，切断时间继电器KT_1和KT_2、指示灯HL_1～HL_3及电铃HA回路电源。当某相电源断电时，如L_1相断电，会使K_1断电释放，其常闭触点恢复闭合状态，KT_2得电吸合，HL_1亮，HA响铃报警。经过一段时间后，KT_2延时时间到，其常开触点延时闭合，使KT_1得电吸合，KT_1常闭触点瞬时断开，切断HL_1电源。经过一段时间，KT_1延时时间到，其延时断开触点断开，使KT_2断电释放，KT_2常开触点断开，KT_1断电释放。KT_1常闭触点闭合，HL_1点亮。这样，HL_1就会闪烁发光。L_2、L_3缺相报警指示与L_1相同。于是，值班人员通过电铃便知道缺相了，看到哪个灯亮，便知道是哪一相缺电。在排除故障期间，可把开关S断开，电铃便停止报警

表12.3 电气设备工作状态指示电路

知识点	电气设备工作状态指示电路
图 示	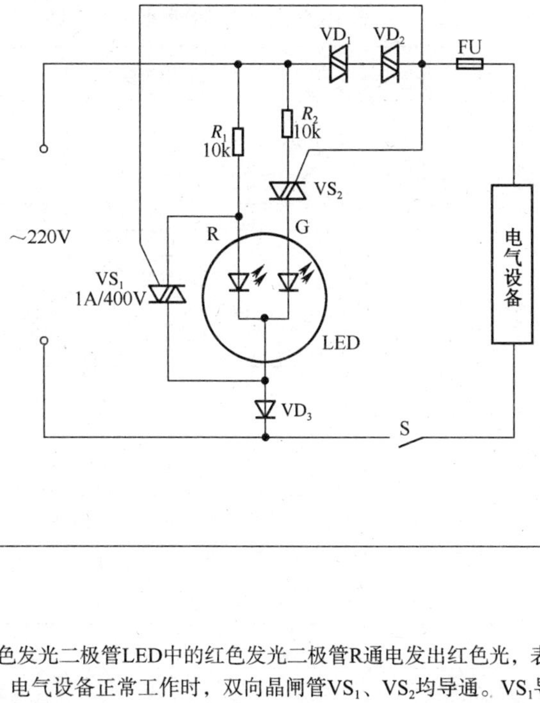
说 明	接通电源，变色发光二极管LED中的红色发光二极管R通电发出红色光，表示220V电源供电正常，当合上开关S，电气设备正常工作时，双向晶闸管VS_1、VS_2均导通。VS_1导通，将LED中的红色发光二极管短接而熄灭，VS_2导通，使LED中的绿色发光二极管G发出绿色光，指示电气设备正常工作。若合上开关S，电气设备断路或熔断器FU熔断时，虽合上了S，但VS_1仍指示电源供电正常（LED发出红色光），绿色发光二极管不亮，说明电气设备、FU或S回路有故障

表12.4　用耳机、灯泡组成简易测线通断器电路

知识点	用耳机、灯泡组成简易测线通断器电路
图　　示	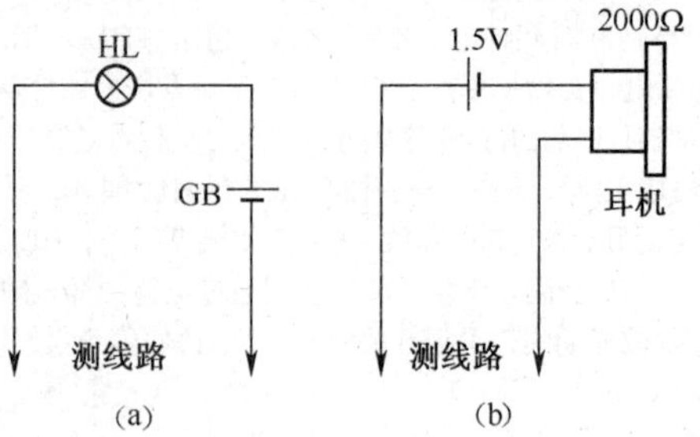
说　　明	图示是一种最简便的线路通断检测器电路。当测得导线通路时，灯泡会发光，耳机在通断瞬时会发响；当线路断路时，耳机则不响，灯泡则不亮。这种方法简单易行，非常适合初级电工使用，或代替万用表做测量，其优点是携带方便

表12.5　红绿灯相序指示器电路

知识点	红绿灯相序指示器电路
图　　示	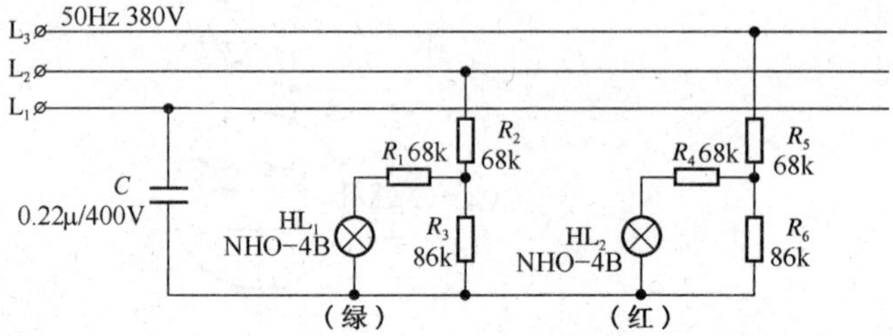
说　　明	L_2或L_3相电压由电阻器R_2、R_3或R_5、R_6分压，再将氖灯HL_1、HL_2经R_1、R_4并接到R_3、R_6上。这样在顺向相序时，R_2和R_3上的总电压为330V，R_3上约为198V，使HL_1启辉点亮，发出绿光；当为逆向相序时，R_5和R_6上的总电压约为330V，R_6上的电压约为198V，使HL_2启辉点亮，发出红光。顺向相序绿灯点亮，逆向相序红灯点亮

表12.6　用一个变色发光二极管作机床电气运行、停止、过载指示电路

知识点	用一个变色发光二极管作机床电气运行、停止、过载指示电路
图　示	L　N　～220V　T 220/6.3V　VD 2DP　LED　C　R　G　R_1 330/$\frac{1}{2}$W　R_2 330/$\frac{1}{2}$W　KM　KM　FR　SB_1　SB_2　KM　KM
说　明	在机床停止运行时，因交流接触器KM辅助常闭触点闭合，6.3V电源通过降压电阻R_1、保护二极管VD使红色发光二极管发光，作停止指示兼作电源指示；机床运行时，KM动作吸合、自锁，其辅助常闭触点断开，红色发光二极管熄灭，辅助常开触点闭合，6.3V电源通过降压电阻R_2和VD使绿色发光二极管发光，作运行指示；在机床过载时，热继电器FR触点断开，切断了KM线圈回路电源，使其断电释放，辅助常开触点断开，绿色发光二极管熄灭，辅助常闭触点闭合，红色发光二极管点燃发光；与此同时，FR常开触点闭合，接通了绿色发光二极管回路，使红色和绿色发光二极管均发光，呈现橙色光，作机床过载时故障信号指示。常用的双色发光二极管有2EF系列和BT系列，常用的三色发光二极管有2EF302、2EF312、2EF322等型号

表12.7　彩色三相指示灯电路

知识点	彩色三相指示灯电路
图　示	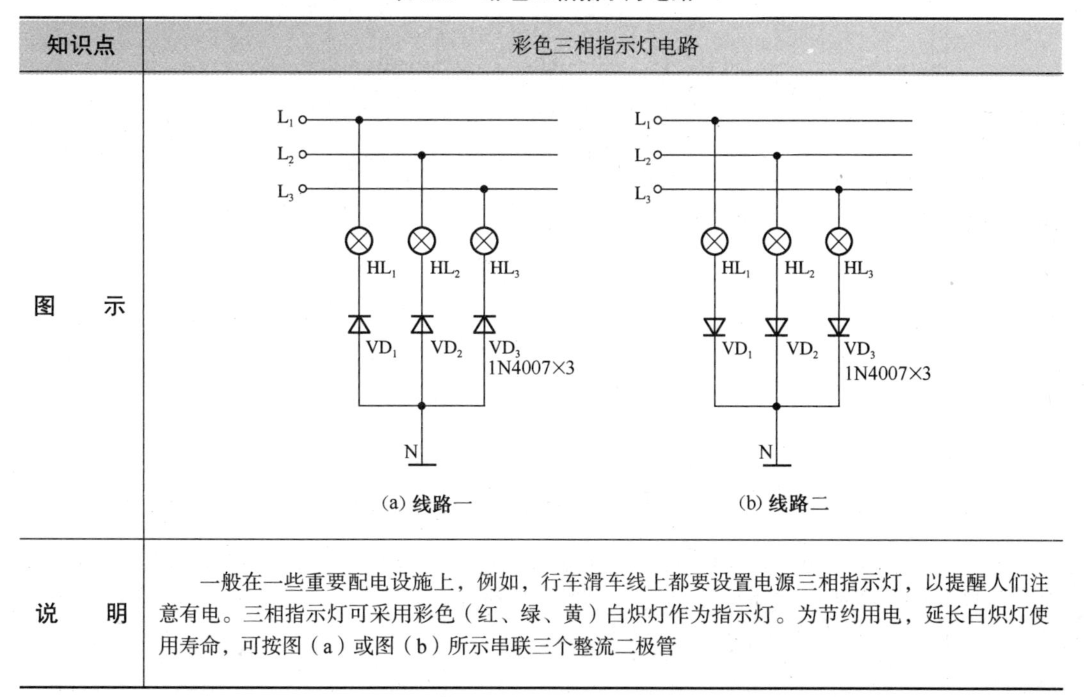 (a) 线路一　(b) 线路二
说　明	一般在一些重要配电设施上，例如，行车滑车线上都要设置电源三相指示灯，以提醒人们注意有电。三相指示灯可采用彩色（红、绿、黄）白炽灯作为指示灯。为节约用电，延长白炽灯使用寿命，可按图（a）或图（b）所示串联三个整流二极管

表12.8　白炽灯闪烁发光电路

知识点	白炽灯闪烁发光电路
图　示	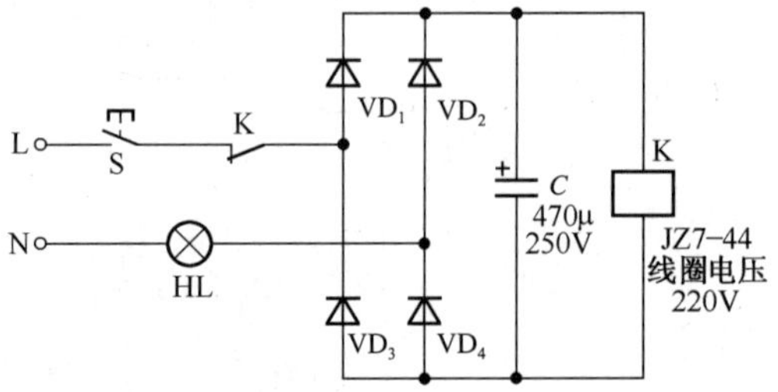 L　S　K　VD₁　VD₂　VD₃　VD₄　N　HL　C 470μ 250V　K　JZ7–44 线圈电压 220V
说　明	当接通220V电源时，继电器K的常闭触点仍处于闭合状态，白炽灯HL点亮。此时电源经VD_1～VD_4作桥式整流，对电容器C充电，C和K线圈上的电压逐渐上升。当C两端的电压上升到继电器吸合电压时，K动作，其常闭触点断开，HL熄灭。但由于C两端有较高的储存电压为K线圈提供吸合电能，所以K维持吸合。待C两端的电压低于K线圈维持电压时，K释放，其常闭触点恢复闭合状态，HL又被点亮。就这样，HL周而复始地点亮、熄灭，形成闪烁发光的状态。K选用JZ7-44，线圈电压为220V的中间继电器。S为手动开关，起到电源开关的作用

表12.9　潜水电泵缺相监测灯电路

知识点	潜水电泵缺相监测灯电路
图　示	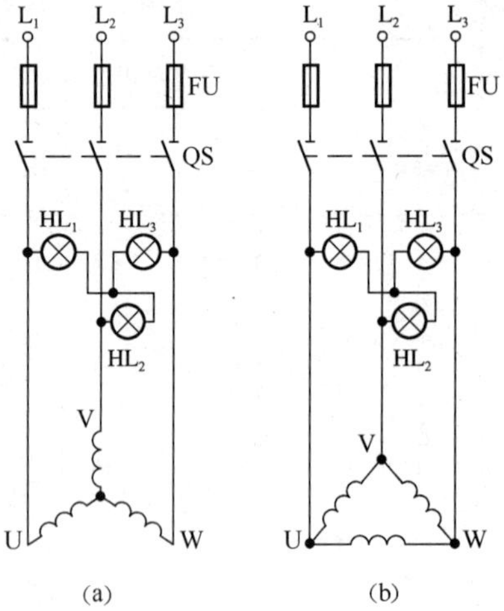 L_1 L_2 L_3 FU QS HL_1 HL_3 HL_2 V U W (a)　　L_1 L_2 L_3 FU QS HL_1 HL_3 HL_2 V U W (b)
说　明	若运行中的潜水电泵缺相，会造成电动机过热烧毁。图示是一种潜水电泵缺相监测灯电路，能在某相缺电时使相应的指示灯自动熄灭，从而起到监护作用，提示电工人员停电检修，避免绕组烧毁事故的发生

表12.10 无功补偿并联电容器放电指示灯电路

知识点	无功补偿并联电容器放电指示灯电路
图 示	
说 明	无功补偿并联电容器可起到减少无功损耗作用。无功补偿并联电容器放电指示灯电路如图所示，白炽灯不仅起着电容器组C的放电电阻作用，而且还起着指示灯作用。在断开电源的瞬间，电容器组上的残留电压初始值为电容器组的额定电压值。为延长灯泡的寿命，一般选择功率相等的两个灯泡串联后，再接成Y形或△形直接并联在电容器组上。选用多大功率的灯泡，要取决于电容器组的容量。在放电过程中，开始灯泡很亮，然后逐渐变暗，如果灯泡完全熄灭，即表示电容器组放电结束

表12.11 简易绝缘检测器电路

知识点	简易绝缘检测器电路
图 示	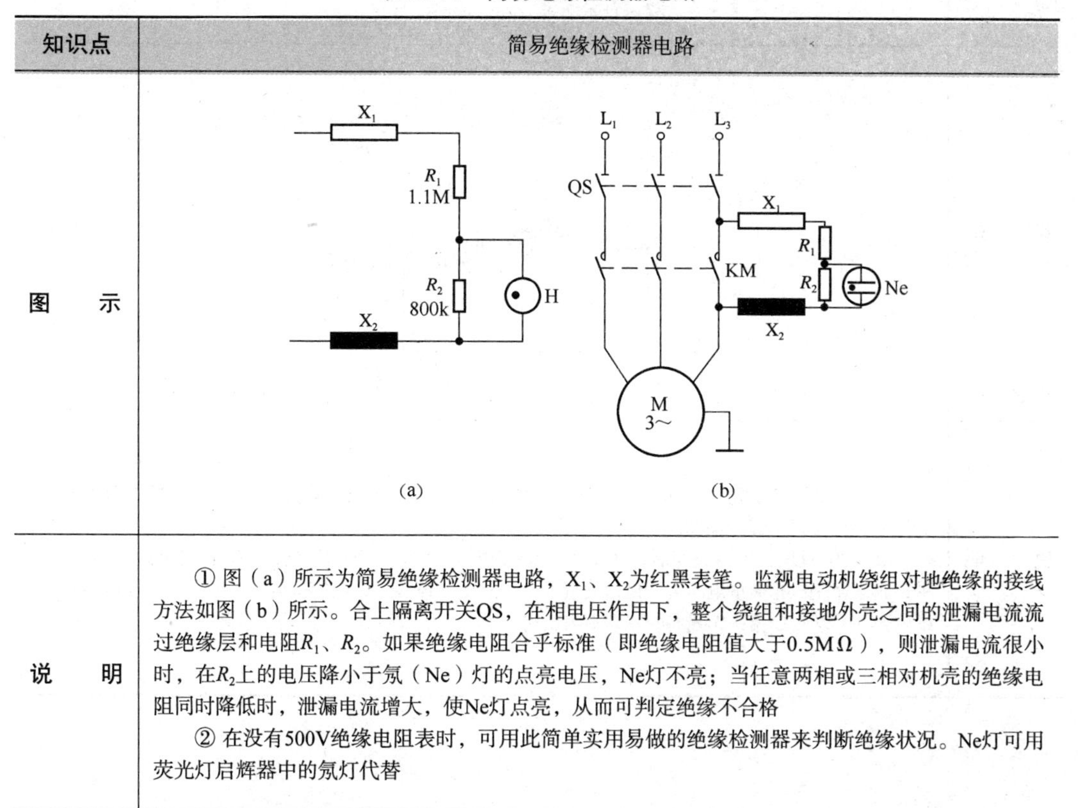(a) (b)
说 明	① 图（a）所示为简易绝缘检测器电路，X_1、X_2为红黑表笔。监视电动机绕组对地绝缘的接线方法如图（b）所示。合上隔离开关QS，在相电压作用下，整个绕组和接地外壳之间的泄漏电流流过绝缘层和电阻R_1、R_2。如果绝缘电阻合乎标准（即绝缘电阻值大于0.5MΩ），则泄漏电流很小时，在R_2上的电压降小于氖（Ne）灯的点亮电压，Ne灯不亮；当任意两相或三相对机壳的绝缘电阻同时降低时，泄漏电流增大，使Ne灯点亮，从而可判定绝缘不合格 ② 在没有500V绝缘电阻表时，可用此简单实用易做的绝缘检测器来判断绝缘状况。Ne灯可用荧光灯启辉器中的氖灯代替

表12.12　自装交流电源相序指示器电路

知识点	自装交流电源相序指示器电路
图　示	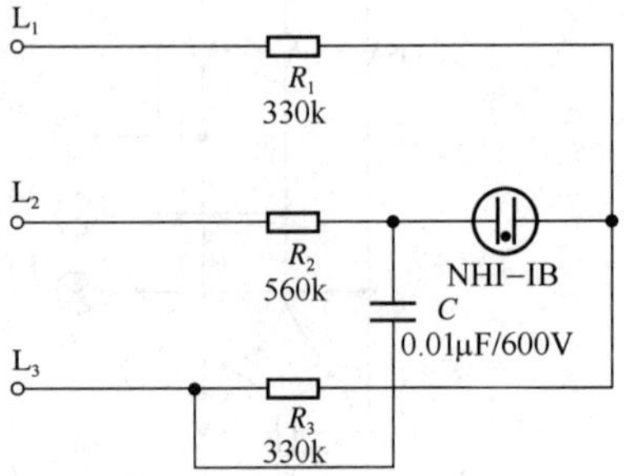
说　明	用电阻、电容、氖灯可组成一小型电源相序指示器。当电源按顺相序L_1、L_2、L_3接入时，氖灯就亮；当电源按逆相序L_2、L_1、L_3接入时则氖灯不亮

表12.13　简易自装交流电源相序指示器电路

知识点	简易自装交流电源相序指示器电路
图　示	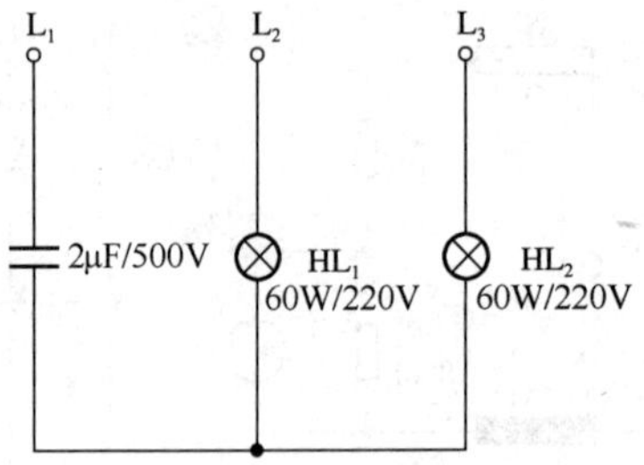
说　明	① 用一只2μF、耐压为500V的电容和两个相等功率（220V/60W）的白炽灯泡，便可做成一个交流电源相序指示器，如图所示 ② 工作原理：电容移相后，改变了其中一相的相位差，使作用到HL_1和HL_2上的矢量电压不等，其规律是L_2相矢量电压大于L_3相矢量电压。故按图连接后，电容接电源L_1相，那么可知灯泡光线较强的一端是L_2相，光线弱的一端则为L_3相

表12.14　用交流电源和灯泡测定电动机三相绕组头尾的电路

知识点	用交流电源和灯泡测定电动机三相绕组头尾的电路
图　示	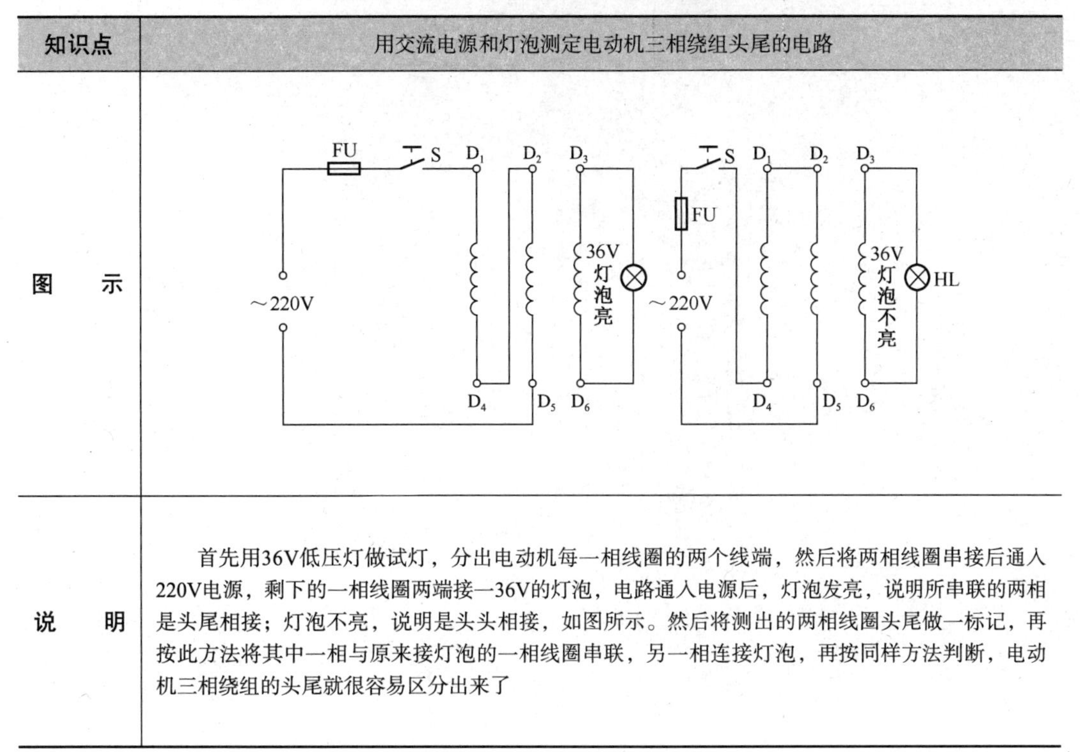
说　明	首先用36V低压灯做试灯，分出电动机每一相线圈的两个线端，然后将两相线圈串接后通入220V电源，剩下的一相线圈两端接一36V的灯泡，电路通入电源后，灯泡发亮，说明所串联的两相是头尾相接；灯泡不亮，说明是头头相接，如图所示。然后将测出的两相线圈头尾做一标记，再按此方法将其中一相与原来接灯泡的一相线圈串联，另一相连接灯泡，再按同样方法判断，电动机三相绕组的头尾就很容易区分出来了

第13章 常用建筑电气线路

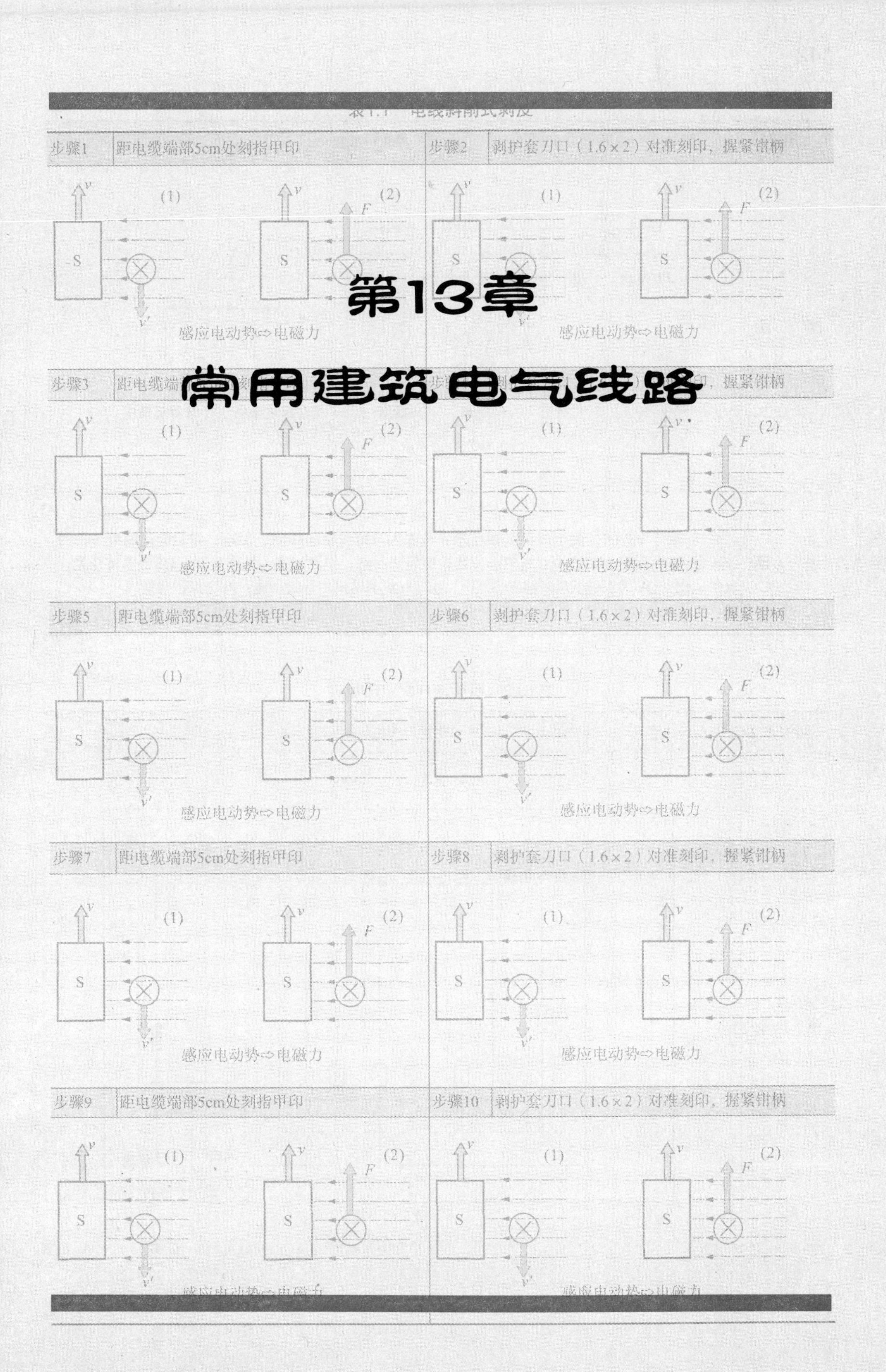

表13.1 一室一厅配电线路

<table>
<tr><th>知识点</th><th>一室一厅配电线路</th></tr>
<tr><td>图 示</td><td>
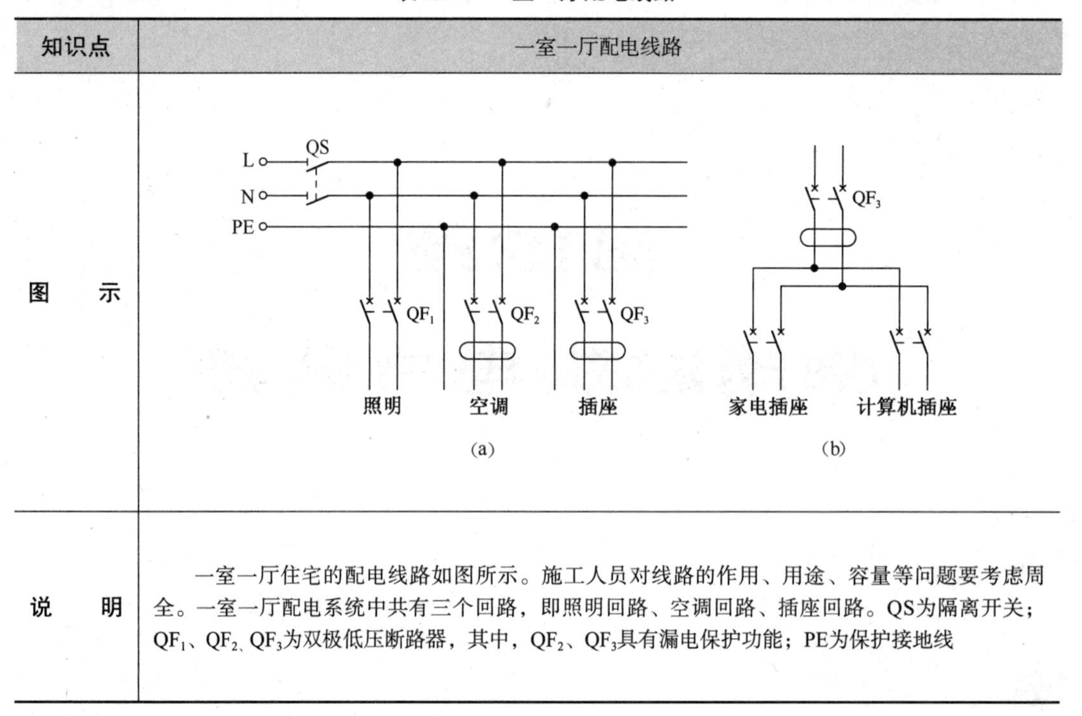

</td></tr>
<tr><td>说 明</td><td>一室一厅住宅的配电线路如图所示。施工人员对线路的作用、用途、容量等问题要考虑周全。一室一厅配电系统中共有三个回路，即照明回路、空调回路、插座回路。QS为隔离开关；QF_1、QF_2、QF_3为双极低压断路器，其中，QF_2、QF_3具有漏电保护功能；PE为保护接地线</td></tr>
</table>

表13.2 照明进户配电箱线路

<table>
<tr><th>知识点</th><th>照明进户配电箱线路</th></tr>
<tr><td>图 示</td><td>
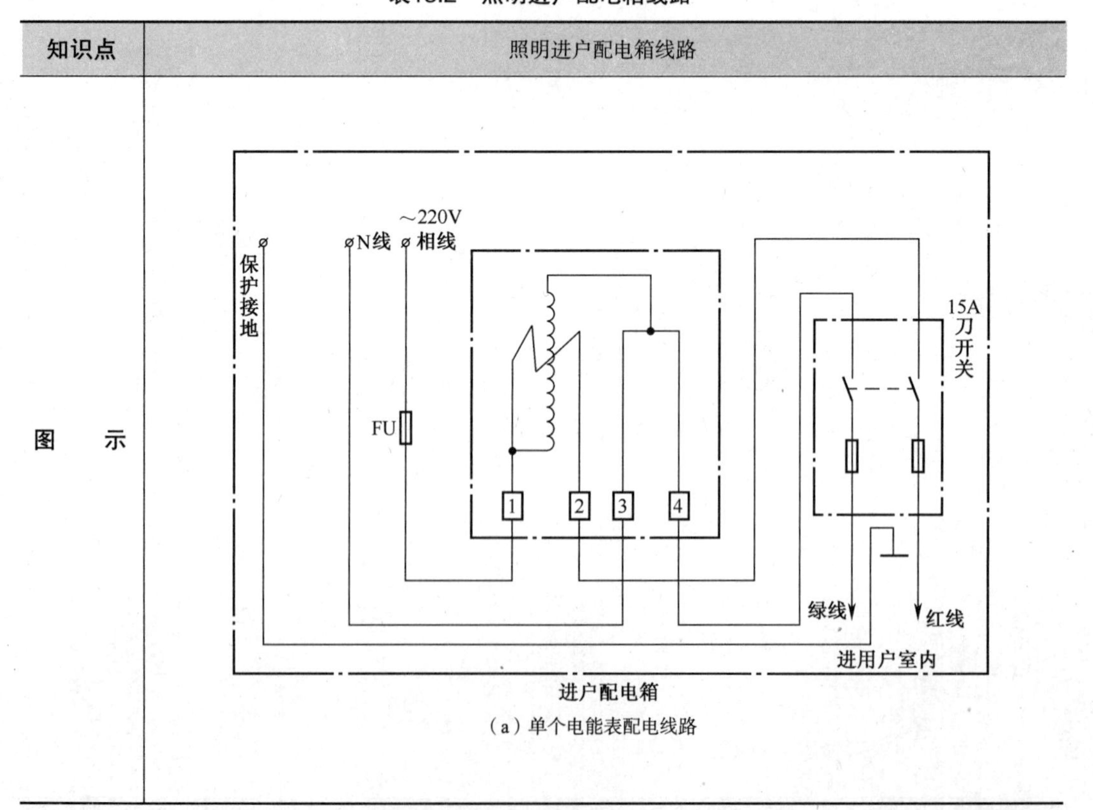

(a) 单个电能表配电线路
</td></tr>
</table>

续表13.2

<table>
<tr><td>图　示</td><td>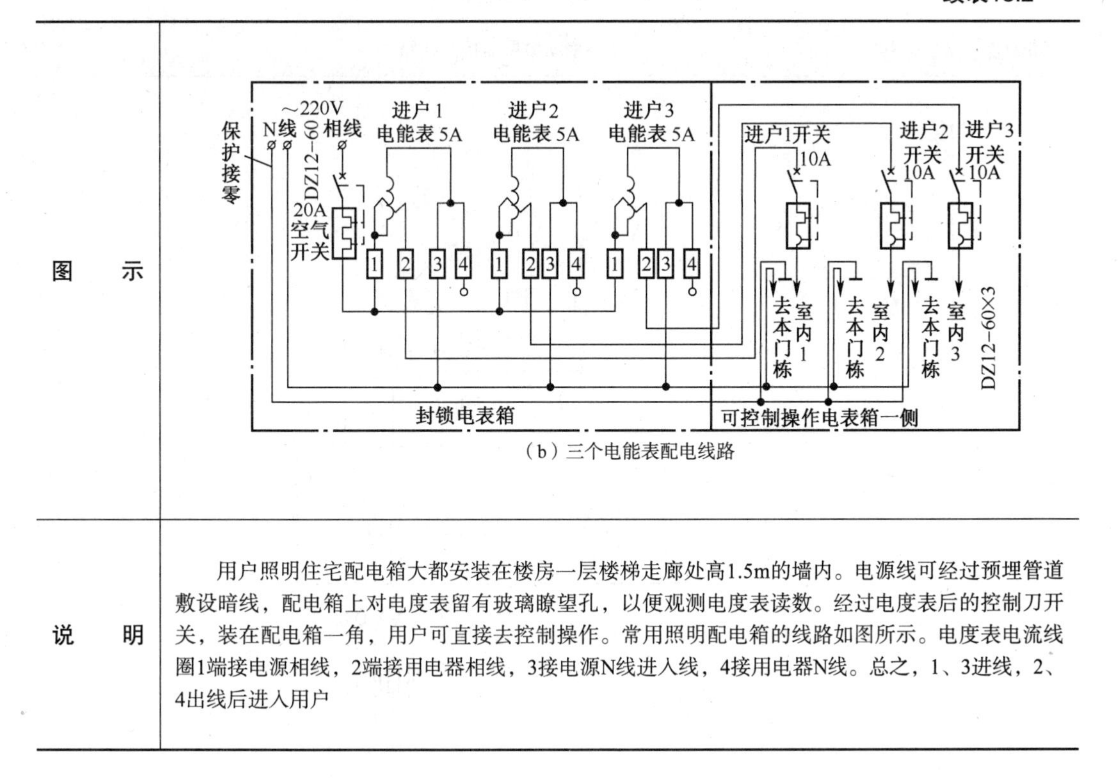

（b）三个电能表配电线路</td></tr>
<tr><td>说　明</td><td>用户照明住宅配电箱大都安装在楼房一层楼梯走廊处高1.5m的墙内。电源线可经过预埋管道敷设暗线，配电箱上对电度表留有玻璃瞭望孔，以便观测电度表读数。经过电度表后的控制刀开关，装在配电箱一角，用户可直接去控制操作。常用照明配电箱的线路如图所示。电度表电流线圈1端接电源相线，2端接用电器相线，3接电源N线进入线，4接用电器N线。总之，1、3进线，2、4出线后进入用户</td></tr>
</table>

表13.3　施工振动器线路

<table>
<tr><th>知识点</th><th>施工振动器线路</th></tr>
<tr><td>图　示</td><td>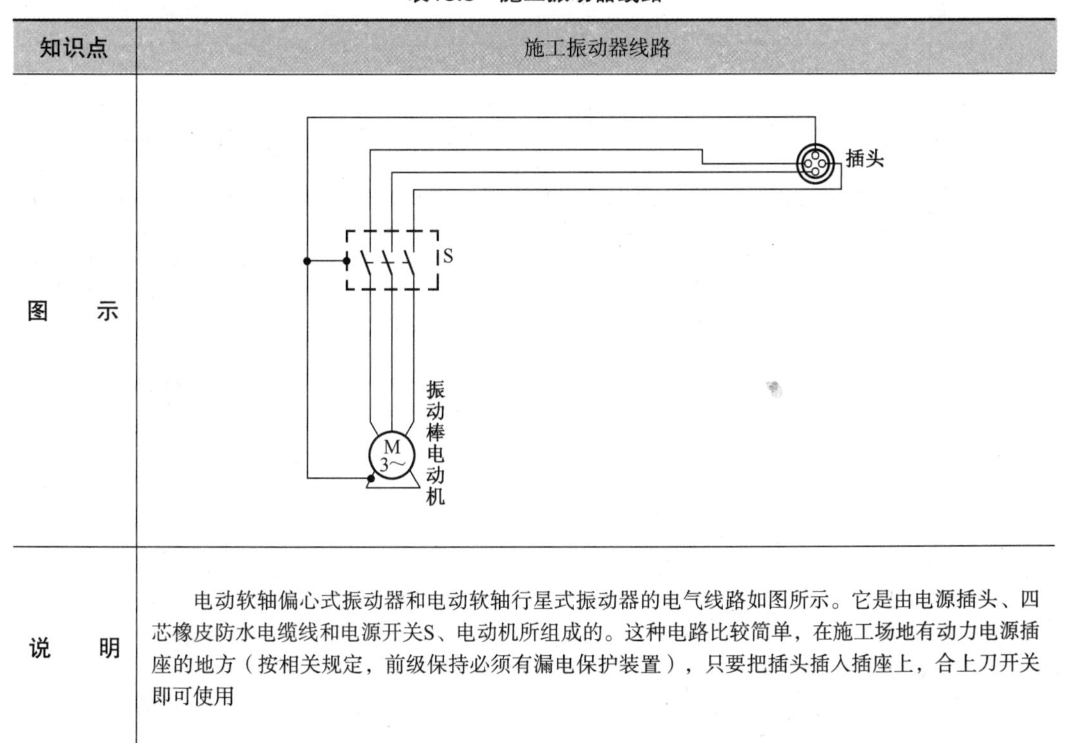
</td></tr>
<tr><td>说　明</td><td>电动软轴偏心式振动器和电动软轴行星式振动器的电气线路如图所示。它是由电源插头、四芯橡皮防水电缆线和电源开关S、电动机所组成的。这种电路比较简单，在施工场地有动力电源插座的地方（按相关规定，前级保持必须有漏电保护装置），只要把插头插入插座上，合上刀开关即可使用</td></tr>
</table>

表13.4　手动振捣器控制线路

知识点	手动振捣器控制线路
图　示	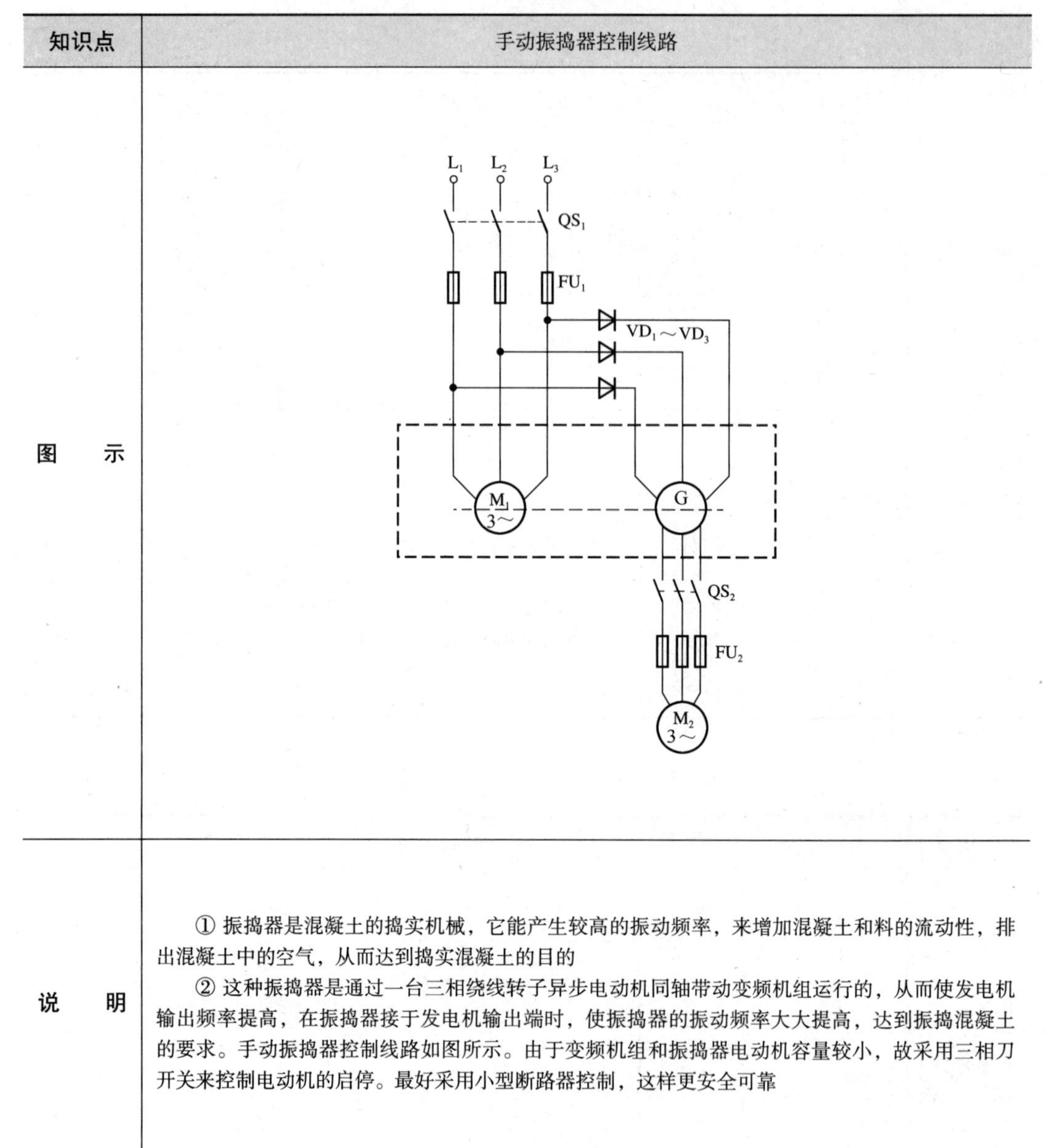
说　明	① 振捣器是混凝土的捣实机械，它能产生较高的振动频率，来增加混凝土和料的流动性，排出混凝土中的空气，从而达到捣实混凝土的目的 ② 这种振捣器是通过一台三相绕线转子异步电动机同轴带动变频机组运行的，从而使发电机输出频率提高，在振捣器接于发电机输出端时，使振捣器的振动频率大大提高，达到振捣混凝土的要求。手动振捣器控制线路如图所示。由于变频机组和振捣器电动机容量较小，故采用三相刀开关来控制电动机的启停。最好采用小型断路器控制，这样更安全可靠

表13.5　用电流继电器控制机械扳手线路

<table>
<tr><th>知识点</th><th>用电流继电器控制机械扳手线路</th></tr>
<tr><td>图　　示</td><td>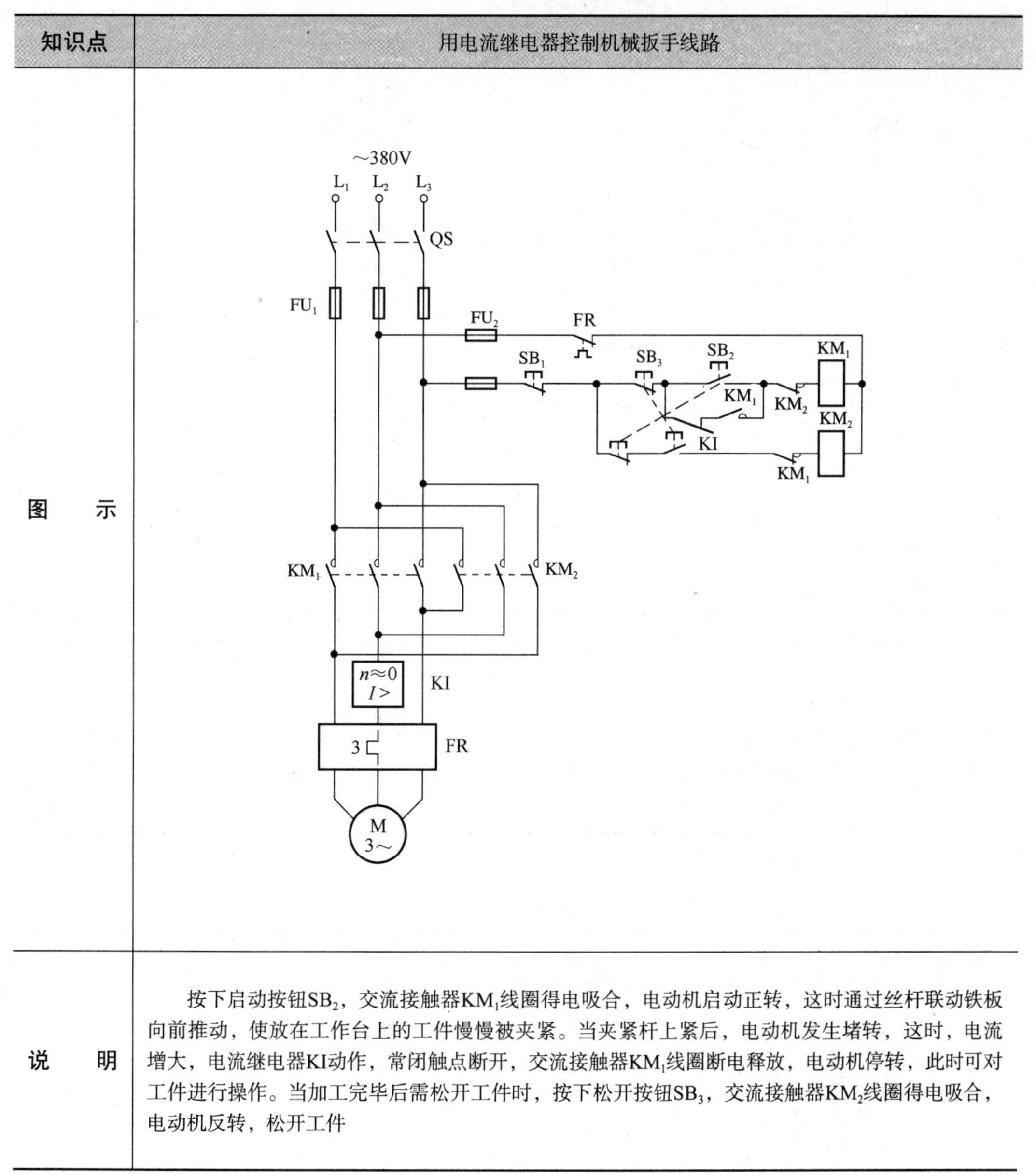
</td></tr>
<tr><td>说　　明</td><td>按下启动按钮SB_2，交流接触器KM_1线圈得电吸合，电动机启动正转，这时通过丝杆联动铁板向前推动，使放在工作台上的工件慢慢被夹紧。当夹紧杆上紧后，电动机发生堵转，这时，电流增大，电流继电器KI动作，常闭触点断开，交流接触器KM_1线圈断电释放，电动机停转，此时可对工件进行操作。当加工完毕后需松开工件时，按下松开按钮SB_3，交流接触器KM_2线圈得电吸合，电动机反转，松开工件</td></tr>
</table>

表13.6　圆盘切割机的控制线路

知识点	圆盘切割机的控制线路
图　　示	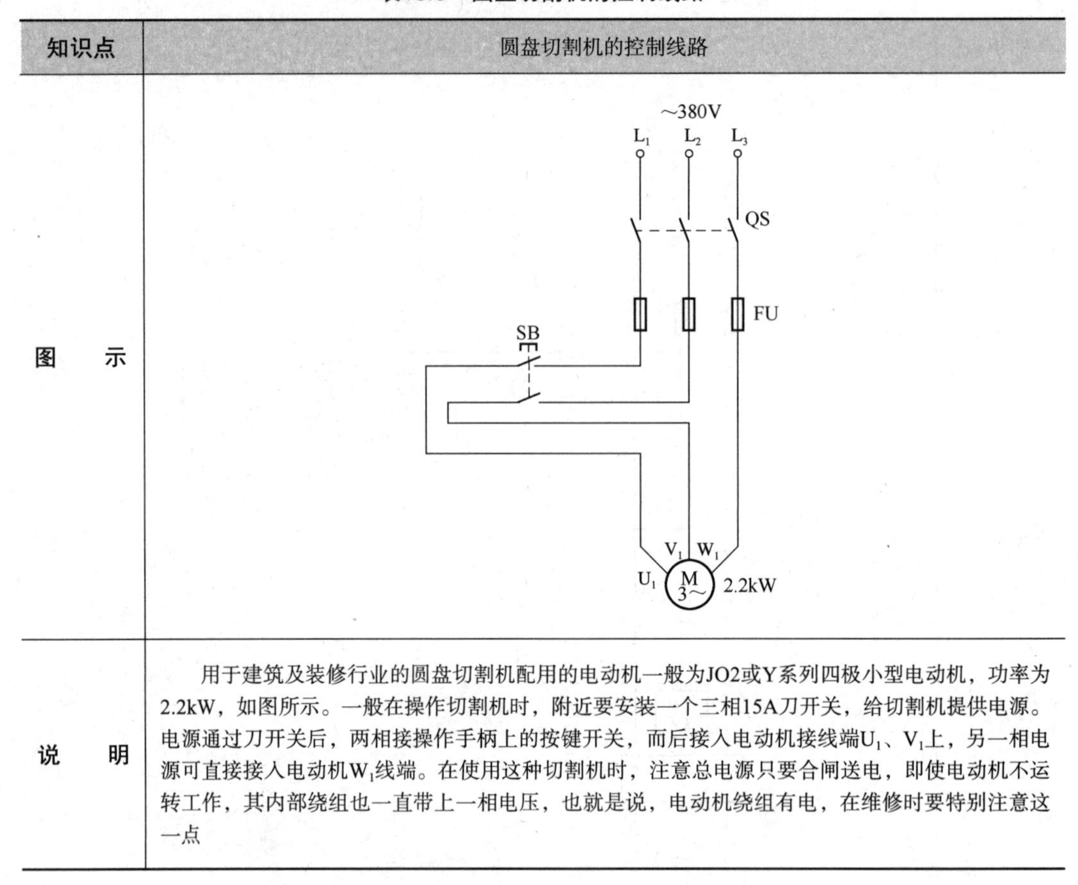
说　　明	用于建筑及装修行业的圆盘切割机配用的电动机一般为JO2或Y系列四极小型电动机，功率为2.2kW，如图所示。一般在操作切割机时，附近要安装一个三相15A刀开关，给切割机提供电源。电源通过刀开关后，两相接操作手柄上的按键开关，而后接入电动机接线端U_1、V_1上，另一相电源可直接接入电动机W_1线端。在使用这种切割机时，注意总电源只要合闸送电，即使电动机不运转工作，其内部绕组也一直带上一相电压，也就是说，电动机绕组有电，在维修时要特别注意这一点

表13.7　两台水泵电动机一用一备线路

知识点	两台水泵电动机一用一备线路
图　　示	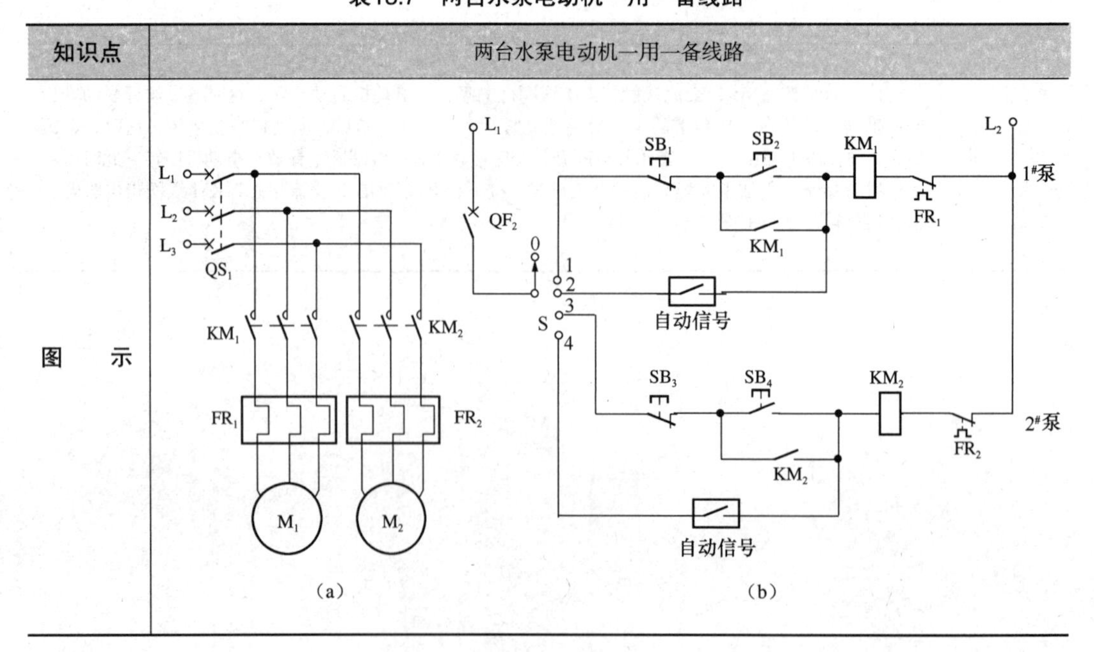

续表13.7

说　明	图示电路采用一个五挡开关控制，当挡位开关置于“0”位时，切断所有控制回路电源；当挡位开关置于“1”位时，1#泵可以进行手动操作启动、停止；当挡位开关置于“2”位时，1#泵可以通过外接电接点压力表送来的信号进行自动控制；当挡位开关置于“3”位时，2#泵可以进行手动操作启动、停止；当挡位开关置于“4”位时，2#泵可以通过外接电接点压力表送来的信号进行自动控制

表13.8　散装水泥自动称量控制线路

知识点	散装水泥自动称量控制线路
图　示	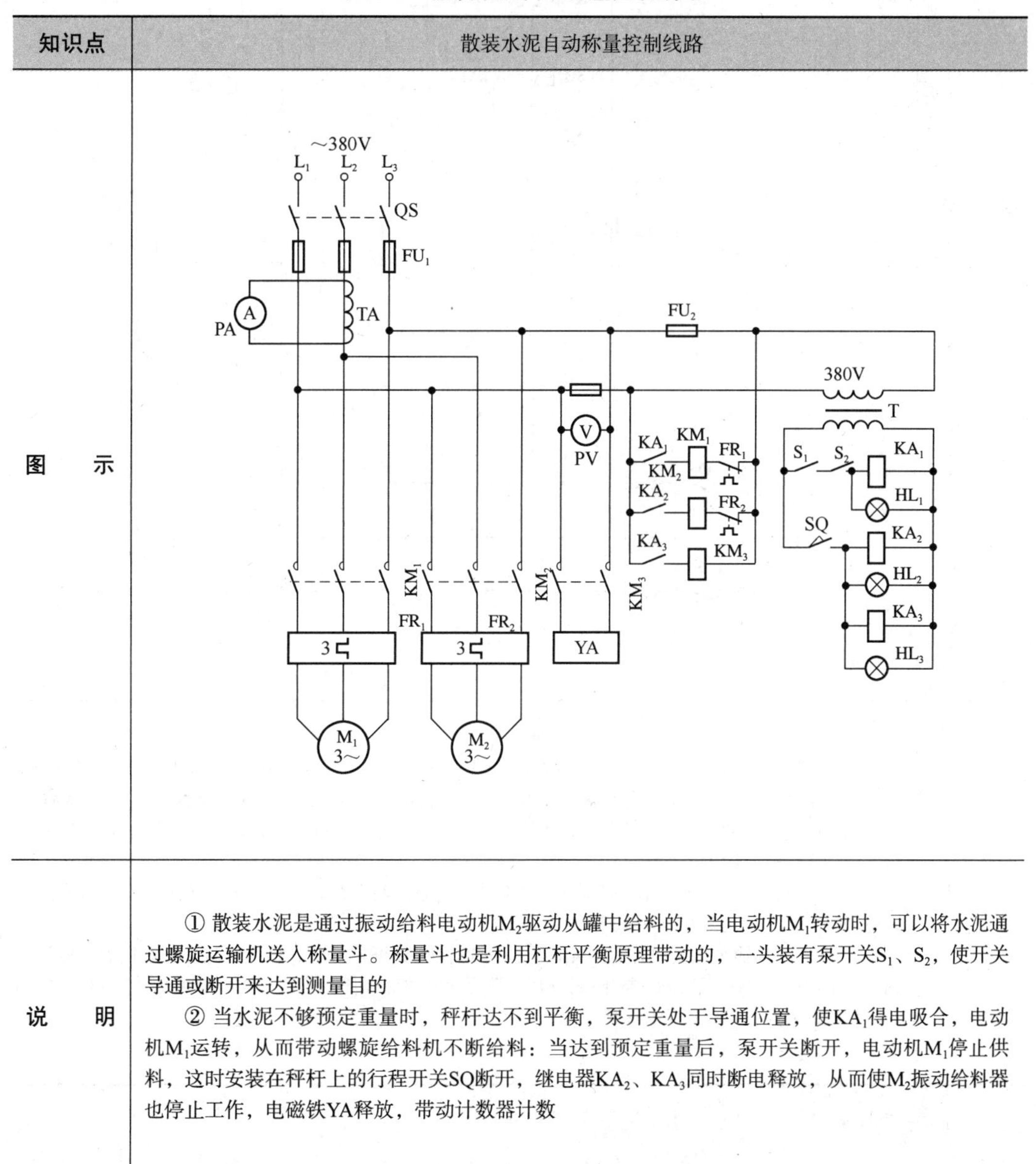
说　明	① 散装水泥是通过振动给料电动机M_2驱动从罐中给料的，当电动机M_1转动时，可以将水泥通过螺旋运输机送入称量斗。称量斗也是利用杠杆平衡原理带动的，一头装有泵开关S_1、S_2，使开关导通或断开来达到测量目的 ② 当水泥不够预定重量时，秤杆达不到平衡，泵开关处于导通位置，使KA_1得电吸合，电动机M_1运转，从而带动螺旋给料机不断给料：当达到预定重量后，泵开关断开，电动机M_1停止供料，这时安装在秤杆上的行程开关SQ断开，继电器KA_2、KA_3同时断电释放，从而使M_2振动给料器也停止工作，电磁铁YA释放，带动计数器计数

表13.9　多条传送带运输原料控制线路

<table>
<tr><th>知识点</th><th>多条传送带运输原料控制线路</th></tr>
<tr><td>图　示</td><td>
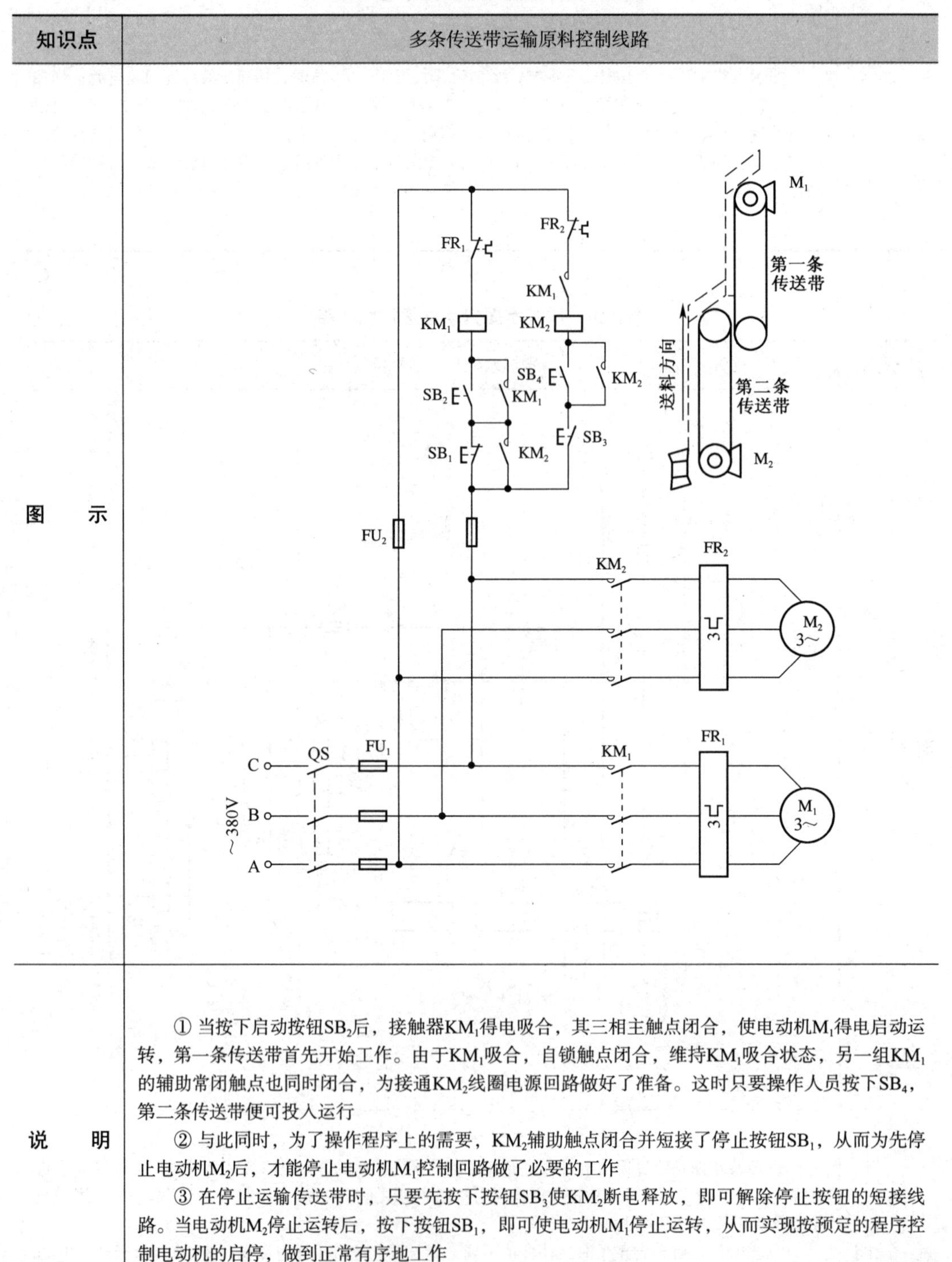

</td></tr>
<tr><td>说　明</td><td>
① 当按下启动按钮SB_2后，接触器KM_1得电吸合，其三相主触点闭合，使电动机M_1得电启动运转，第一条传送带首先开始工作。由于KM_1吸合，自锁触点闭合，维持KM_1吸合状态，另一组KM_1的辅助常闭触点也同时闭合，为接通KM_2线圈电源回路做好了准备。这时只要操作人员按下SB_4，第二条传送带便可投入运行
② 与此同时，为了操作程序上的需要，KM_2辅助触点闭合并短接了停止按钮SB_1，从而为先停止电动机M_2后，才能停止电动机M_1控制回路做了必要的工作
③ 在停止运输传送带时，只要先按下按钮SB_3使KM_2断电释放，即可解除停止按钮的短接线路。当电动机M_2停止运转后，按下按钮SB_1，即可使电动机M_1停止运转，从而实现按预定的程序控制电动机的启停，做到正常有序地工作
</td></tr>
</table>

第14章 农村常用电气线路

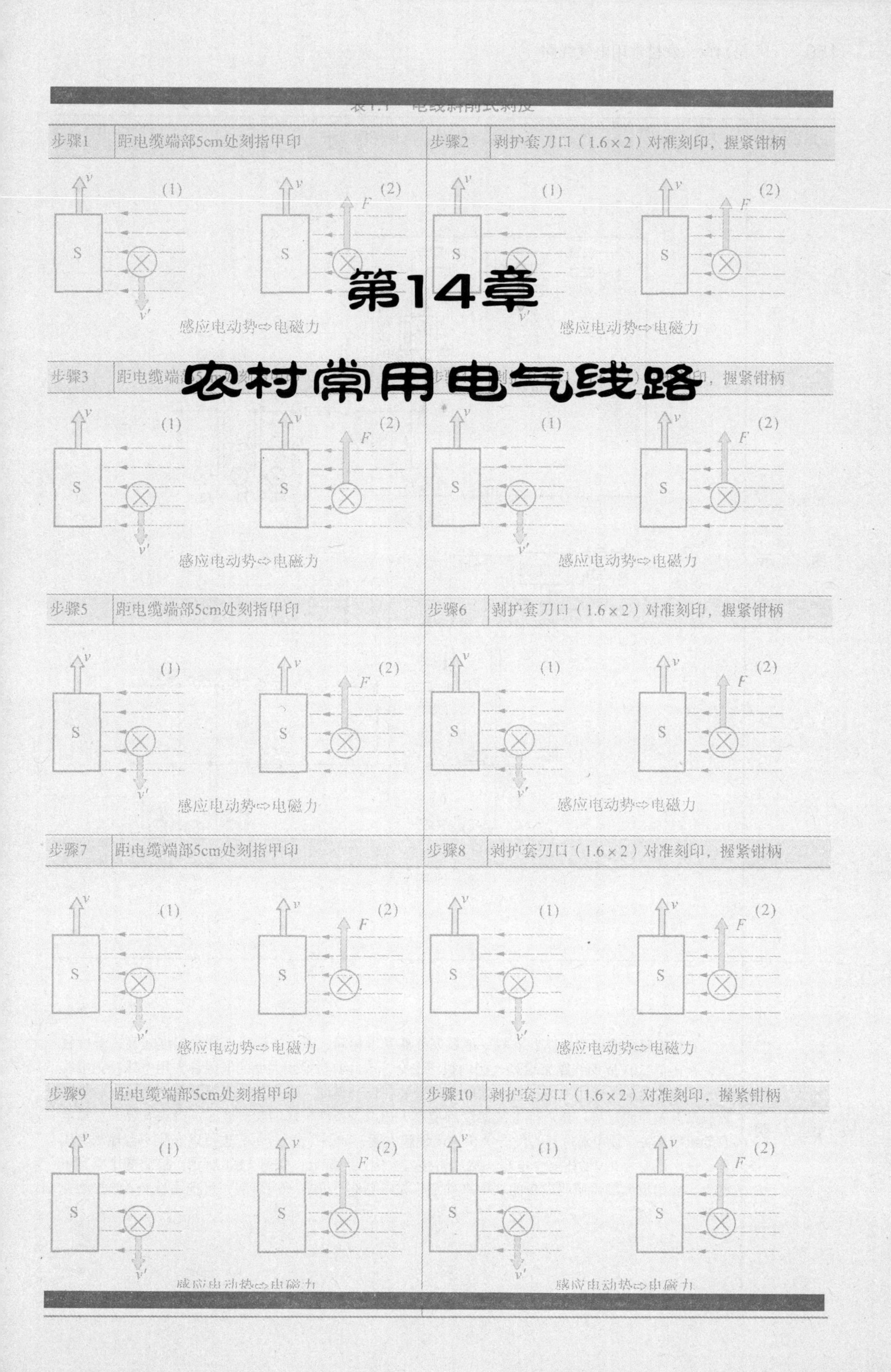

表14.1 农村地膜大棚照明线路

知识点	农村地膜大棚照明线路
图 示	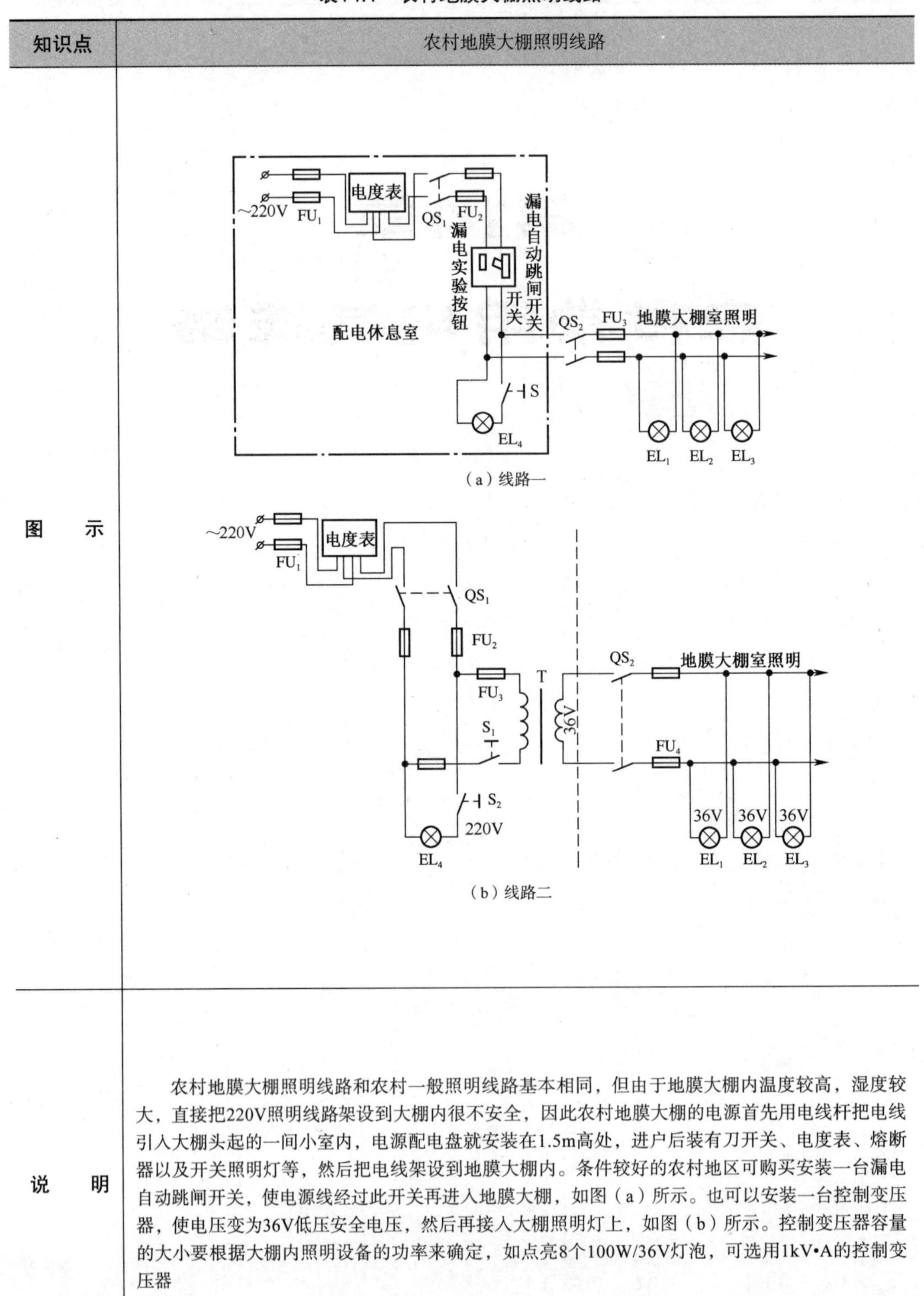 （a）线路一 （b）线路二
说 明	农村地膜大棚照明线路和农村一般照明线路基本相同，但由于地膜大棚内温度较高，湿度较大，直接把220V照明线路架设到大棚内很不安全，因此农村地膜大棚的电源首先用电线杆把电线引入大棚头起的一间小室内，电源配电盘就安装在1.5m高处，进户后装有刀开关、电度表、熔断器以及开关照明灯等，然后把电线架设到地膜大棚内。条件较好的农村地区可购买安装一台漏电自动跳闸开关，使电源线经过此开关再进入地膜大棚，如图（a）所示。也可以安装一台控制变压器，使电压变为36V低压安全电压，然后再接入大棚照明灯上，如图（b）所示。控制变压器容量的大小要根据大棚内照明设备的功率来确定，如点亮8个100W/36V灯泡，可选用1kV•A的控制变压器

表14.2　六种农村常用地埋线线路

知识点	六种农村常用地埋线线路
图　　示	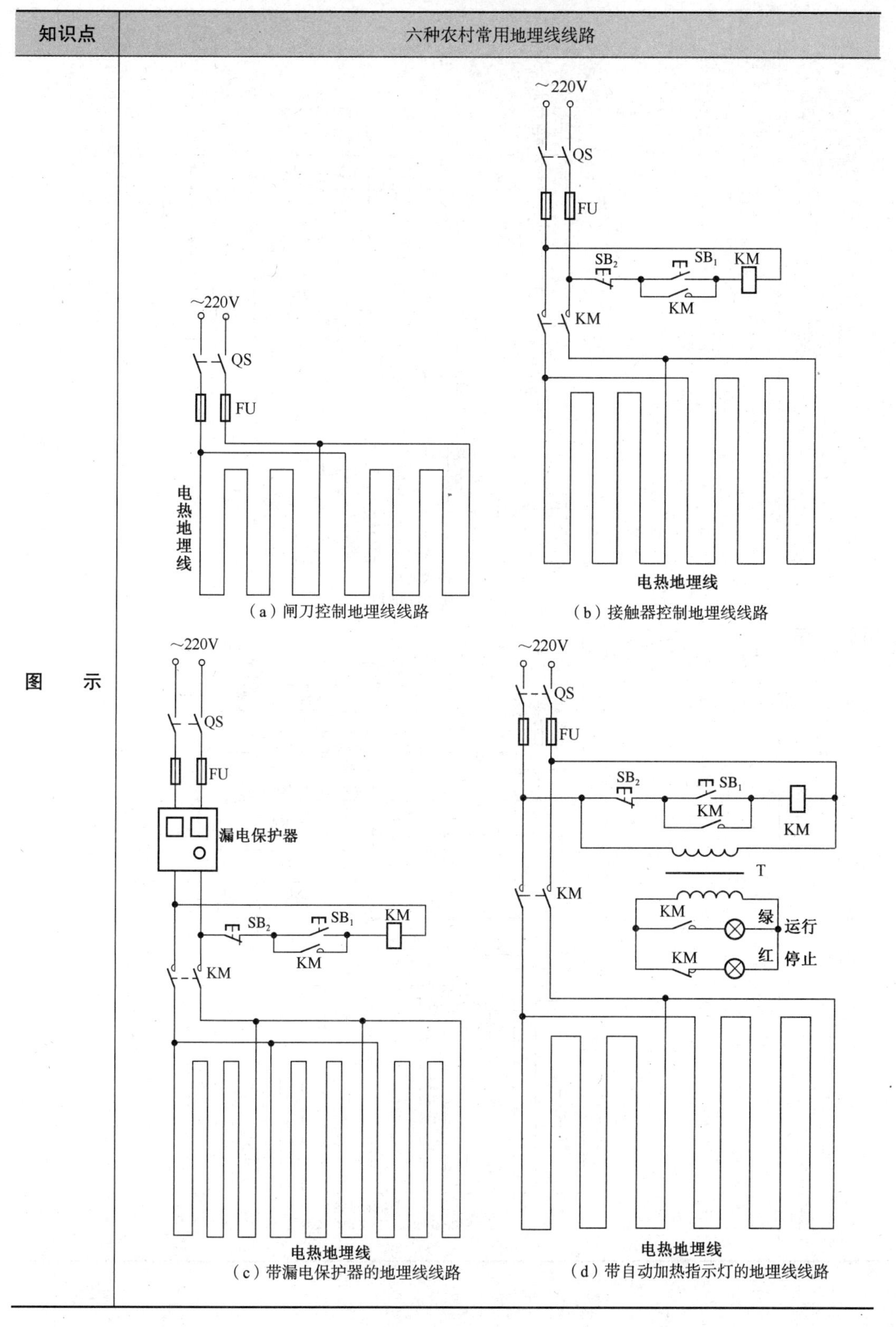

（a）闸刀控制地埋线线路

（b）接触器控制地埋线线路

（c）带漏电保护器的地埋线线路

（d）带自动加热指示灯的地埋线线路

续表14.2

图示

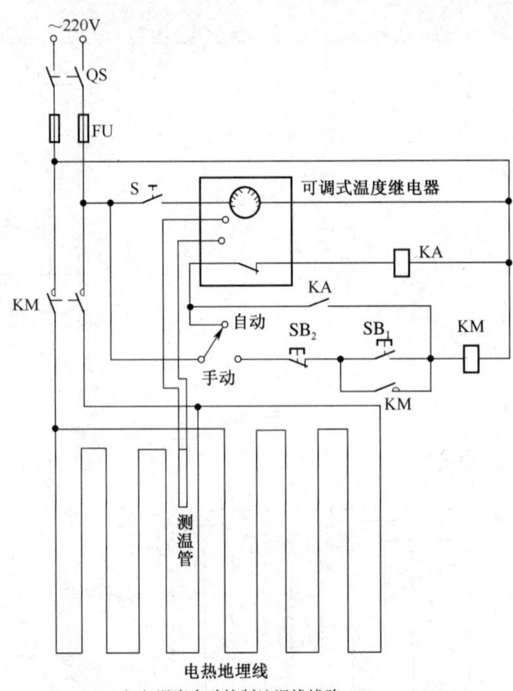

（e）温度自动控制地埋线线路

电热地埋线

（f）三相四线制供电地埋线线路

续表14.2

说　明	① 电热地埋线在撒播育苗时应埋在深5cm左右的地下，对分苗床培育成苗时深度应为10cm左右；在采用地热进行栽培时地埋线应深埋10～15cm。线的间距要根据地温、季节以及各地区的具体情况而定，一般在10cm左右为宜。如选用DV系列电热加温线DV20410型，电压为220V，电流为2A，功率为400W，长度选用100m，使用温度为45℃；如选用DV21012型时，电压为220V，电流为5A，功率可达1000W，使用地埋线长度为120m，使用温度大约为40℃ ② 在采用功率小于2000W，电流小于10A的地埋线时，可直接采用单相220V供电，用刀开关连接控制。把电力电源线架设到大棚作物的室内，使电源线进入刀开关，刀开关可采用装有熔丝的15A单相刀开关，把埋好的电热线接通电源，接线方法如图（a）所示。如果地埋线功率在2000W以上，线路中可装设接触器，如图（b）所示。当地温较低时，按下按钮SB_1，接触器KM线圈得电吸合，接触器三相主触点接通电源，使地埋线开始发热。当地温达到要求时，按下按钮SB_2，接触器KM线圈断电释放，三相主触点断开电源，地埋线停止发热。这种线路的优点在于它为加设安全型漏电保护器和送电、停电指示灯，以及加装温度测试仪，实现温度自动控制提供了条件。图（c）所示是带有漏电保护器的地埋线线路；图（d）所示是带自动加热指示灯的地埋线线路；图（e）所示是温度自动控制地埋线线路；当地埋线功率超过2000W时，可采用三相四线制供电，图（f）所示是三相四线制供电地埋线线路

表14.3　农村临时照明用电设施配电线路

知识点	农村临时照明用电设施配电线路
图　示	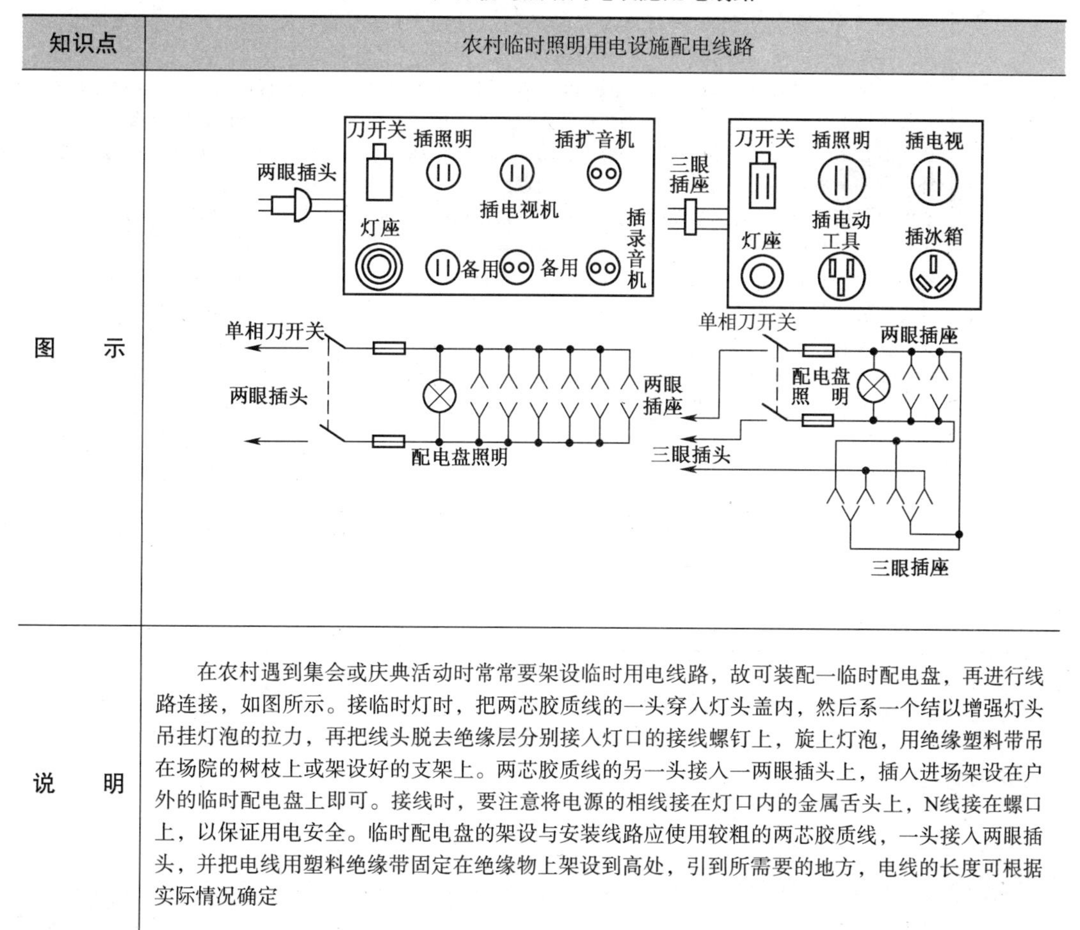
说　明	在农村遇到集会或庆典活动时常常要架设临时用电线路，故可装配一临时配电盘，再进行线路连接，如图所示。接临时灯时，把两芯胶质线的一头穿入灯头盖内，然后系一个结以增强灯头吊挂灯泡的拉力，再把线头脱去绝缘层分别接入灯口的接线螺钉上，旋上灯泡，用绝缘塑料带吊在场院的树枝上或架设好的支架上。两芯胶质线的另一头接入一两眼插头上，插入进场架设在户外的临时配电盘上即可。接线时，要注意将电源的相线接在灯口内的金属舌头上，N线接在螺口上，以保证用电安全。临时配电盘的架设与安装线路应使用较粗的两芯胶质线，一头接入两眼插头，并把电线用塑料绝缘带固定在绝缘物上架设到高处，引到所需要的地方，电线的长度可根据实际情况确定

表14.4　大中型拖拉机和联合收割机硅整流发电机线路

知识点	大中型拖拉机和联合收割机硅整流发电机线路
图　示	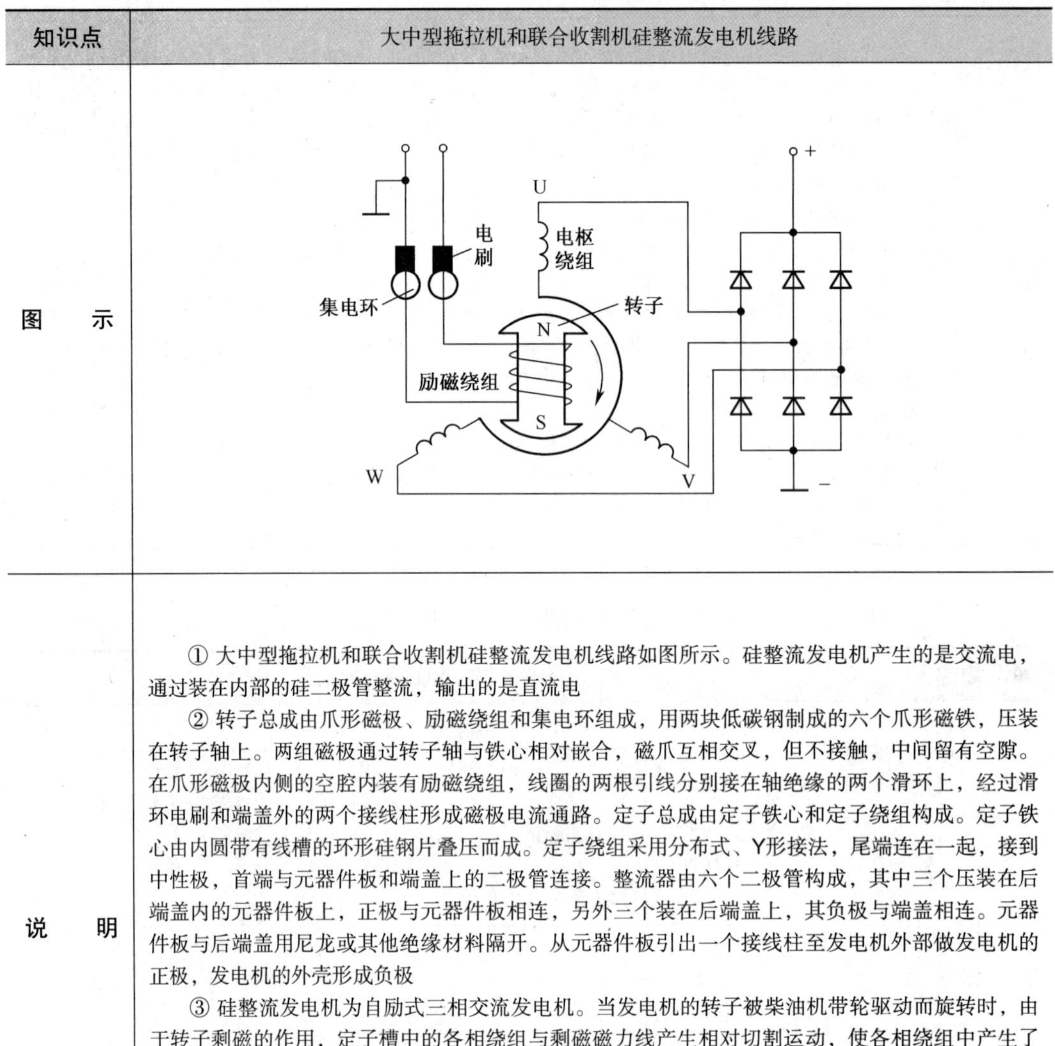
说　明	① 大中型拖拉机和联合收割机硅整流发电机线路如图所示。硅整流发电机产生的是交流电，通过装在内部的硅二极管整流，输出的是直流电 ② 转子总成由爪形磁极、励磁绕组和集电环组成，用两块低碳钢制成的六个爪形磁铁，压装在转子轴上。两组磁极通过转子轴与铁心相对嵌合，磁爪互相交叉，但不接触，中间留有空隙。在爪形磁极内侧的空腔内装有励磁绕组，线圈的两根引线分别接在轴绝缘的两个滑环上，经过滑环电刷和端盖外的两个接线柱形成磁极电流通路。定子总成由定子铁心和定子绕组构成。定子铁心由内圆带有线槽的环形硅钢片叠压而成。定子绕组采用分布式、Y形接法，尾端连在一起，接到中性极，首端与元器件板和端盖上的二极管连接。整流器由六个二极管构成，其中三个压装在后端盖内的元器件板上，正极与元器件板相连，另外三个装在后端盖上，其负极与端盖相连。元器件板与后端盖用尼龙或其他绝缘材料隔开。从元器件板引出一个接线柱至发电机外部做发电机的正极，发电机的外壳形成负极 ③ 硅整流发电机为自励式三相交流发电机。当发电机的转子被柴油机带轮驱动而旋转时，由于转子剩磁的作用，定子槽中的各相绕组与剩磁磁力线产生相对切割运动，使各相绕组中产生了交变感应电动势并输出三相交流电，经过硅整流器的二极管整流后，变成直流电向外输出 ④ 但由于硅整流发电机的磁极保磁力很差，启动时发电机的转速较低，发电机电压建立较慢或不能建立。所以在发电机开始发电时，均采用由蓄电池供给绕组足够的励磁电流，这时发电机实际上是以他励方式工作的。随着发动机转速的提高，定子绕组所产生的感应电动势也相应增大，当电动机电压超过蓄电池电压时，蓄电池便不再供电，这时励磁电流将由发电机本身供电

表14.5　用时间继电器组成的苗圃自动喷洒控制线路

知识点	用时间继电器组成的苗圃自动喷洒控制线路
图　　示	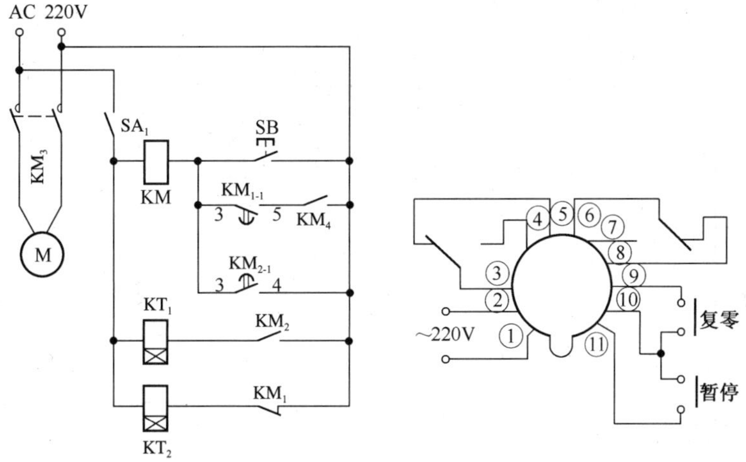
说　　明	① 用时间继电器组成的苗圃自动喷洒控制线路如图所示，开停时间可人工进行设定，可喷洒2min、停止30min，然后再喷洒2min、停止30min，周而复始地工作 ② 当接通启动开关SA_1以后，时间继电器KT_2线圈通过KM_1常闭触点形成回路，开始工作，所设定的延迟时间到达以后，其$KT_{2\text{-}1}$常开触点闭合，进而使交流接触器KM线圈得电工作，使其*n*组触点动作。其中，KM_3触点闭合以后接通了水泵电动机的供电电路，开始抽水喷洒；而辅助触点KM_1断开，使时间继电器KT_2失电，其$KT_{2\text{-}1}$触点断开；但由于KM的常开触点KM_2已经闭合，KM线圈通过$KT_{1\text{-}1}$、KM_2继续得电工作，故而使水泵继续喷洒。由于KM_2触点的闭合，KT_1时间继电器线圈得电开始工作，当其所设定的延迟时间到达时，$KT_{1\text{-}1}$触点断开，使交流接触器KM线圈失去供电而释放，其KM_3触点断开，水泵电动机失去供电而停止工作。同时，由于KM_1常闭触点复位，KT_2时间继电器得电开始工作 ③ 如果通电以后需要立即进行喷洒，只要按下点动开关SB，使水泵电动机启动即可实现

表14.6　用动圈式温度调节仪构成的单相电源电热孵化温度自动控制线路

<table>
<tr><th>知识点</th><th>用动圈式温度调节仪构成的单相电源电热孵化温度自动控制线路</th></tr>
<tr><td>图　　示</td><td>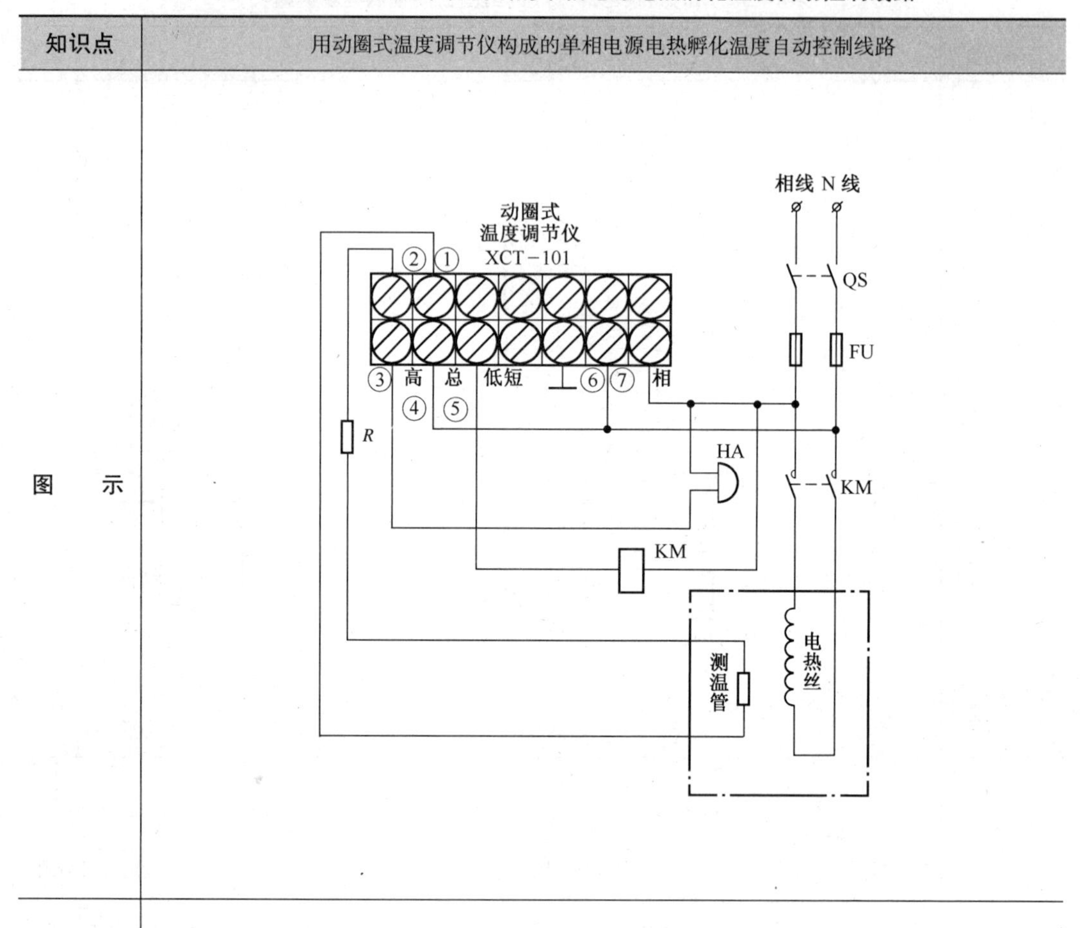
</td></tr>
<tr><td>说　　明</td><td>① 当合上电源开关QS以后，220V电源经熔断器FU，一路加到交流接触器KM主触点上，另一路加到由动圈式温度调节仪等组成的温度自动控制线路上
② 当合上开关QS，使动圈式温度调节仪得电工作时，其内的一个受预定旋钮控制的常开触点闭合，使交流接触器KM线圈中的电流通路形成而吸合，其三相触点闭合接通了加热丝的供电，使加热丝进入加热状态，使孵化室内的温度上升
③ 温度达到设定值37.8℃以上的孵化温度在孵化中起主要作用，一般认为孵化温度在37.8℃时孵化效果较好。孵化室内的各个部位温差应尽可能控制在±0.28℃范围内，最多不能超过±0.5℃。孵化室的相对湿度在45%～70%范围内最佳，并应使孵化室内保持新鲜的空气
④ 当电热丝进行加热时，测温传感器（即测温管）对孵化室内的温度进行检测，并将该信号送到动圈式温度调节仪的①与②脚内。一旦检测到温度达到37.8℃时，调节仪内闭合的触点在预定旋钮控制下复位释放，从而使交流接触器KM线圈因电流被切断而释放，其三相主触点KM_1断开，电加热器因失去供电而停止加热，保持已有的温度
⑤ 温度低于37.8℃以后一旦电加热丝停止加热，孵化室内的温度就会逐渐下降。当温度传感器检测到温度下降到低于37.8℃时，动圈式温度调节仪的预定旋钮控制的常开触点重新闭合，电热丝又开始加热
⑥ 上述过程周而复始，从而使孵化室内的温度保持在37.8℃±0.28℃范围内</td></tr>
</table>

表14.7　用一块集成电路构成的沼气浓度检测线路

知识点	用一块集成电路构成的沼气浓度检测线路
图　示	
说　明	当QM-N5不接触可燃沼气或沼气浓度极低时，QM-N5的A与B两电极之间导电率很低，呈高阻抗，使得IC的输入端⑦脚电压近于0V，故其②～⑥脚均输出低电平，LED_1～LED_5不会点亮。气敏检测探头QM-N5和电位器RP组成气敏检测线路，气敏检测信号从RP的中心端输出。当QM-N5检测到一定浓度的沼气时，其A与B两电极之间的电阻变得很小。这样，VZ稳压后的6V电压就会经A与B→RP使IC⑦脚上有电压加入，进而就会使相应的发光二极管点亮。沼气的浓度越高，LED_1～LED_5依次点亮的个数也就越多，由此就可得知沼气的浓度

表14.8　农村电热孵化温度控制线路

知识点	农村电热孵化温度控制线路
图　示	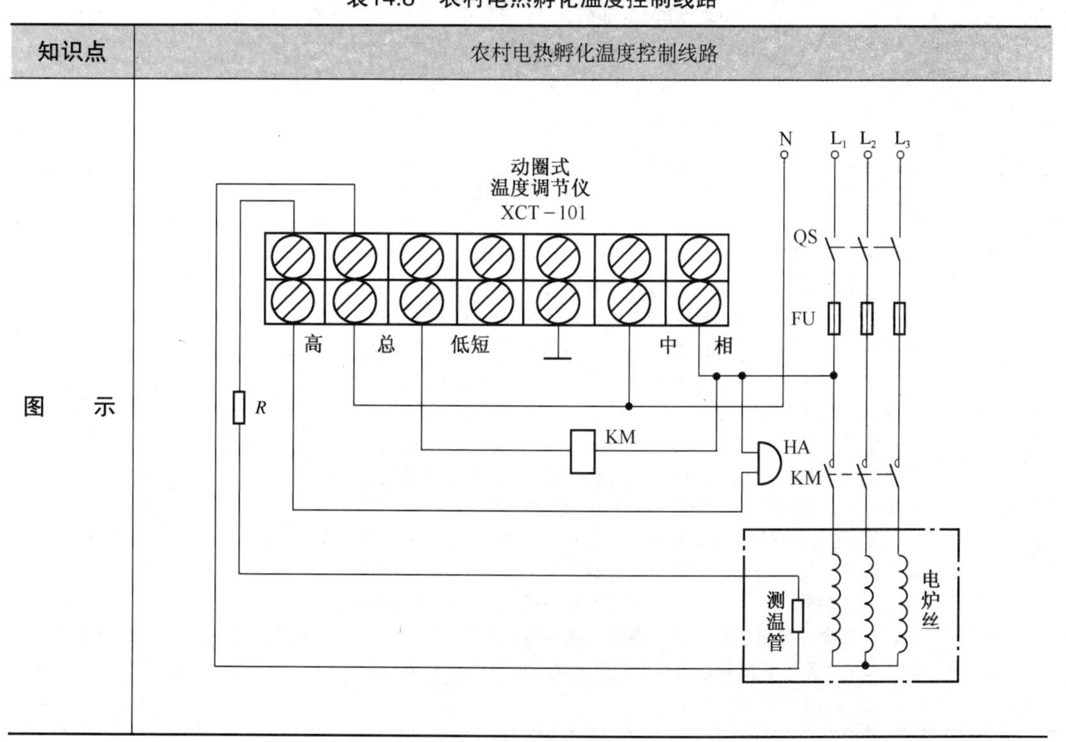

续表14.8

说　明	孵化需要一定的温度、湿度、空气，要进行翻蛋和晾蛋，这些条件在孵化过程中互相联系，互相影响，决定着孵化率、雏鸡的质量及孵化工作的成败。孵化的温度在孵化中起主要作用，一般认为孵化温度在37.8℃为宜。孵化机内各部位温差最好在±0.28℃的范围内，最多不能超过±0.5℃。孵化的相对湿度以45%～70%为宜。保持新鲜的空气，是保证胚胎发育的必需条件。图示是一种恒温控制线路，供农民朋友在实际操作中参考使用。当电孵鸡控制器开始工作时，合上开关QS，此时，XCT-101型动圈式温度调节仪常开触点闭合，使接触器得电吸合，电热丝通电开始对室内加热。当温度达到37.8℃时，调节仪内闭合的触点在预定旋钮控制下复位释放，从而切断接触器控制回路，使电热丝停止加热，保持已有的温度。当温度下降至低于37.8℃时，调节仪常闭触点又闭合，电热丝又开始加热，如此周而复始，保持恒定的温度

表14.9　农用电犁和电耙线路

<table>
<tr><th>知识点</th><th>农用电犁和电耙线路</th></tr>
<tr><td>图　示</td><td>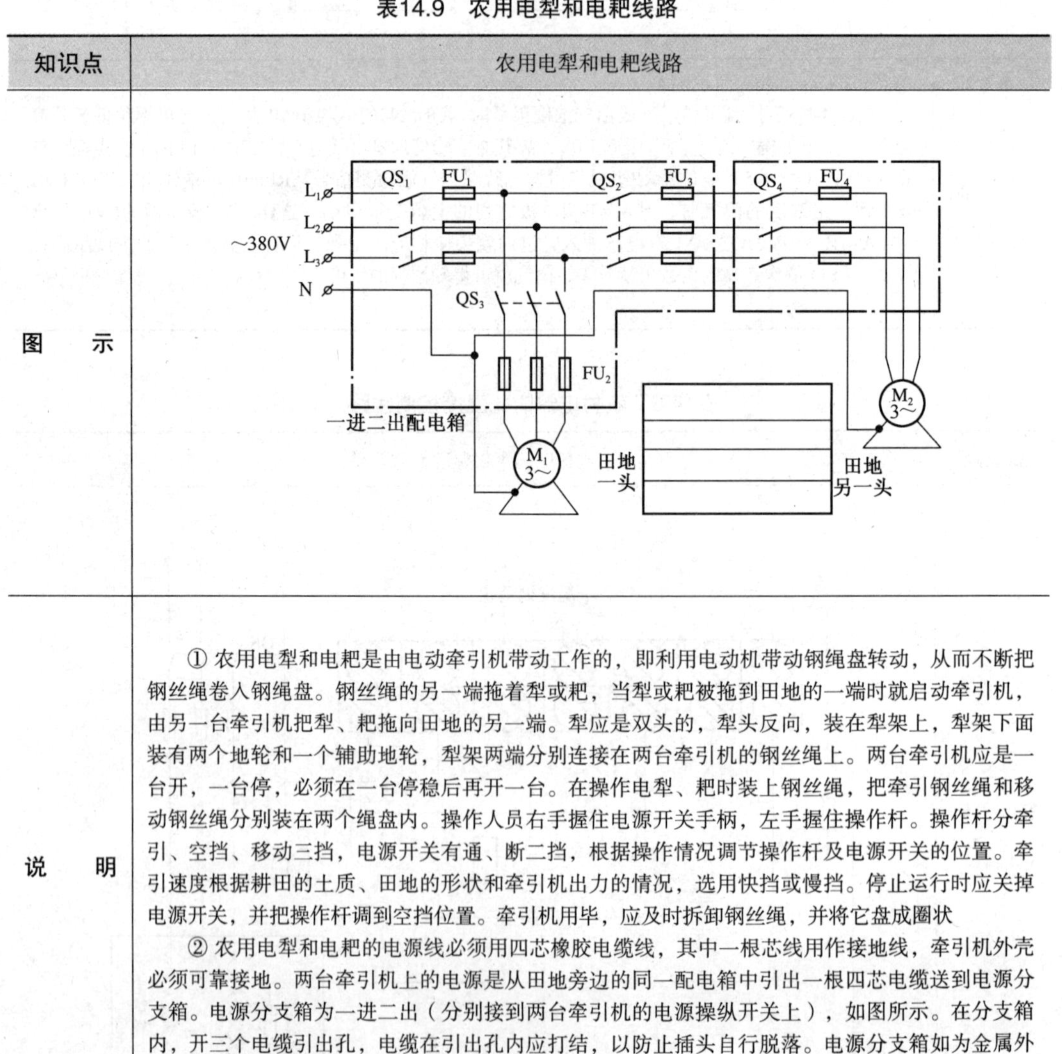
</td></tr>
<tr><td>说　明</td><td>① 农用电犁和电耙是由电动牵引机带动工作的，即利用电动机带动钢绳盘转动，从而不断把钢丝绳卷入钢绳盘。钢丝绳的另一端拖着犁或耙，当犁或耙被拖到田地的一端时就启动牵引机，由另一台牵引机把犁、耙拖向田地的另一端。犁应是双头的，犁头反向，装在犁架上，犁架下面装有两个地轮和一个辅助地轮，犁架两端分别连接在两台牵引机的钢丝绳上。两台牵引机应是一台开，一台停，必须在一台停稳后再开一台。在操作电犁、耙时装上钢丝绳，把牵引钢丝绳和移动钢丝绳分别装在两个绳盘内。操作人员右手握住电源开关手柄，左手握住操作杆。操作杆分牵引、空挡、移动三挡，电源开关有通、断二挡，根据操作情况调节操作杆及电源开关的位置。牵引速度根据耕田的土质、田地的形状和牵引机出力的情况，选用快挡或慢挡。停止运行时应关掉电源开关，并把操作杆调到空挡位置。牵引机用毕，应及时拆卸钢丝绳，并将它盘成圈状
② 农用电犁和电耙的电源线必须用四芯橡胶电缆线，其中一根芯线用作接地线，牵引机外壳必须可靠接地。两台牵引机上的电源是从田地旁边的同一配电箱中引出一根四芯电缆送到电源分支箱。电源分支箱为一进二出（分别接到两台牵引机的电源操纵开关上），如图所示。在分支箱内，开三个电缆引出孔，电缆在引出孔内应打结，以防止插头自行脱落。电源分支箱如为金属外壳，必须接地，并设置在两台牵引机连线方便的位置。使用完毕，电源线应及时拆除</td></tr>
</table>

表14.10　蒿杆青饲切碎机线路

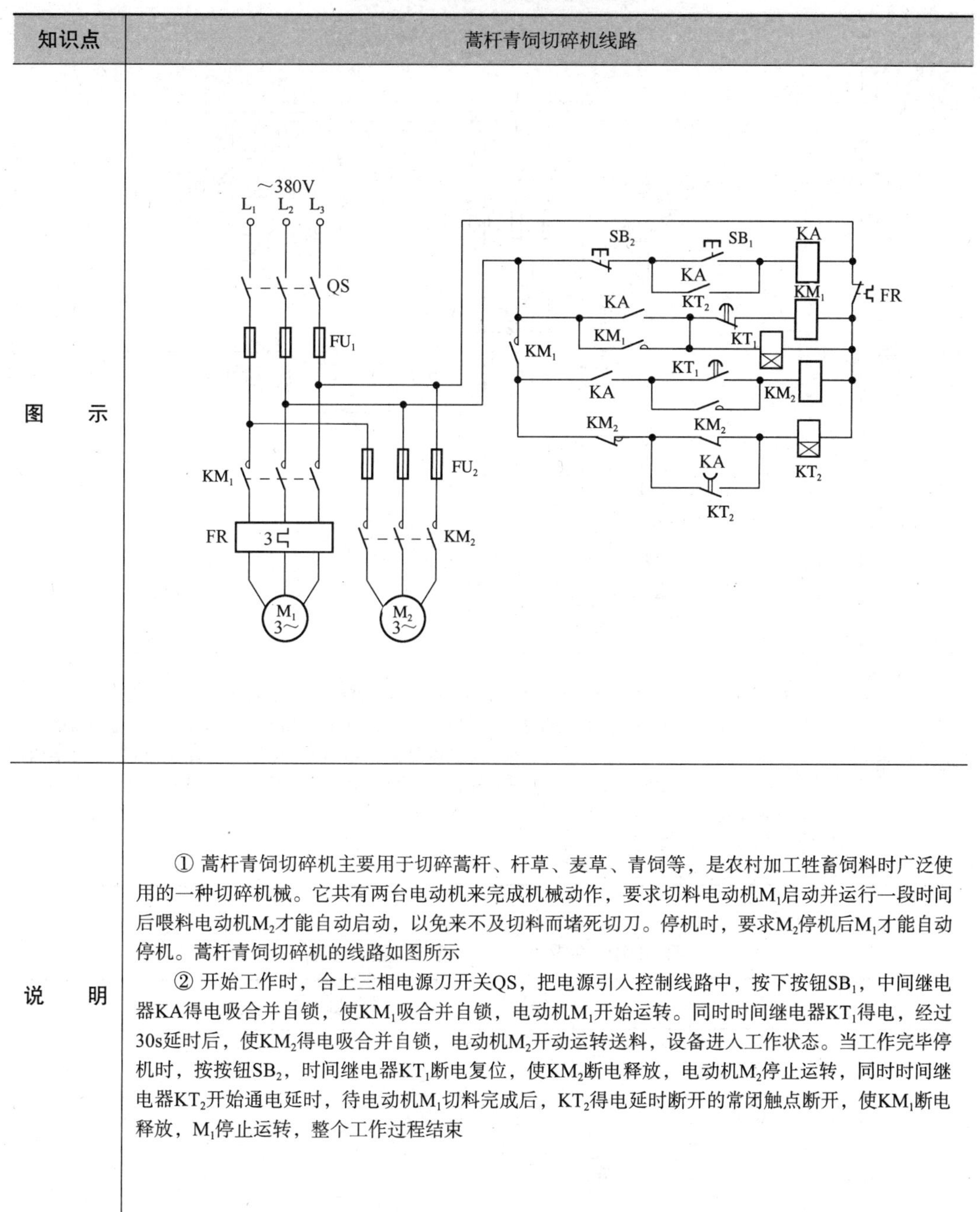

知识点	蒿杆青饲切碎机线路
图　　示	
说　　明	① 蒿杆青饲切碎机主要用于切碎蒿杆、杆草、麦草、青饲等，是农村加工牲畜饲料时广泛使用的一种切碎机械。它共有两台电动机来完成机械动作，要求切料电动机M_1启动并运行一段时间后喂料电动机M_2才能自动启动，以免来不及切料而堵死切刀。停机时，要求M_2停机后M_1才能自动停机。蒿杆青饲切碎机的线路如图所示 ② 开始工作时，合上三相电源刀开关QS，把电源引入控制线路中，按下按钮SB_1，中间继电器KA得电吸合并自锁，使KM_1吸合并自锁，电动机M_1开始运转。同时时间继电器KT_1得电，经过30s延时后，使KM_2得电吸合并自锁，电动机M_2开动运转送料，设备进入工作状态。当工作完毕停机时，按按钮SB_2，时间继电器KT_1断电复位，使KM_2断电释放，电动机M_2停止运转，同时时间继电器KT_2开始通电延时，待电动机M_1切料完成后，KT_2得电延时断开的常闭触点断开，使KM_1断电释放，M_1停止运转，整个工作过程结束

表14.11　农用电动排灌船配电盘线路

知识点	农用电动排灌船配电盘线路
图　示	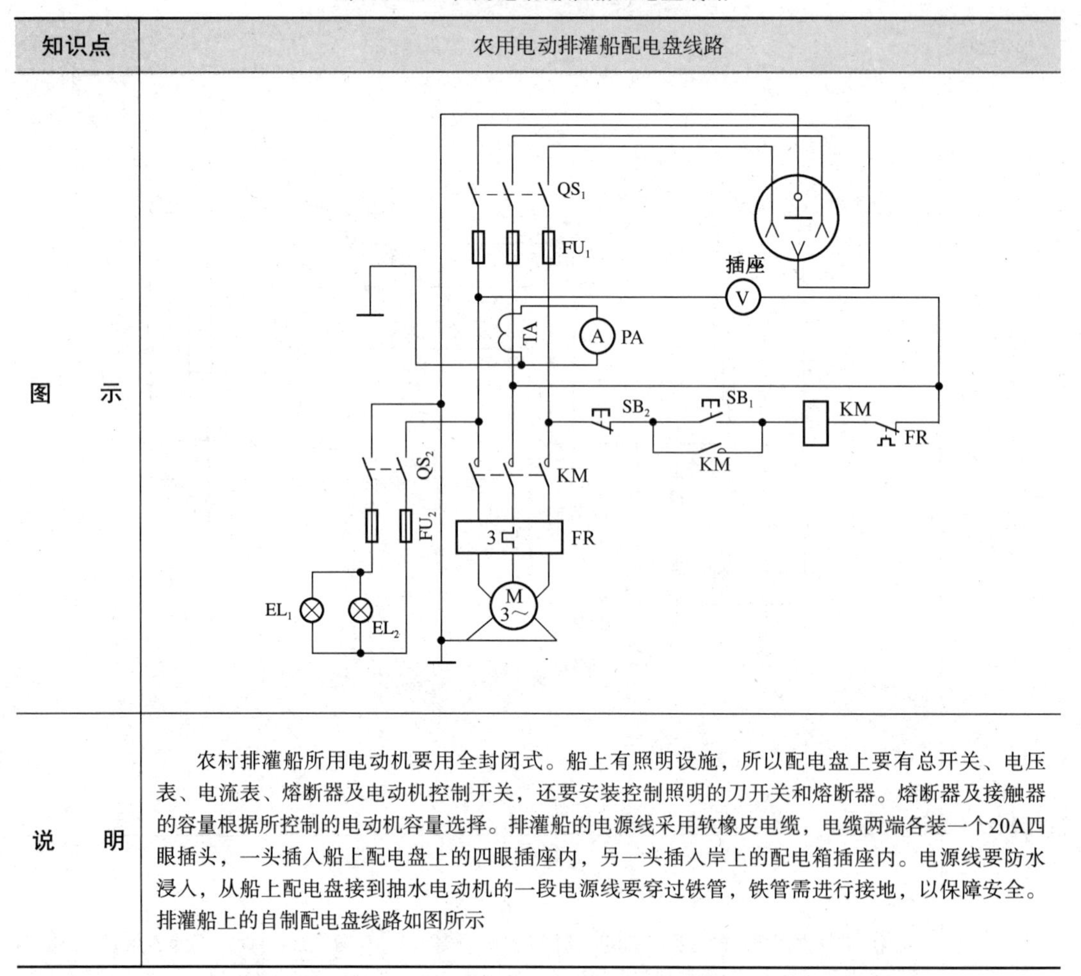
说　明	农村排灌船所用电动机要用全封闭式。船上有照明设施，所以配电盘上要有总开关、电压表、电流表、熔断器及电动机控制开关，还要安装控制照明的刀开关和熔断器。熔断器及接触器的容量根据所控制的电动机容量选择。排灌船的电源线采用软橡皮电缆，电缆两端各装一个20A四眼插头，一头插入船上配电盘上的四眼插座内，另一头插入岸上的配电箱插座内。电源线要防水浸入，从船上配电盘接到抽水电动机的一段电源线要穿过铁管，铁管需进行接地，以保障安全。排灌船上的自制配电盘线路如图所示

表14.12　农用小型拖拉机电气照明线路

知识点	农用小型拖拉机电气照明线路
图　示	备用 发电机 G 前照灯 6～8V 15W 双灯丝 搭铁 S 搭铁 交流 发电机 G 搭铁 多挡开关 1　2 3　4　5　6 双挡开关 双灯丝 搭铁 （远光） （近光） （照明灯） 搭铁

续表14.12

说　明	① 小型拖拉机电气照明装置比较简单，主要用于夜间照明及行车转向示意，它由发电机和照明灯、转向灯等用电设备，以及导线、开关等配电部分组成，如图所示 ② 小型拖拉机每个用电设备与发电机并联连接，形成一个完整回路，通过转换开关控制，互不干扰。每个电气装置均采用“单线制”，即用一根导线将发电机的一极与电气装置的一端相连接，而发电机的另一极以及电气装置的另一端分别与机体金属相连接，用机体代替导线，一般称为搭铁

表14.13　异步电动机作发电机配电线路

<table>
<tr><th>知识点</th><th>异步电动机作发电机配电线路</th></tr>
<tr><td>图　示</td><td>
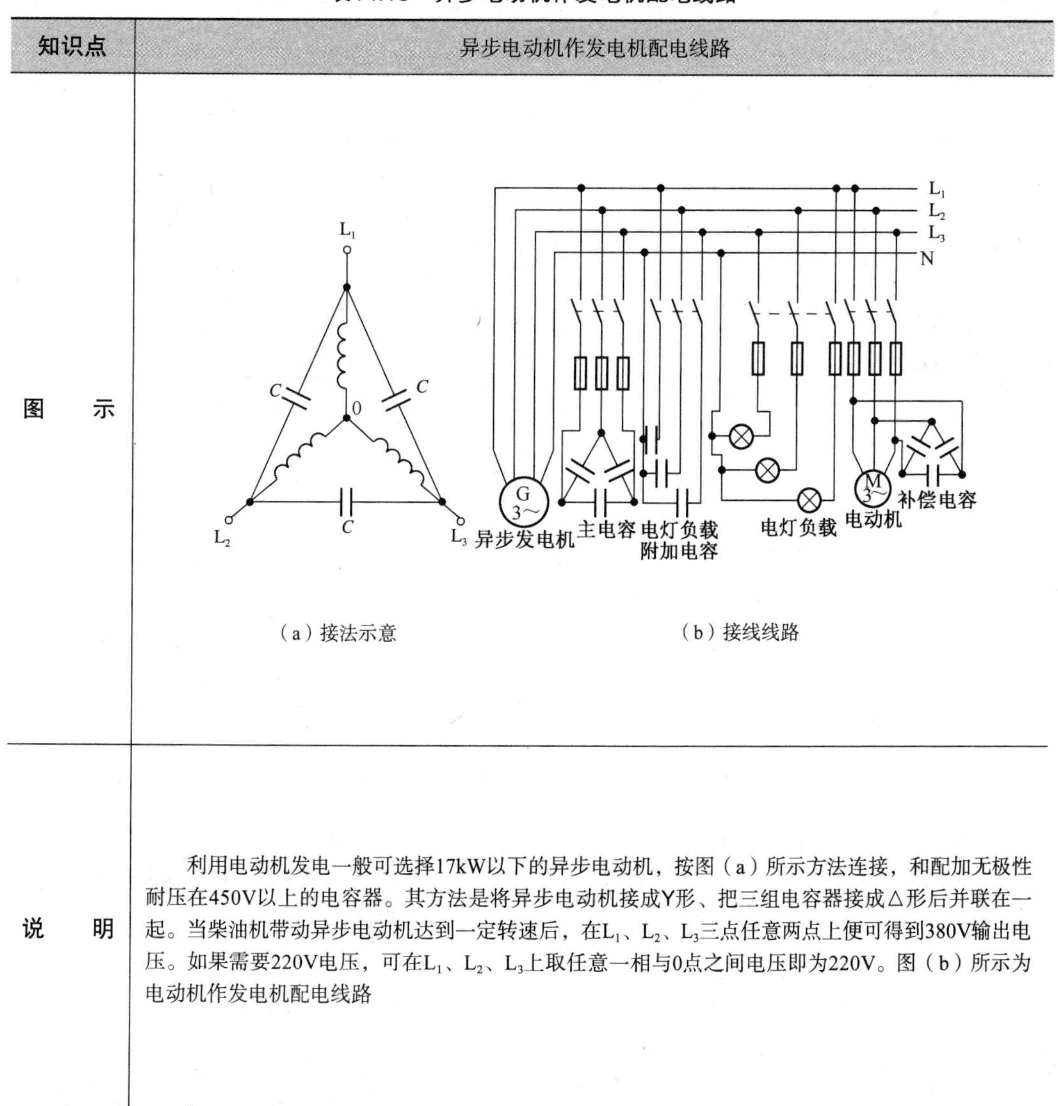

（a）接法示意　（b）接线线路
</td></tr>
<tr><td>说　明</td><td>利用电动机发电一般可选择17kW以下的异步电动机，按图（a）所示方法连接，和配加无极性耐压在450V以上的电容器。其方法是将异步电动机接成Y形、把三组电容器接成△形后并联在一起。当柴油机带动异步电动机达到一定转速后，在L_1、L_2、L_3三点任意两点上便可得到380V输出电压。如果需要220V电压，可在L_1、L_2、L_3上取任意一相与0点之间电压即为220V。图（b）所示为电动机作发电机配电线路</td></tr>
</table>

表14.14 电子管扩音机与喇叭的配接线路

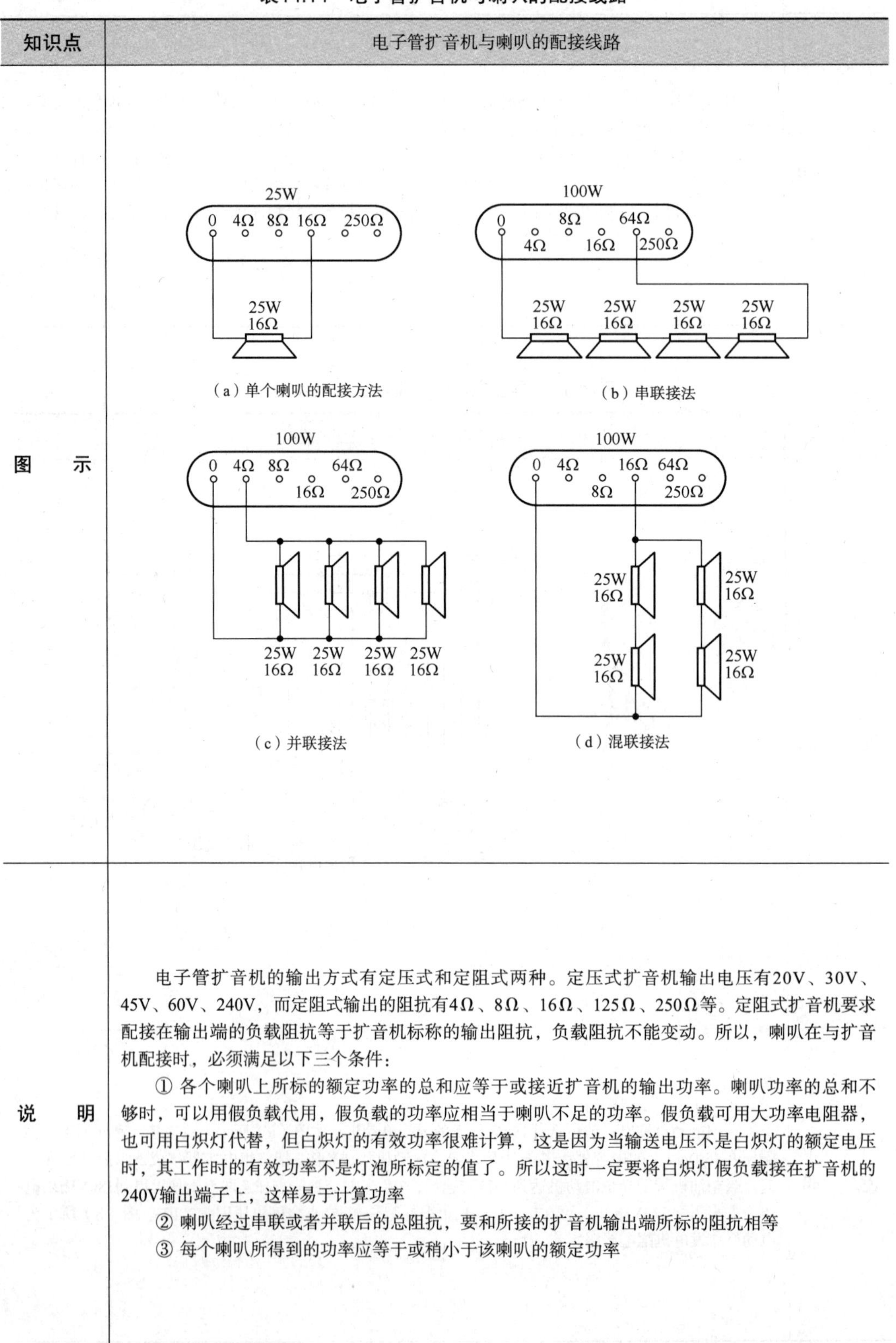

知识点	电子管扩音机与喇叭的配接线路
图　　示	（a）单个喇叭的配接方法 （b）串联接法 （c）并联接法 （d）混联接法
说　　明	电子管扩音机的输出方式有定压式和定阻式两种。定压式扩音机输出电压有20V、30V、45V、60V、240V，而定阻式输出的阻抗有4Ω、8Ω、16Ω、125Ω、250Ω等。定阻式扩音机要求配接在输出端的负载阻抗等于扩音机标称的输出阻抗，负载阻抗不能变动。所以，喇叭在与扩音机配接时，必须满足以下三个条件： ① 各个喇叭上所标的额定功率的总和应等于或接近扩音机的输出功率。喇叭功率的总和不够时，可以用假负载代用，假负载的功率应相当于喇叭不足的功率。假负载可用大功率电阻器，也可用白炽灯代替，但白炽灯的有效功率很难计算，这是因为当输送电压不是白炽灯的额定电压时，其工作时的有效功率不是灯泡所标定的值了。所以这时一定要将白炽灯假负载接在扩音机的240V输出端子上，这样易于计算功率 ② 喇叭经过串联或者并联后的总阻抗，要和所接的扩音机输出端所标的阻抗相等 ③ 每个喇叭所得到的功率应等于或稍小于该喇叭的额定功率

表14.15 扩音机与线间变压器及喇叭的配接线路

知识点	扩音机与线间变压器及喇叭的配接线路
图　示	
说　明	① 电子管扩音机的输出阻抗与喇叭的匹配，是靠线间变压器完成的。采用线间变压器后，可以用不同功率的变压器来匹配各种类型的喇叭，使喇叭得到它的应有功率。线间变压器相当于一个升降变压器 ② 线间变压器主要有三个指标：额定功率、阻抗和变压比。线间变压器的变压比等于原边电压与副边电压的比值。一般对定压式扩音机需进行阻抗匹配，所以需选择适当变压比的线间变压器接入喇叭与扩音机的线路中

表14.16 扩音机与喇叭配接线路

知识点	扩音机与喇叭配接线路
图　示	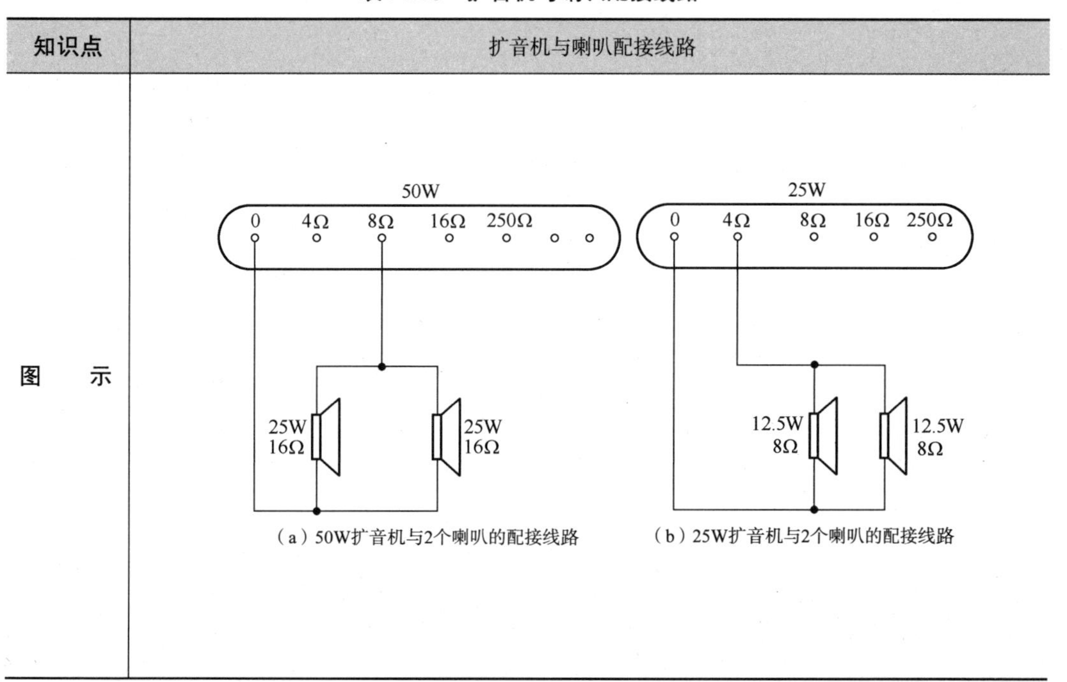 （a）50W扩音机与2个喇叭的配接线路　（b）25W扩音机与2个喇叭的配接线路

续表14.16

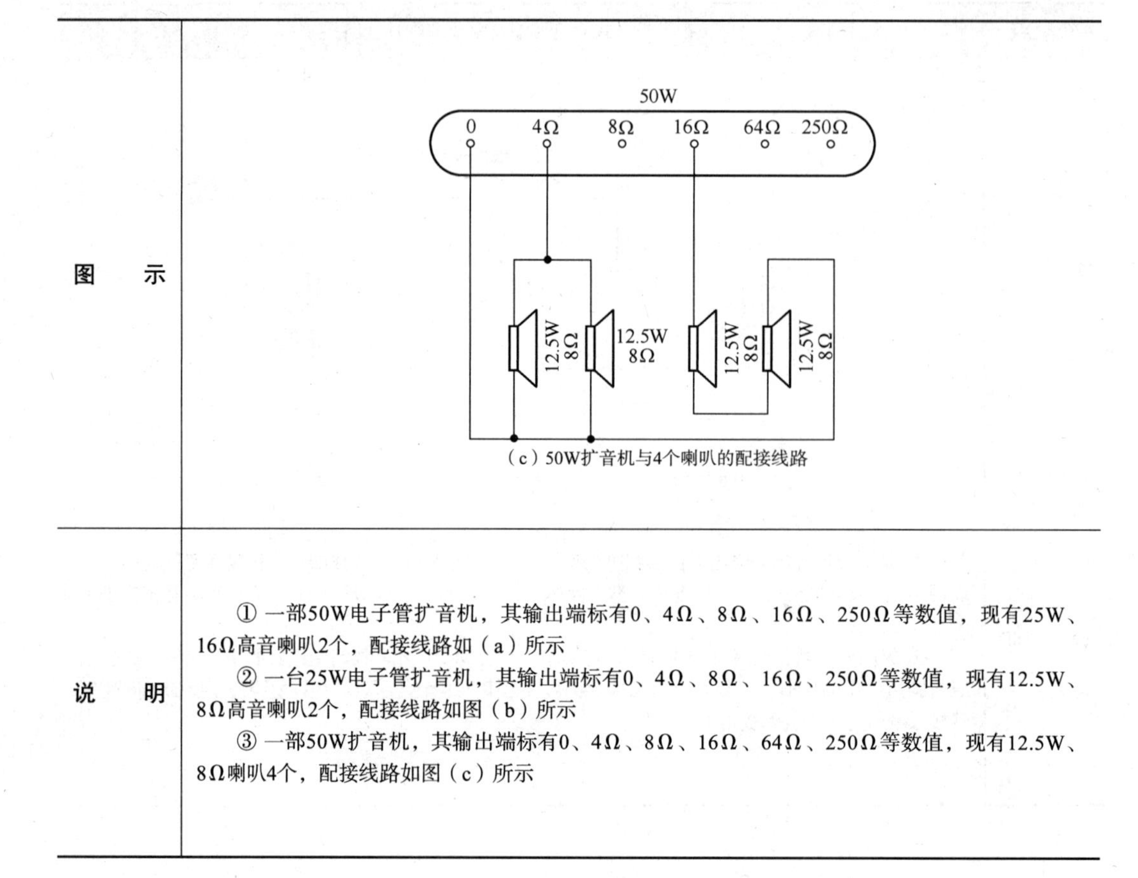

图 示	（c）50W扩音机与4个喇叭的配接线路
说 明	① 一部50W电子管扩音机，其输出端标有0、4Ω、8Ω、16Ω、250Ω等数值，现有25W、16Ω高音喇叭2个，配接线路如（a）所示 ② 一台25W电子管扩音机，其输出端标有0、4Ω、8Ω、16Ω、250Ω等数值，现有12.5W、8Ω高音喇叭2个，配接线路如图（b）所示 ③ 一部50W扩音机，其输出端标有0、4Ω、8Ω、16Ω、64Ω、250Ω等数值，现有12.5W、8Ω喇叭4个，配接线路如图（c）所示

第15章

电工常用经验电路

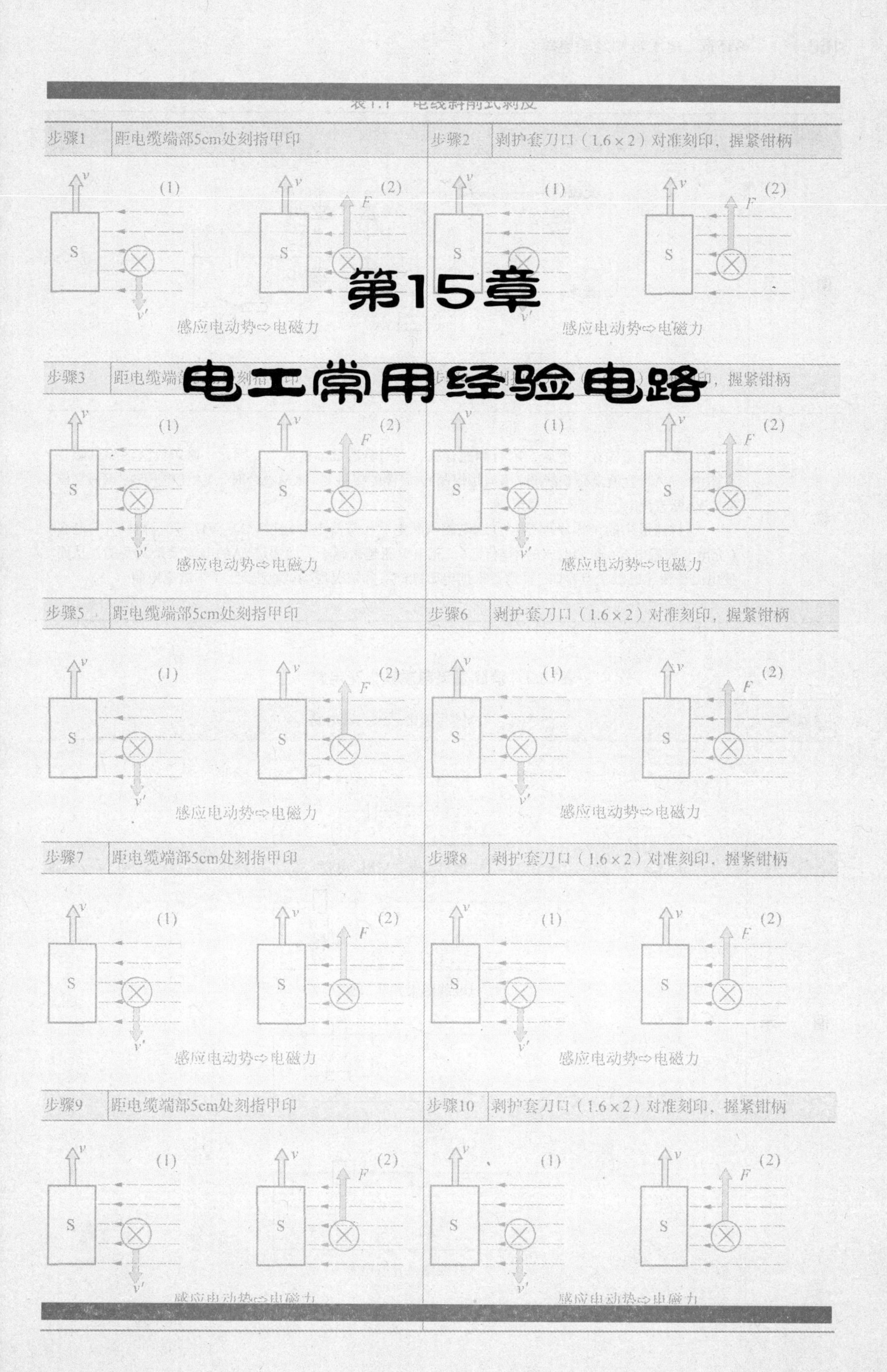

表15.1　直流电磁铁快速退磁电路

知识点	直流电磁铁快速退磁电路
图　　示	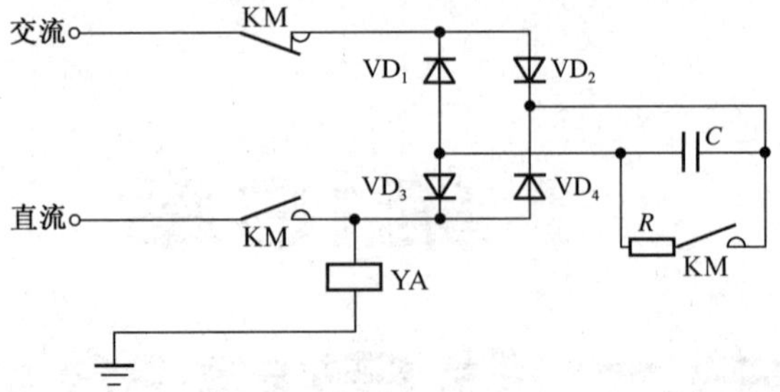
说　　明	① 直流电磁铁在停电后，因有剩磁存在，有时会造成不良后果。因此，必须设法消除剩磁。在图中，YA是直流电磁铁线圈，KM是控制YA启停的接触器。KM吸合时，YA通电励磁；KM复位时，YA断直流电，并进行快速退磁 ② 快速退磁的工作原理是：直流电磁铁断电后，交流电源通过$VD_1 \sim VD_4$整流桥和YA向电容C充电，随着电容C两端电压的不断升高，充电电流越来越小，而通过YA的电流又是交变的，从而使电磁铁快速退磁。电容C的容量要根据电磁铁的实际情况现场试验决定。R为放电电阻

表15.2　消除直流电磁铁火花电路

知识点	消除直流电磁铁火花电路
图　　示	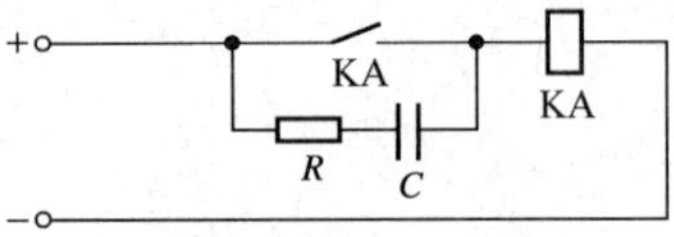 (a) 触点上并联电阻、电容 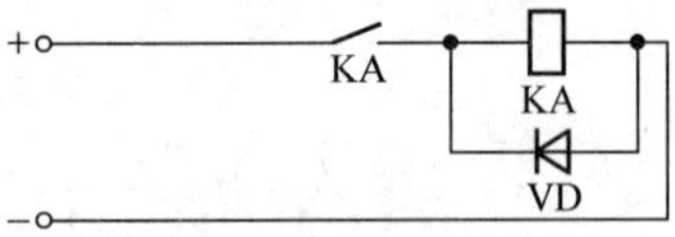(b) 线圈上并联二极管 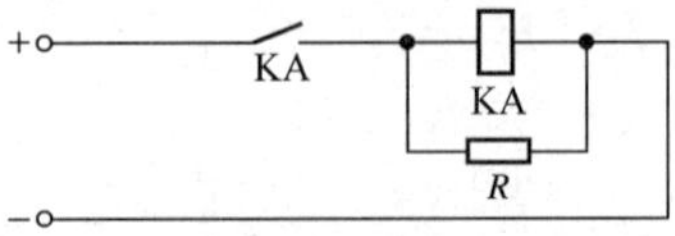(c) 线圈上并联电阻 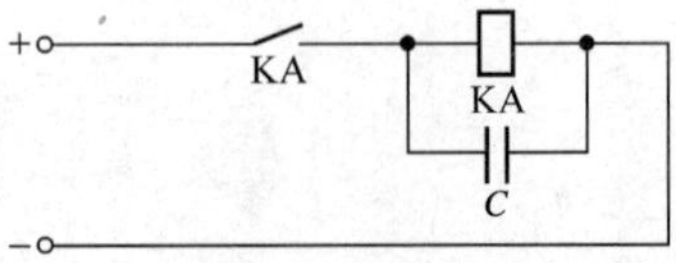(d) 线圈上并联电容

续表15.2

说　明	直流电磁铁、直流继电器在线圈断电时，因存在自感电动势，会产生很高的过电压，它会与电源电压一起加在触点的间隙上，形成火花放电，或被通入电路中，对线路中其他元器件造成破坏 ① 图（a）所示为触点上并联电阻、电容线路。电容参数主要靠试验确定，每1A负载电流至少选用luF电容。调试时使触点上出现最大电压峰值不超过300V，触点闭合时，电容向触点放电出现的最大电流（R/U）不得超过触点的允许电流值，以此来选择电阻R ② 图（b）所示为线圈上并联二极管线路，二极管额定电流I_e由继电器线圈上的电压和继电器线圈上的电阻确定，运用欧姆定律，即$I=U/R_x$（A） ③ 图（c）所示为线圈上并联电阻线路，一般要求电阻R是线圈上直流电阻的3倍 ④ 图（d）所示为线圈上并联电容线路，电容值越大，电磁铁反电动势越小，但电磁铁释放会变慢。电容容量要根据实际情况来试验选取

表15.3　防止制动电磁铁延时释放电路

知识点	防止制动电磁铁延时释放电路
图　示	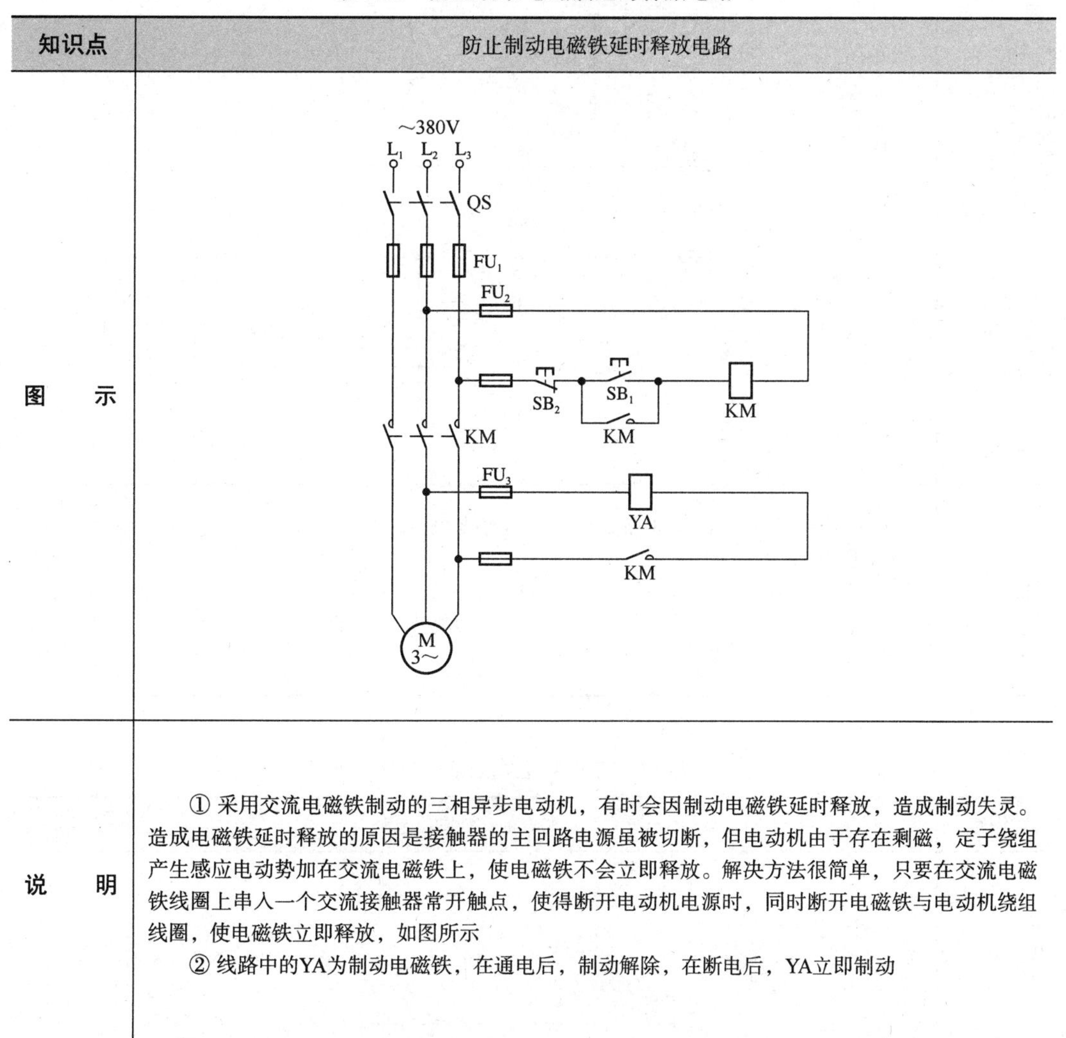
说　明	① 采用交流电磁铁制动的三相异步电动机，有时会因制动电磁铁延时释放，造成制动失灵。造成电磁铁延时释放的原因是接触器的主回路电源虽被切断，但电动机由于存在剩磁，定子绕组产生感应电动势加在交流电磁铁上，使电磁铁不会立即释放。解决方法很简单，只要在交流电磁铁线圈上串入一个交流接触器常开触点，使得断开电动机电源时，同时断开电磁铁与电动机绕组线圈，使电磁铁立即释放，如图所示 ② 线路中的YA为制动电磁铁，在通电后，制动解除，在断电后，YA立即制动

表15.4　他励直流电动机失磁保护电路

知识点	他励直流电动机失磁保护电路
图　示	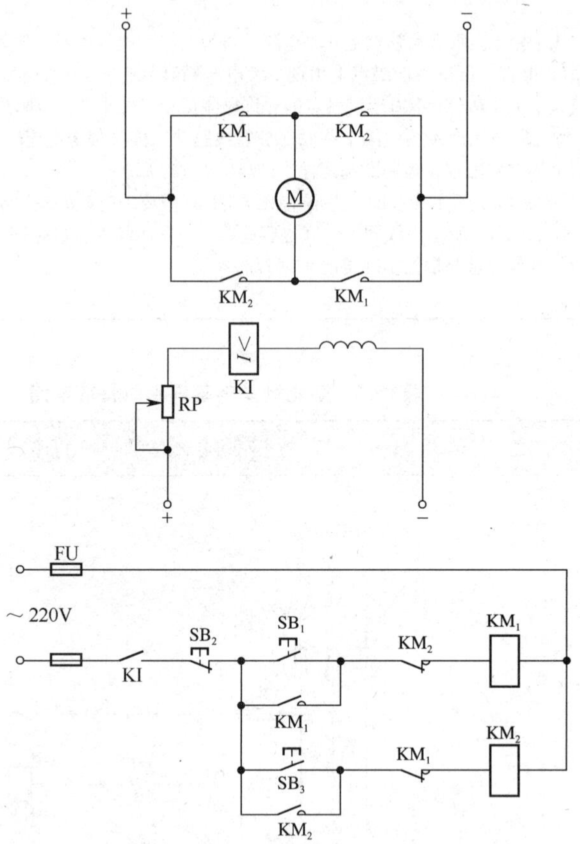 + − KM₁ KM₂ M KM₂ KM₁ KI RP + − FU ～220V KI SB₂ SB₁ KM₂ KM₁ KM₁ SB₃ KM₁ KM₂ KM₂
说　明	① 他励直流电动机励磁电路如果断开，会引起电动机超速，产生严重不良后果，因此需要进行失磁保护 ② 在励磁电路内，串联一个欠电流继电器KI，其常开触点接在控制回路中。当励磁电流消失或减小到设定值时，KI释放，KI常开触点断开，切断电动机电枢电源，使电动机停止运转，从而避免超速现象发生，如图所示

表15.5　串联灯泡式强励磁电路

知识点	串联灯泡式强励磁电路
图　示	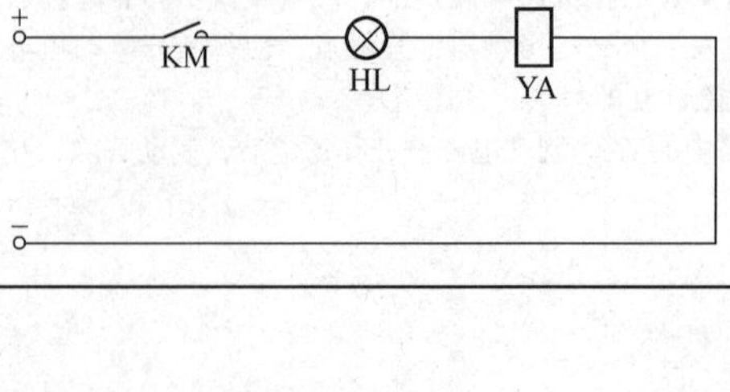 + KM HL YA −

续表15.5

说　明	① 直流电磁铁接通电源后，由于线圈的自感作用，限制了电流的上升率，使电磁铁吸合缓慢。为了提高电磁铁的吸合速度，可采取强励磁办法 ② 图示为串联灯泡式强励磁电路。白炽灯的热态电阻为冷态电阻的10～12倍，可以利用白炽灯冷、热态电阻值变化的这一特性进行强励磁。电磁铁启动时，因冷态白炽灯电阻小，所以电磁铁线圈上分压大，被强励磁。启动完毕，白炽灯被点亮，热态电阻增大，电磁铁线圈上的分压小，转为正常励磁

表15.6　缺辅助触点的交流接触器应急接线

知识点	缺辅助触点的交流接触器应急接线
图　示	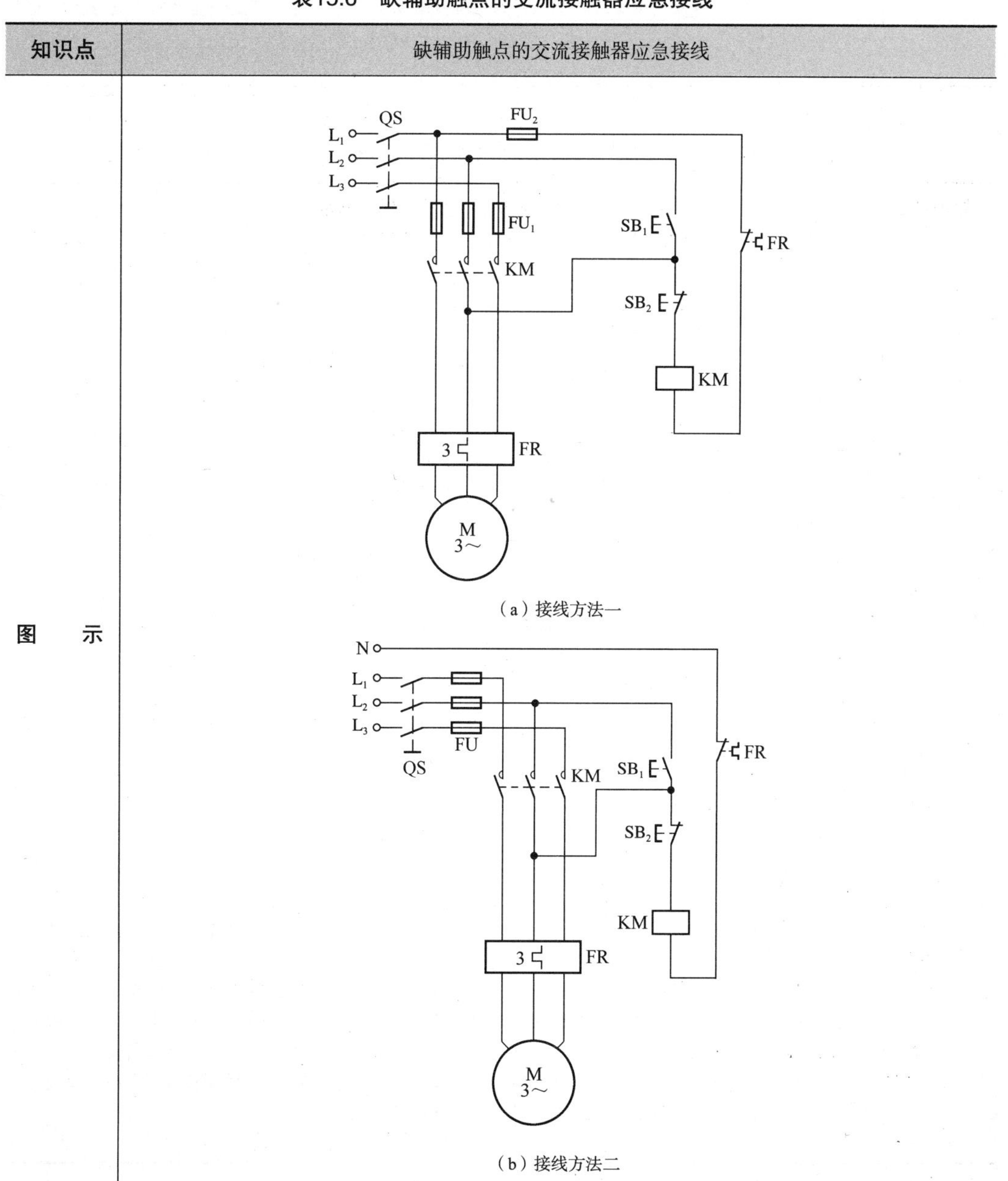 （a）接线方法一 （b）接线方法二

续表15.6

说　明	① 当交流接触器的辅助触点损坏无法修复而又急需使用时，采用图中的接线方法，可满足应急使用要求。按下按钮SB_1，交流接触器KM得电吸合。松开按钮SB_1后，KM的触点兼作自锁触点，使接触器自锁，因此KM仍保持吸合 ② 图中SB_2为停止按钮，在停止时，按动SB_2的时间要长一点。否则，手松开按钮后，接触器又吸合，使电动机继续运行。这是因为电源电压虽被切断，但由于惯性的作用，电动机转子仍然转动，其定子绕组会产生感应电动势，一旦停止按钮很快复位，感应电动势直接加在接触器线圈上，使其再次吸合，电动机继续运转 ③ 接触器线圈电压为380V时，可按图（a）接线；接触器线圈电压为220V时，可按图（b）接线。图（a）所示的接线还有缺陷，即在电动机停转时，其引出线及电动机带电，使维修不大安全。因此，这种线路只能在应急时采用，并在维修电动机时，应断开控制电动机的总电源QS，这一点应特别注意

表15.7　防止电压波动造成停转的电路

知识点	防止电压波动造成停转的电路
图　示	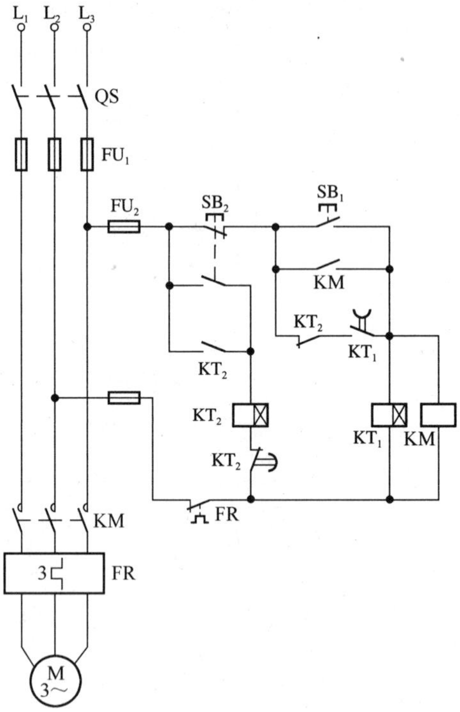
说　明	有时电源在某一瞬间电压低或失电压，会引起交流接触器跳闸，造成停转。而在有些关键生产中不允许频繁正常停转，那样会造成不必要的损失。这里介绍一种电路，可防止电压波动造成停转。如图所示，当瞬间失电压时，电路中的延时继电器触点处于吸合状态，所以因瞬间电压波动而掉闸的KM会立即恢复吸合状态。时间继电器KT_2主要用于在按下SB_2后停转延迟一段时间，让其常闭触点动作，切断KT_1回路，确保电动机M停止运转

表15.8　自制绝缘检测器电路

知识点	自制绝缘检测器电路
图　　示	(a)　　(b)
说　　明	图示是自制的绝缘检测器电路，它既可用作线路绝缘监视，又可代替兆欧表检查电动机、测电器的绝缘电阻。当合上隔离开关QS时，在相电压作用下，整个绕组和接地外壳之间的泄漏电流流过绝缘层和电阻R_1、R_2。如果绝缘电阻符合标准（即绝缘电阻值大于0.5MΩ），则泄漏电流很小时，在R_2上的电压降小于氖（Ne）灯的点亮电压，氖灯不亮；当任意二相或三相对机壳的绝缘电阻同时降低时，泄漏电流大增，使氖灯点亮，从而可判定绝缘不合格

表15.9　用两个单向晶闸管构成的三相电动机接单相电源启动电路

知识点	由两个单向晶闸管构成的三相电动机接单相电源启动电路
图　　示	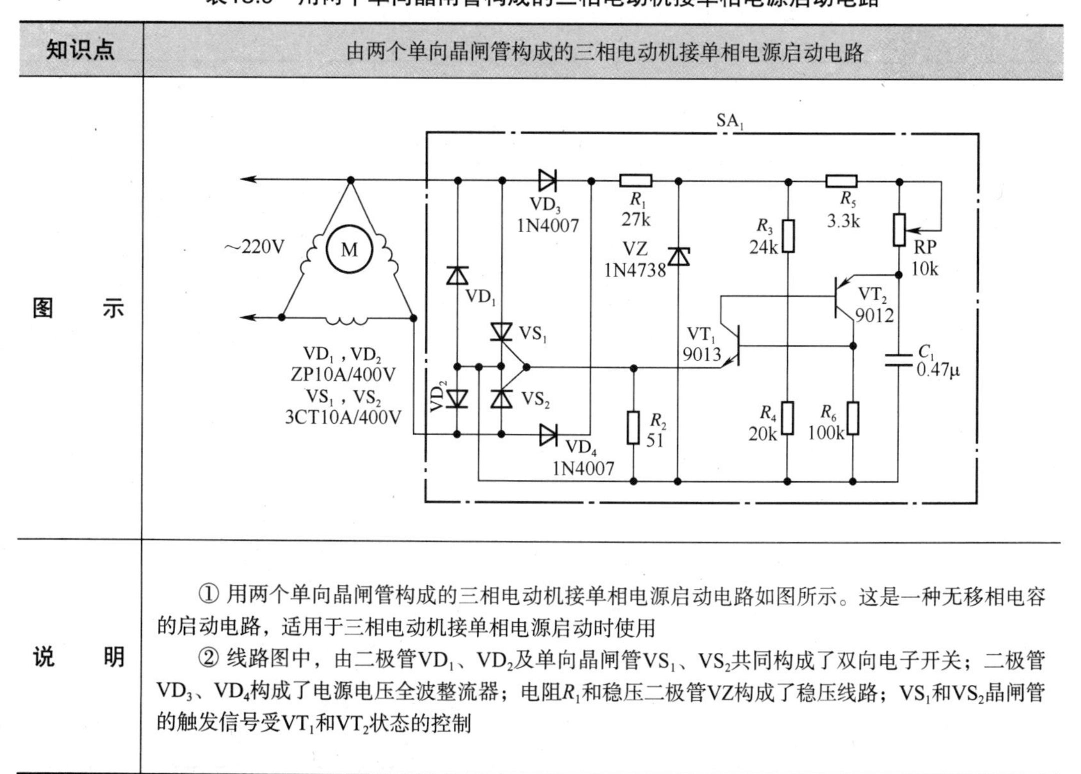
说　　明	① 用两个单向晶闸管构成的三相电动机接单相电源启动电路如图所示。这是一种无移相电容的启动电路，适用于三相电动机接单相电源启动时使用 ② 线路图中，由二极管VD_1、VD_2及单向晶闸管VS_1、VS_2共同构成了双向电子开关；二极管VD_3、VD_4构成了电源电压全波整流器；电阻R_1和稳压二极管VZ构成了稳压线路；VS_1和VS_2晶闸管的触发信号受VT_1和VT_2状态的控制

表15.10　热继电器校验台电路

知识点	热继电器校验台电路
图　　示	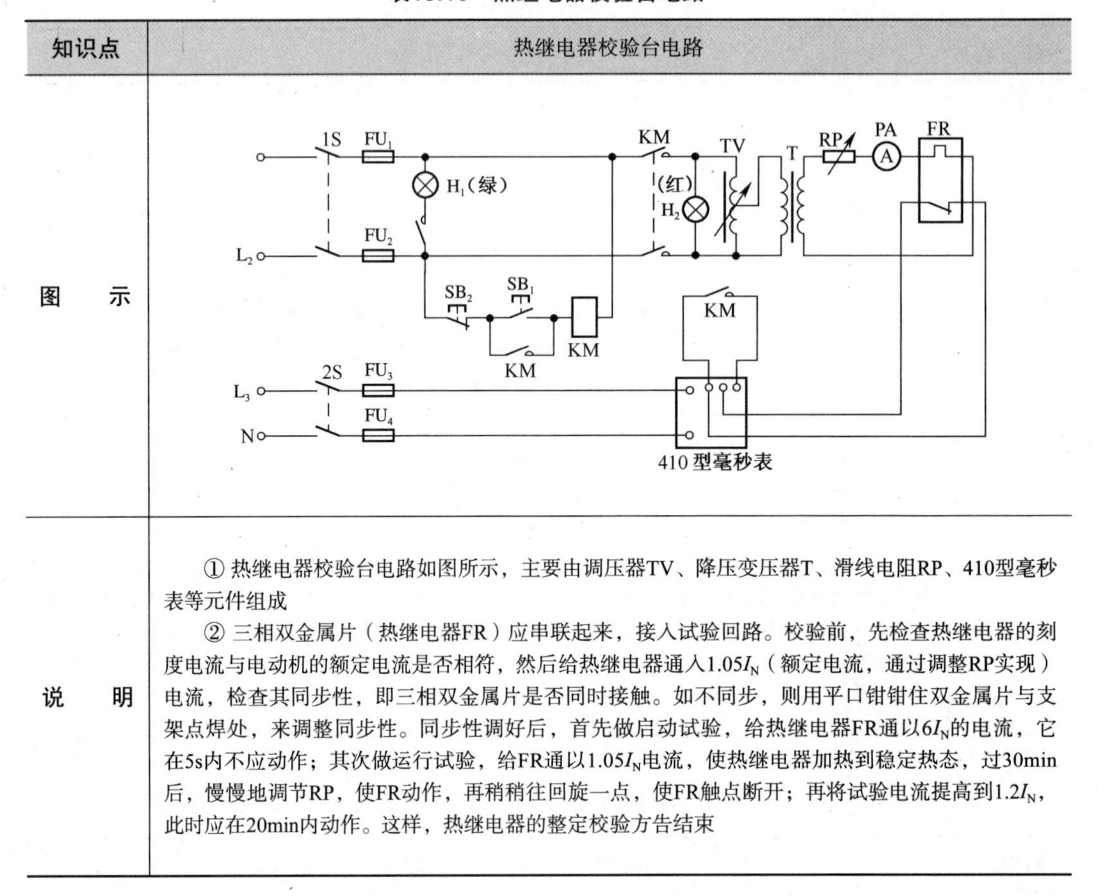
说　　明	① 热继电器校验台电路如图所示，主要由调压器TV、降压变压器T、滑线电阻RP、410型毫秒表等元件组成 ② 三相双金属片（热继电器FR）应串联起来，接入试验回路。校验前，先检查热继电器的刻度电流与电动机的额定电流是否相符，然后给热继电器通入$1.05I_N$（额定电流，通过调整RP实现）电流，检查其同步性，即三相双金属片是否同时接触。如不同步，则用平口钳钳住双金属片与支架点焊处，来调整同步性。同步性调好后，首先做启动试验，给热继电器FR通以$6I_N$的电流，它在5s内不应动作；其次做运行试验，给FR通以$1.05I_N$电流，使热继电器加热到稳定热态，过30min后，慢慢地调节RP，使FR动作，再稍稍往回旋一点，使FR触点断开；再将试验电流提高到$1.2I_N$，此时应在20min内动作。这样，热继电器的整定校验方告结束

表15.11　绝缘耐压测试仪电路

知识点	绝缘耐压测试仪电路
图　　示	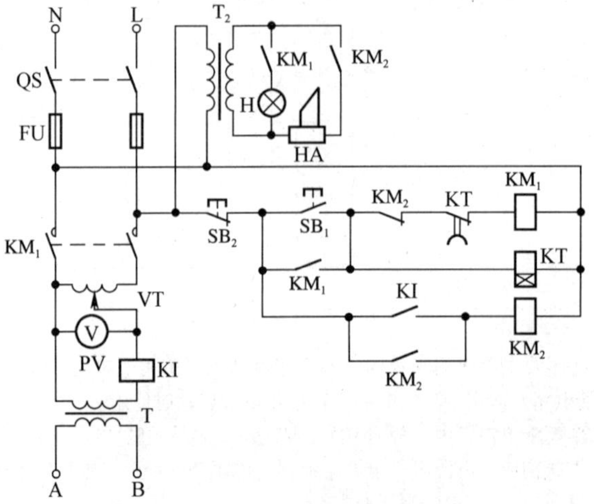

续表15.11

说　明	① 这种绝缘耐压测试仪可测灯具，将待测灯具与A、B两接线柱接好，按下按钮SB_1，KM_1得电吸合并自锁；然后将调压器VT（1:10，输出0～250V）调至需测的电压值，如需调到1500V则将VT调到电压表指示150V（同理，作2000V耐压时，调到电压表指示200V），经时间继电器KT一段时间延时后，电源自动切断，如图所示 ② 若被测物绝缘击穿，电流即迅速增加，电流继电器KI动作，KM_2得电吸合并自锁，KM_1断电释放，KM_1的常开触点切断主回路电源，蜂鸣器HA发出声响，按下SB_2后电路全部关断。操作这种仪器时，要特别注意人身安全，工作通电时，高压测试区禁止人靠近

表15.12　用一根导线传递联络信号电路

知识点	用一根导线传递联络信号电路
图　示	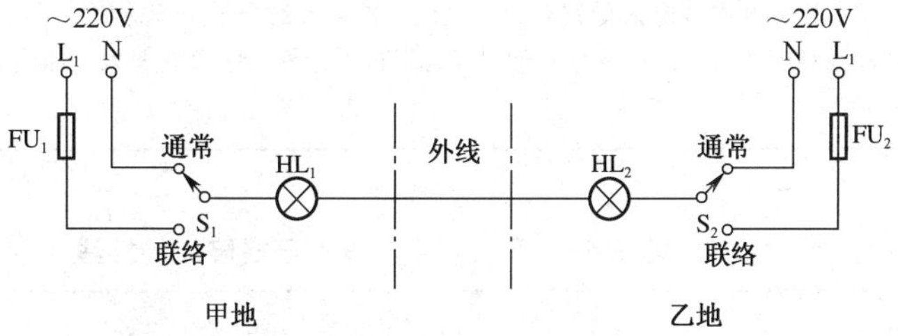 ～220V L₁ N FU₁ 通常 联络 S₁ HL₁ 外线 HL₂ 通常 联络 S₂ FU₂ ～220V N L₁ 甲地 乙地
说　明	在某些生产过程中，需要两地的生产人员能传递简单的信息，以协调工作。图示是用一根导线传递联络信号电路。两地中各有一个双掷开关控制信号灯联络，信号灯分别装在两地，一地一个。当甲地向乙地发联络信号时，拨动开关S_1，乙地的指示灯亮，待乙地完成甲地所指示的任务后，乙地可把开关拨至“联络”位置，通知甲地工作已完成

表15.13　用单线向控制室发信号电路

知识点	用单线向控制室发信号电路
图　示	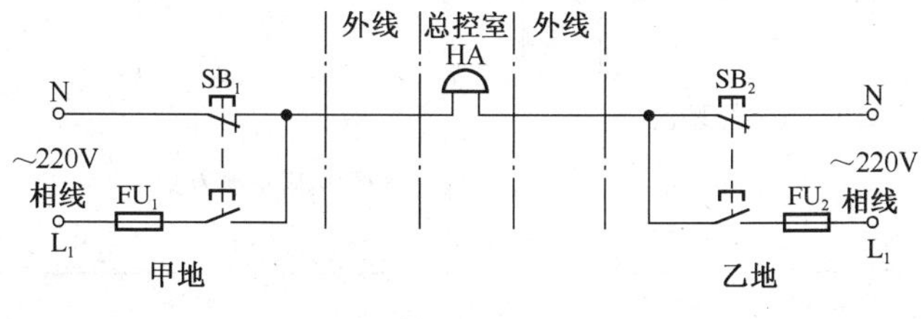 N ～220V 相线 L₁ FU₁ SB₁ 甲地 外线 总控室 HA 外线 SB₂ FU₂ 乙地 N ～220V 相线 L₁
说　明	图示电路可使甲乙两地都能向总控制室发联络信号。当甲地向总控制室发信号时，按下按钮SB_1，控制室的电铃告警。同理，当乙地向总控制室发信号时按下SB_2即可。甲乙两地信号可用信号铃声的时间长短或次数区分

表15.14 简易测量导线通断电路接线

知识点	简易测量导线通断电路接线
图　示	S R₂ 22Ω R₁ 3.3k 201A 3V + − R₃ 1k VT₁ 3DJ VT₂ 3DG6 G D S 栅极悬空
说　明	在用来测电线断芯位置时，在电线一端接上220V的电源相线，然后用感应测电笔的探头栅极靠近被测电线，并沿线移动。如果发光二极管在移动中突然熄灭，那么此处便是电线断芯位置

表15.15 用行灯变压器升压或降压的接线

知识点	用行灯变压器升压或降压的接线
图　示	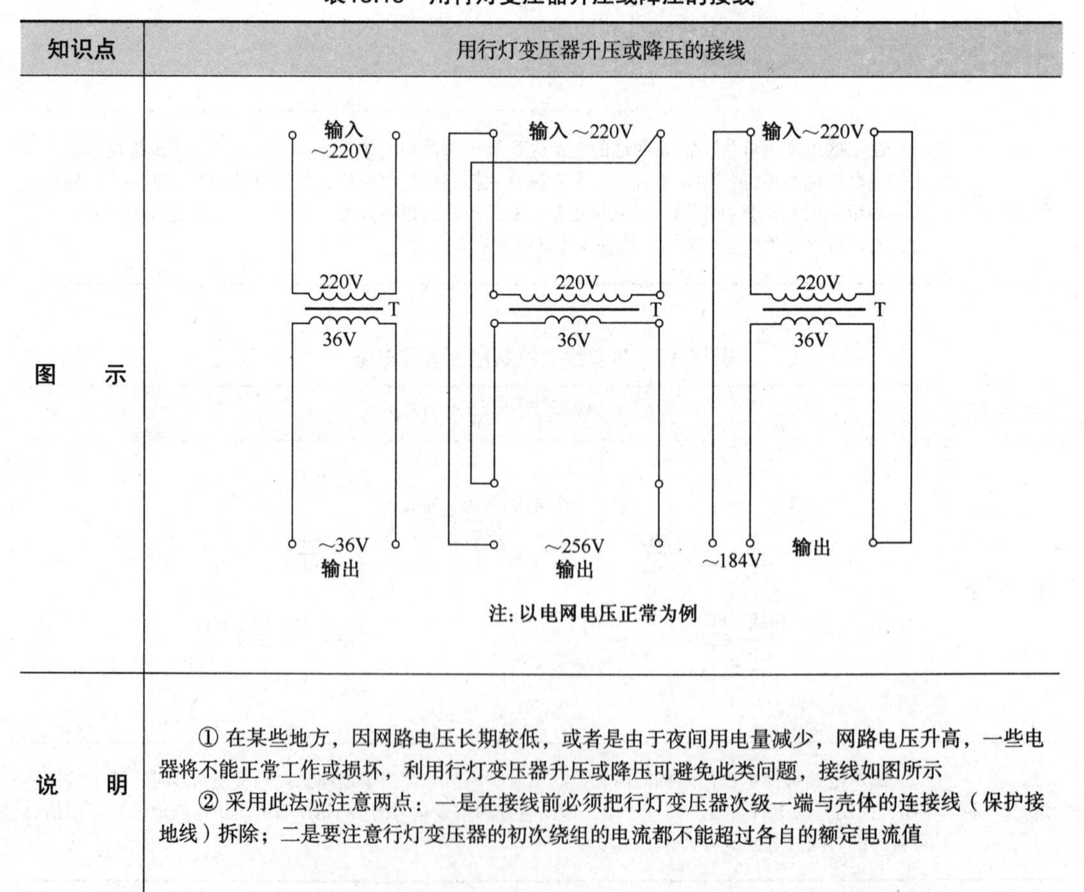 注: 以电网电压正常为例
说　明	① 在某些地方，因网路电压长期较低，或者是由于夜间用电量减少，网路电压升高，一些电器将不能正常工作或损坏，利用行灯变压器升压或降压可避免此类问题，接线如图所示 ② 采用此法应注意两点：一是在接线前必须把行灯变压器次级一端与壳体的连接线（保护接地线）拆除；二是要注意行灯变压器的初次绕组的电流都不能超过各自的额定电流值

表15.16 检查晶闸管的接线

知识点	检查晶闸管的接线
图 示	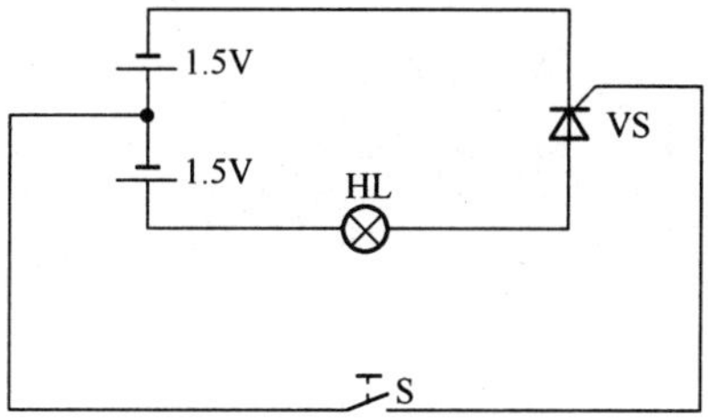
说 明	利用图示的简便方法可检查晶闸管的好坏。当开关S断开时，灯泡不亮，而当开关S闭合后，灯泡发亮，说明晶闸管能导通工作，否则晶闸管就是坏的。此方法对一般晶闸管均能测试，灯泡选用1.5V小电珠灯泡

表15.17 用电焊机干燥电动机电路

知识点	用电焊机干燥电动机电路
图 示	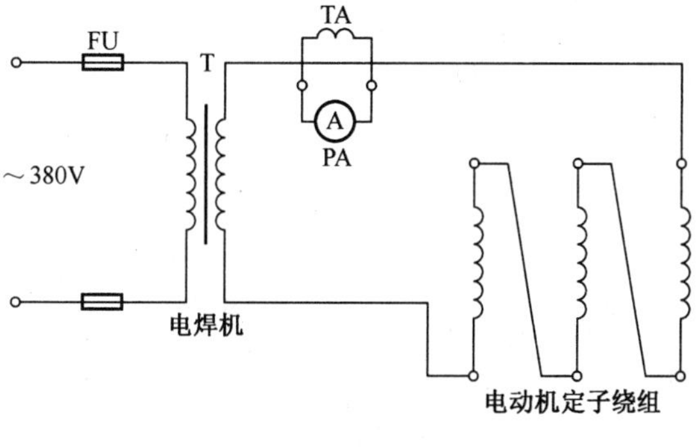
说 明	如果电动机受潮，而体积又较大，不容易拆除放在烘箱内干燥。可将电焊机低压电通入电动机三相绕组，用电流升温干燥电动机。此方法适用于干燥20～60kW的电动机，电焊机的容量应根据电动机容量而选用。通入电动机绕组线圈的电流可由电焊机来调节，但在烘干时应注意通入电动机的电流不能超过电动机本身额定电流太多，并且注意观察电动机和电焊机温度都不能升得过高

表15.18 短路干燥变压器电路

知识点	短路干燥变压器电路
图 示	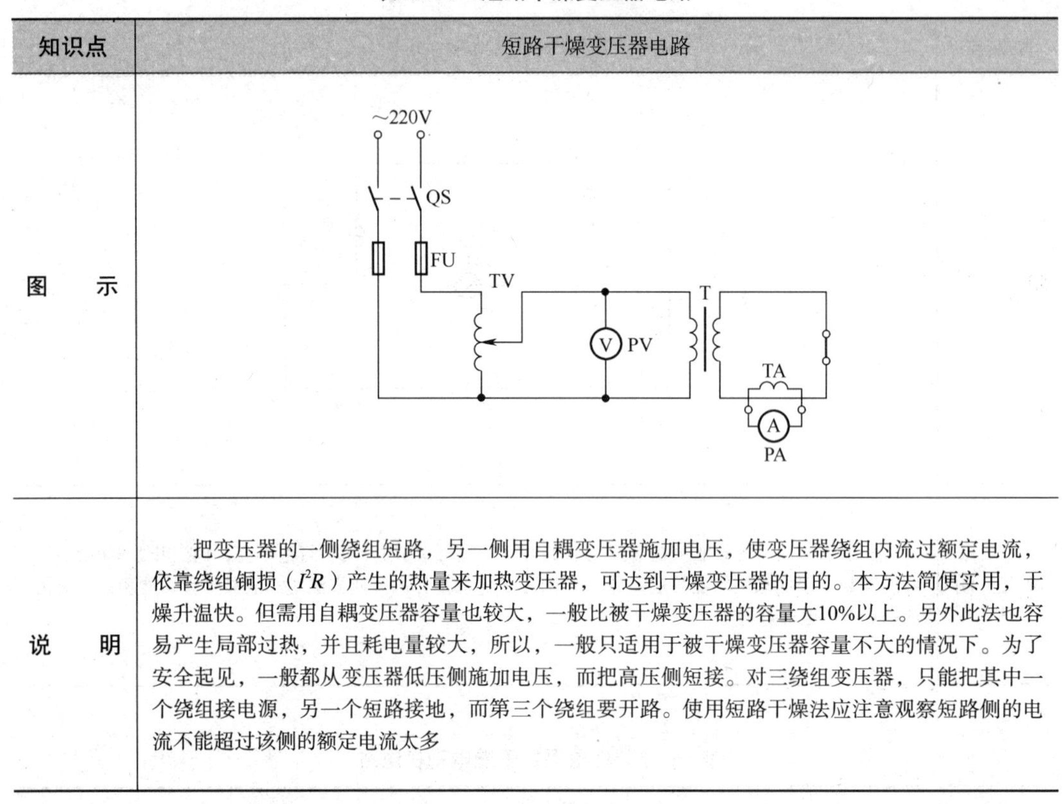
说 明	把变压器的一侧绕组短路，另一侧用自耦变压器施加电压，使变压器绕组内流过额定电流，依靠绕组铜损（I^2R）产生的热量来加热变压器，可达到干燥变压器的目的。本方法简便实用，干燥升温快。但需用自耦变压器容量也较大，一般比被干燥变压器的容量大10%以上。另外此法也容易产生局部过热，并且耗电量较大，所以，一般只适用于被干燥变压器容量不大的情况下。为了安全起见，一般都从变压器低压侧施加电压，而把高压侧短接。对三绕组变压器，只能把其中一个绕组接电源，另一个短路接地，而第三个绕组要开路。使用短路干燥法应注意观察短路侧的电流不能超过该侧的额定电流太多

表15.19 巧用变压器电路

知识点	巧用变压器电路
图 示	
说 明	有些地区的电压常低于220V，而有些地区的电压则高于220V，那么用现有的双线圈变压器接成自耦变压器来升高或降低电源电压，即能使额定电压为220V的用电器正常工作。当开关S打在“升压”位置时，变压器相当于一个自耦变压器，将电源电压升高6.3V；如将开关S打在“正常”位置时，负载是直接接到电源上，输出电压仍为电源电压。图中的黑圆点表示绕组的同名端。如果将初、次级的连接线改为同名端相连，则输出电压将降低6.3V。采用这种接法，负载电流不得大于初、次级的额定电流。网路电压如经常比220V低（或高）30 ~ 40V，可选220/36V的变压器连接

表15.20　单相、三相自耦调压器接线

知识点	单相、三相自耦调压器接线
图　示	(a)单相自耦调压器的接线 (b)三相自耦调压器的接线
说　明	① 单相自耦调压器在工厂等场所应用极为广泛，其接线如图（a）所示 ② 三相自耦调压器的接线如图（b）所示。这种接触式自耦调压器是一种可调的自耦变压器，它可作为带负载无级平滑调节电压用的用电设备。三相自耦调压器是将三个单自耦调压器叠装，电刷同轴转动，按Y形接法连接

表15.21　扩大单相自耦调压器调节电压范围的电路

知识点	扩大单相自耦调压器调节电压范围的电路
图　示	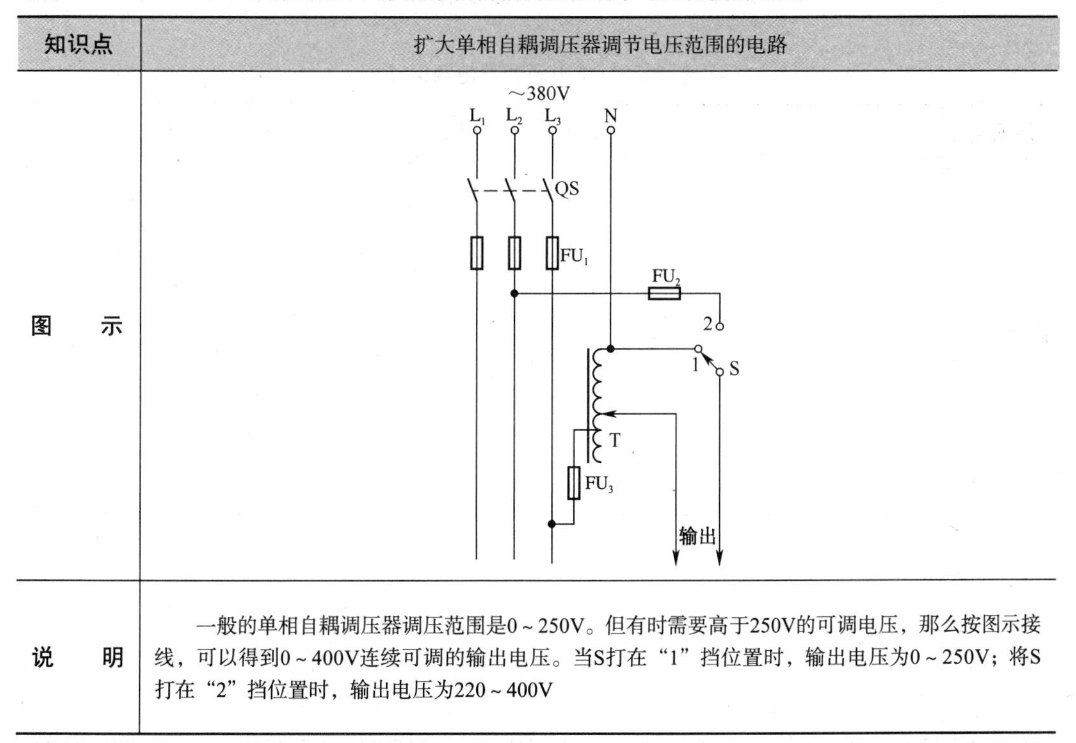
说　明	一般的单相自耦调压器调压范围是0～250V。但有时需要高于250V的可调电压，那么按图示接线，可以得到0～400V连续可调的输出电压。当S打在“1”挡位置时，输出电压为0～250V；将S打在“2”挡位置时，输出电压为220～400V

表15.22 自制能消除感应电的验电笔电路

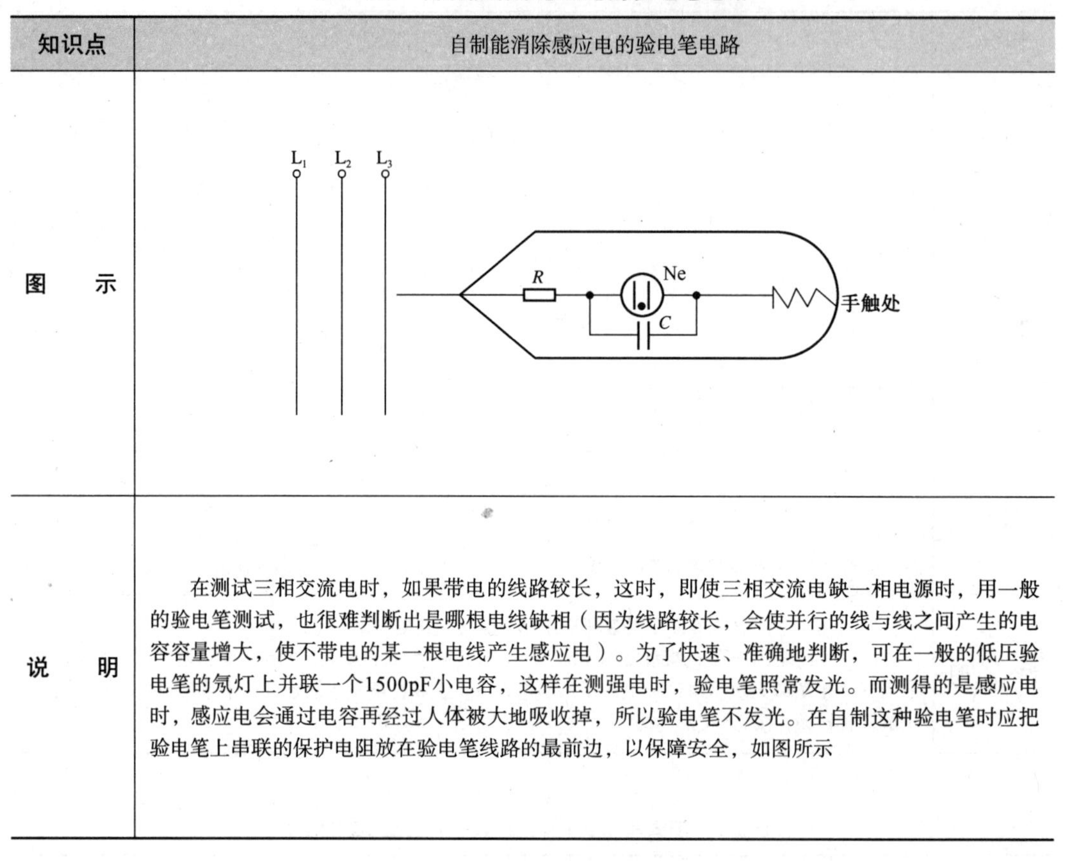

知识点	自制能消除感应电的验电笔电路
图　示	
说　明	在测试三相交流电时，如果带电的线路较长，这时，即使三相交流电缺一相电源时，用一般的验电笔测试，也很难判断出是哪根电线缺相（因为线路较长，会使并行的线与线之间产生的电容容量增大，使不带电的某一根电线产生感应电）。为了快速、准确地判断，可在一般的低压验电笔的氖灯上并联一个1500pF小电容，这样在测强电时，验电笔照常发光。而测得的是感应电时，感应电会通过电容再经过人体被大地吸收掉，所以验电笔不发光。在自制这种验电笔时应把验电笔上串联的保护电阻放在验电笔线路的最前边，以保障安全，如图所示

表15.23 单电源变双电源电路

知识点	单电源变双电源电路
图　示	FU　S　T　VD1　VD2　C_1　C_2　+E　0V　−E　～220V
说　明	在实际工作中，往往用电设备为双电源，并且对称。在手头只有单电源的情况下，按图示连接即可将单电源变为双对称电源使用

表15.24 交流电焊机一般接法

知识点	交流电焊机一般接法
图 示	T QS FU KM ~380V KM SB_2 SB_1 KM KM
说 明	交流电焊机一般接法如图所示。当合上刀开关QS时，按下按钮SB_1，接触器KM得电吸合；松开按钮SB_1时，KM自锁触点自锁，电焊机继续得电工作。当按下按钮SB_2时，电焊机停止工作

表15.25 断线测定仪电路

知识点	断线测定仪电路
图 示	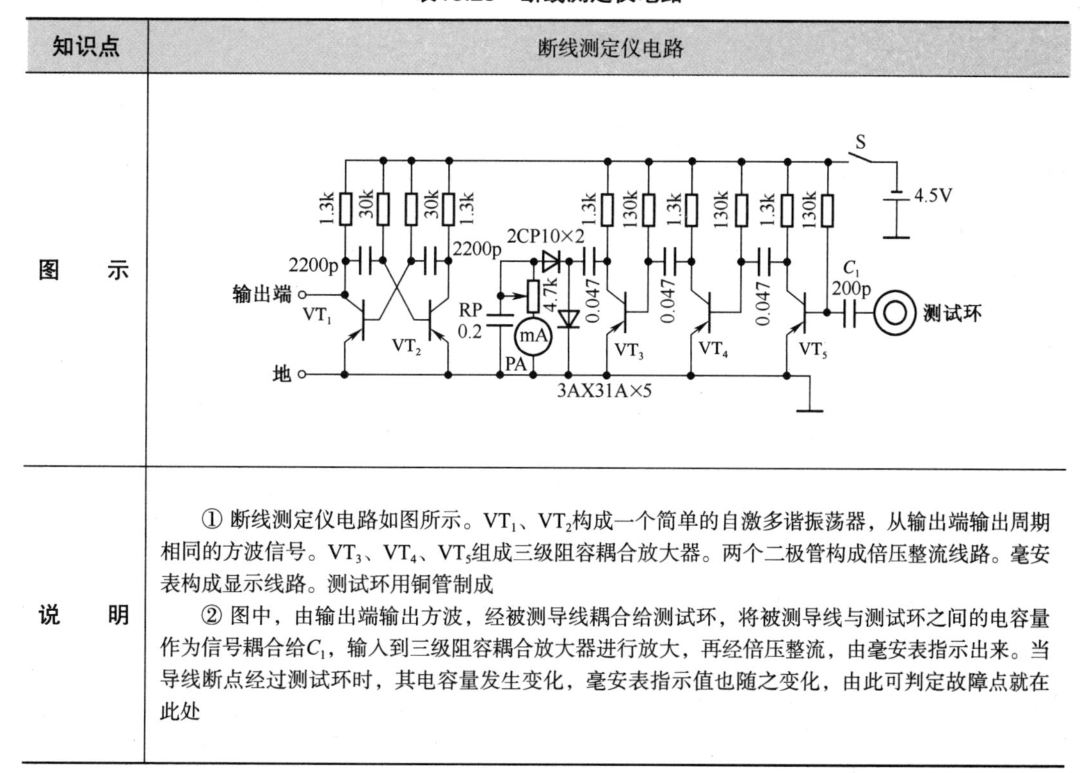
说 明	① 断线测定仪电路如图所示。VT_1、VT_2构成一个简单的自激多谐振荡器，从输出端输出周期相同的方波信号。VT_3、VT_4、VT_5组成三级阻容耦合放大器。两个二极管构成倍压整流线路。毫安表构成显示线路。测试环用铜管制成 ② 图中，由输出端输出方波，经被测导线耦合给测试环，将被测导线与测试环之间的电容量作为信号耦合给C_1，输入到三级阻容耦合放大器进行放大，再经倍压整流，由毫安表指示出来。当导线断点经过测试环时，其电容量发生变化，毫安表指示值也随之变化，由此可判定故障点就在此处

科学出版社

科龙图书读者意见反馈表

书　　名 ________________________________

个人资料

姓　　名：__________ 年　　龄：__________ 联系电话：__________

专　　业：__________ 学　　历：__________ 所从事行业：__________

通信地址：________________________________ 邮　　编：__________

E-mail：________________________________

宝贵意见

◆ 您能接受的此类图书的定价

20 元以内□　30 元以内□　50 元以内□　100 元以内□　均可接受□

◆ 您购本书的主要原因有(可多选)

学习参考□　教材□　业务需要□　其他__________

◆ 您认为本书需要改进的地方(或者您未来的需要)

____

____

◆ 您读过的好书(或者对您有帮助的图书)

____

____

◆ 您希望看到哪些方面的新图书

____

____

◆ 您对我社的其他建议

____

____

谢谢您关注本书！您的建议和意见将成为我们进一步提高工作的重要参考。我社承诺对读者信息予以保密，仅用于图书质量改进和向读者快递新书信息工作。对于已经购买我社图书并回执本“科龙图书读者意见反馈表”的读者，我们将为您建立服务档案，并定期给您发送我社的出版资讯或目录；同时将定期抽取幸运读者，赠送我社出版的新书。如果您发现本书的内容有个别错误或纰漏，烦请另附勘误表。

回执地址：北京市朝阳区华严北里 11 号楼 3 层

科学出版社东方科龙图文有限公司电工电子编辑部(收)

邮编：100029